计算机"卓越工程师计划"应用型教材编委会

主任委员： 庄燕滨

名誉主任： 杨献春　夏世雄

副主任委员： 乐光学　汤克明　严云洋　吴克力　张永常　李存华
邵晓根　陈　荣　赵　梅　徐煜明　顾永根　常晋义

编委会秘书长： 陶骏

委员： 王文琴　王　刚　刘红玲　何中胜　宋晓宁　张宗杰　张　勇
张笑非　李永忠　杨学明　胡局新　胡智喜　费贤举　徐　君
徐建民　郭小荟　高　尚　黄　旭

计算机"卓越工程师计划"应用型教材

C51 单片机及应用系统设计
（第 2 版）

韩　雁　　徐煜明　编著

电子工业出版社
Publishing House of Electronics Industry
北京·BEIJING

内 容 简 介

本书以目前国内 51 系列单片机中使用最广泛的 AT89S51 为对象，以单片机应用系统设计为主，首先详细介绍了 AT89S51 单片机的基本结构和原理、51 系列汇编语言和 C51 编程技术、定时/计数器、中断系统、串行口和串行通信的知识，接着从应用系统设计出发，讲解系统扩展常用的 I^2C 总线、1-Wire、SPI 总线的串行扩展技术和并行总线扩展技术，内容涉及键盘、LED 段码和点阵显示器、液晶显示、模数/数模转换、红外遥控、存储器扩展、CAN 总线和 GSM 模块在单片机中的应用技术等，最后总结了系统设计的流程和步骤及常用软硬件抗干扰技术等内容。本书在编写时力求通俗易懂，硬件原理讲解以"有用、够用"为原则，注重于实例教学，使单片机的原理及应用知识变得简单直观，方便读者掌握单片机的 C 语言编程方法和接口技术，为将来从事单片机系统开发打下坚实基础。

本书适用于高校计算机、通信、电子信息、电子技术、自动化等专业的教学，也是适合工程技术人员参考。

未经许可，不得以任何方式复制或抄袭本书之部分或全部内容。
版权所有，侵权必究。

图书在版编目（CIP）数据

C51 单片机及应用系统设计/韩雁，徐煜明编著.—2 版.—北京：电子工业出版社，2016.1
计算机"卓越工程师计划"应用型教材
ISBN 978-7-121-23232-9

Ⅰ.①C… Ⅱ.①韩… ②徐… Ⅲ.①单片微型计算机－系统设计－高等学校－教材 Ⅳ.①TP368.1

中国版本图书馆 CIP 数据核字（2014）第 100879 号

责任编辑：刘海艳
印　　刷：北京京科印刷有限公司
装　　订：三河市华成印务有限公司
出版发行：电子工业出版社
　　　　　北京市海淀区万寿路 173 信箱　邮编：100036
开　　本：787×1092　1/16　印张：17.75　字数：477 千字
版　　次：2009 年 2 月第 1 版
　　　　　2016 年 1 月第 2 版
印　　次：2016 年 1 月第 1 次印刷
印　　数：3000 册　定价：39.80 元

凡所购买电子工业出版社图书有缺损问题，请向购买书店调换。若书店售缺，请与本社发行部联系，联系及邮购电话：(010) 88254888。

质量投诉请发邮件至 zlts@phei.com.cn，盗版侵权举报请发邮件至 dbqq@phei.com.cn。
服务热线：(010) 88258888。

序　言

21 世纪是"信息"主导的世纪，是崇尚"创新与个性"发展的时代，体现"以人为本"、构建"和谐社会"是社会发展的主流。然而随着全球经济一体化进程的不断推进，市场与人才的竞争日趋激烈，对于国家倡导发展的 IT 产业，需要培养大量的、适应经济和科技发展的计算机人才。

众所周知，近年来，一些用人单位对部分大学毕业生到了工作岗位后，需要 1~2 年甚至多年的训练才能胜任工作的"半成品"现象反应强烈。从中反映出单位对人才的需求越来越讲求实用，社会要求学校培养学生的标准应该和社会实际需求的标准相统一。对于 IT 业界来讲，一方面需要一定的科研创新型人才，从事高端的技术研究，占领技术发展的高地；另一方面，更需要计算机工程应用、技术应用及各类服务实施人才，这些人才可统称"应用型"人才。

应用型本科教育，简单地讲就是培养高层次应用型人才的本科教育。其培养目标应是面向社会的高新技术产业，培养在工业、工程领域的生产、建设、管理、服务等第一线岗位，直接从事解决实际问题、维持工作正常运行的高等技术应用型人才。这种人才，一方面掌握某一技术学科的基本知识和基本技能，另一方面又具有较强的解决实际问题的基本能力，他们常常是复合性、综合性人才，受过较为完整的、系统的、有行业应用背景的"职业"项目训练，其最大的特色就是有较强的专业理论基础支撑，能快速地适应职业岗位并发挥作用。因此，可以说"应用型人才培养既有本科人才培养的一般要求，又有强化岗位能力的内涵，它是在本科基础之上的以'工程师'层次培养为主的人才培养体系"，人才培养模式必须吸取一般本科教育和职业教育的长处，兼容并蓄。"计算机科学与技术"专业教学指导委员会已经在研究并指导实施计算机人才的"分类"培养，这需要我们转变传统的教育模式和教学方法，明确人才培养目标，构建课程体系，在保证"基础的前提"下，重视素质的养成，突出"工程性"、"技术应用性"、"适应性"概念，突出知识的应用能力、专业技术应用能力、工程实践能力、组织协调能力、创新能力和创业精神，较好地体现与实施人才培养过程的"传授知识，训练能力，培养素质"三者的有机统一。

在规划本套教材的编写时，我们遵循专业教学委员会的要求，针对"计算机工程"、"软件工程"、"信息技术"专业方向，以课群为单位选择部分主要课程，以计算机应用型人才培养为宗旨，确定编写体系，并提出以下的编写原则。

（1）本科平台：必须遵循专业基本规范，按照"计算机科学与技术"专业教学指导委员会的要求构建课程体系，覆盖课程教学知识点。

（2）工程理念：在教材体系编写时，要贯穿"系统"、"规范"、"项目"、"协作"等工程理念，内容取舍上以"工程背景"、"项目应用"为原则，尽量增加一些实例教学。

（3）能力强化：教学内容的举例，结合应用实际，力争有针对性；每本教材要安排课程实践教学指导，在课程实践环节的安排上，要统筹考虑，提供面向现场的设计性、综合性的实践教学指导内容。

（4）国际视野：本套教材的编写要做到兼长并蓄，吸收国内、国外优秀教材的特点，人才培养要有国际背景和视野。

本套教材的编委会成员及每本教材的主编都有着丰富的教学经验，从事过相关工程项目（软件开发）的规划、组织与实施，希望本套教材的出版能为我国的计算机应用型人才的培养尽一点微薄之力。

编委会

第 2 版前言

自 2009 年 2 月由电子工业出版社出版《C51 单片机及应用系统设计》初版以来，受到了全国各高校教师、学生的欢迎，并于当年 2009 年 12 月第 2 次印刷，至 2014 年 6 月已第 6 次印刷。经过 6 年的发展，单片机出现很多新技术，原书以 MCS-51 为核心来描述单片机的应用系统，而现在 MCS 公司已不再生产单片机，新版教材的选用以目前市场上流行 Atmel 公司的 AT89S51 为主流芯片，同时从应用系统设计出发，将应用系统设计分为总线扩展技术与应用系统单元模块设计来撰写，引进项目驱动的设计思想，增加了目前广泛使用的 CAN 总线通信技术和 GSM 通信技术、红外遥控技术，强化串行扩展技术，弱化原书并行总线的扩展技术，同时将全部应用程序全部改成以 C51 实现，增加程序的可读性和可移植性，以使其工程性、实用性、自学性、创新性大大增强。

同时为方便学生借助口袋板来移动学习单片机，在接口芯片方面，力求与市场发展同步，如 A/D、D/A 部分强化了串行接口片的应用，淘汰传统并行 ADC0809 与 DAC0832 接口芯片等。

本书共 11 章，第 1 章简要介绍了单片机的特点、发展概况和应用领域；第 2 章介绍了 AT89S51 单片机的内部结构、资源及特性；第 3 章介绍了 MCS-51 的指令系统及汇编语言程序的设计方法；第 4 章介绍了 C51 程序设计方法；第 5 章介绍了 AT89S51 中断系统及中断服务程序的设计方法；第 6 章介绍了 AT89S51/52 定时器/计数器的原理及其应用；第 7 章介绍了串行通信的基本概念及 RS-232、RS-422、RS-485 串行总线接口标准、单片机在 GSM 中的应用、CAN 总线串行通信技术；第 8 章介绍了系统扩展的串并行扩展技术，介绍了常用存储器、并行接口芯片 8255 扩展方法，特别介绍了 I^2C、SPI、1-Wire 串行总线的特性及虚拟接口的设计和编程方法；第 9 章介绍了键盘、LED 段码点阵显示、液晶显示、模数/数模转换、红外遥控等与单片机系统的接口及编程方法；第 10 章介绍了单片机应用系统设计流程和步骤，常用的软硬件抗干扰技术；第 11 章介绍了 Keil C51 集成开发环境的使用。

本教材由韩雁、徐煜明编著，韩雁负责全书的改版工作，徐煜明对全文进行了校对和审核。由于编者学术水平有限，书中不妥之处在所难免，恳请读者批评指正。

本书配有免费电子课件。任课教师可到华信教育资源网或与编辑刘海艳（E-mail:lhy@phei.com.cn）联系。

编　者

前　言

单片机的诞生标志着计算机正式形成了两大系统，即通用计算机系统和嵌入式系统。进入 21 世纪后，随着计算机科学和微电子集成技术的飞速发展，嵌入式系统得到了迅猛的发展，单片机不断地向更高层次和更大规模发展。单片机应用系统的高可靠性，软、硬件的高利用系数，优异的性能价格比，使它的应用范围由开始传统的过程控制，逐步进入数值处理、数字信号处理及图像处理等高技术领域。同时，世界各大半导体厂商纷至沓来争先挤入这一市场，激烈的市场竞争也促进了单片机迅速更新换代，带来了它们更为广泛的应用，开辟了计算机应用的一个新时代。

学习单片机不但要学习单片机的原理和编程语言，掌握单片机的接口技术和编程方法，还要熟悉单片机的编程器、仿真器等工具。由于单片机种类较多，往往令初学者感到头痛。在众多单片机中，由 51 架构的单片机芯片市场流行已久，技术资料也相对较多，是初学者较好的选择。51 单片机编程语言常用的有两种：汇编语言和 C 语言。汇编语言的机器代码生成效率很高，但可移植性和可读性差；而 C 语言在大多数情况下其机器代码生成效率和汇编语言相当，但可读性和可移植性却远远胜于汇编语言，而且 C 语言还可以嵌入汇编，开发周期短。

编者是多年从事单片机应用系统技术研发和教学的教师，选用 51 单片机编写了本教材，试图向读者较好地解答"什么是单片机？怎样学好单片机？如何应用单片机？"这三个问题，使读者既能掌握单片机的一般原理，又能掌握单片机应用系统的软硬件设计技巧，从而能很快从事嵌入系统开发的工作。

为了便于组织教学，在本教材的编排顺序上采用了循序渐进的策略。本书共 11 章，第 1 章简要介绍了单片机的特点、发展概况和应用领域；第 2 章介绍了 MCS-51 单片机的内部结构、资源及特性；第 3 章介绍了 MCS-51 的指令系统及汇编语言程序的设计方法；第 4 章介绍了单片机 C51 程序设计方法；第 5 章介绍了 MCS-51 中断系统及中断服务程序的设计方法；第 6 章介绍了 MCS-51 定时器/计数器的原理及其应用；第 7 章介绍了串行通信的基本概念及 RS-232、RS-422、RS-485 串行总线接口标准，通过实例介绍了 MCS-51 串行通信接口应用及编程方法；第 8 章从单片机并行和串行总线两个方面，介绍了常用存储器、并行接口芯片 8255 和串行接口芯片 8251 的扩展方法，特别介绍了 I^2C、SPI、1-Wire 串行总线的特性及虚拟接口的设计和编程方法；第 9 章介绍了键盘、LED 段码点阵显示、液晶显示、IC 卡、模数/数模转换等与单片机系统的接口及编程方法；第 10 章介绍了单片机应用系统设计流程和步骤，常用的软硬件抗干扰技术；第 11 章介绍了 Keil C51 集成开发环境的使用。

本教材内容丰富、深入浅出，大部分程序代码采用 C 语言编写，使程序的可读性和可移植性较好，读者在应用这些典型模块的程序代码时，只需将程序代码的全部内容作为一个独立模块链接在应用程序之后，统一编译。本教材十分适合应用型高等学校计算机、通信、电子信息、电子技术、自动化及其他相关专业的教学使用，也是一本工程技术人员的参考用书。

本教材由徐煜明编著，韩雁对全文的校对和审核做了大量工作，在编著过程中韩雁、朱宇光、徐强、李春光、王建农、王文宁、赵徐成、陆锦军、黄忠良对全文内容及安排提出了许多宝贵的意见，在此一并表示感谢。由于编者学术水平有限，书中不妥之处在所难免，恳请读者批评指正。

本书配有免费电子课件。任课教师可与编辑刘海艳（E-mail:lhy@phei.com.cn）联系。

编　者

目　　录

第1章　绪论 ··· 1
　1.1　单片机基础知识 ··· 1
　　　1.1.1　单片机的结构和特点 ····························· 1
　　　1.1.2　单片机的发展 ··································· 2
　　　1.1.3　单片机芯片技术的发展趋势 ······················· 2
　1.2　单片机应用 ··· 4
　　　1.2.1　单片机应用方向 ································· 4
　　　1.2.2　单片机应用系统的分类 ··························· 5
　1.3　51系列单片机 ·· 6
　　　1.3.1　MCS-51系列单片机 ······························ 6
　　　1.3.2　AT89系列单片机 ································ 7
　　　1.3.3　各种衍生品种的51单片机 ························ 8
　1.4　其他系列单片机 ·· 10
　1.5　其他嵌入式处理器简介 ·································· 12
　习题1 ·· 13
第2章　AT89S51单片机的结构与组成 ····················· 14
　2.1　AT89S51单片机的内部结构及信号引脚 ·················· 14
　　　2.1.1　AT89S51单片机结构 ···························· 14
　　　2.1.2　信号引脚 ······································ 16
　　　2.1.3　中央处理器CPU ································ 17
　　　2.1.4　存储器 ·· 19
　　　2.1.5　I/O口及相应的特殊功能寄存器 ················· 24
　2.2　时钟电路与CPU时序 ··································· 27
　　　2.2.1　时钟电路 ······································ 27
　　　2.2.2　CPU时序 ······································ 27
　2.3　AT89S51单片机的复位 ·································· 29
　2.4　AT89S51单片机的节电方式 ······························ 30
　　　2.4.1　空闲方式 ······································ 31
　　　2.4.2　掉电方式 ······································ 31
　2.5　Flash的串行编程和三级加密 ··························· 32
　习题2 ··· 34
第3章　指令与汇编语言程序设计 ························· 35
　3.1　指令系统概述 ·· 35
　　　3.1.1　MCS-51汇编指令的格式 ·························· 35
　　　3.1.2　指令中的符号标识及注释符 ······················ 36
　3.2　寻址方式 ·· 37
　　　3.2.1　寄存器寻址 ···································· 37
　　　3.2.2　直接寻址 ······································ 37

　　　3.2.3　寄存器间接寻址 ································ 38
　　　3.2.4　立即寻址 ······································ 39
　　　3.2.5　变址寻址 ······································ 39
　　　3.2.6　相对寻址 ······································ 39
　　　3.2.7　位寻址 ·· 40
　　　3.2.8　MCS-51寻址方式小结 ··························· 40
　3.3　MCS-51指令说明 ······································· 41
　　　3.3.1　数据传送指令 ·································· 41
　　　3.3.2　算术操作指令 ·································· 45
　　　3.3.3　逻辑操作及移位类指令 ·························· 49
　　　3.3.4　控制转移指令 ·································· 52
　　　3.3.5　位操作类指令 ·································· 57
　　　3.3.6　访问I/O口指令的使用说明 ····················· 58
　3.4　MCS-51伪指令 ··· 59
　3.5　MCS-51汇编语言程序设计 ······························ 61
　　　3.5.1　顺序结构程序设计 ······························ 61
　　　3.5.2　分支程序设计 ·································· 62
　　　3.5.3　循环程序设计 ·································· 63
　　　3.5.4　子程序设计 ···································· 66
　习题3 ··· 69
第4章　C51程序设计 ······································ 72
　4.1　Keil C51编程语言 ····································· 72
　　　4.1.1　Keil C51的函数和程序结构 ····················· 72
　　　4.1.2　C51和标准C的函数差别 ······················· 74
　4.2　C51的数据类型、运算符、表达式 ······················ 76
　　　4.2.1　C51的基本数据类型 ··························· 76
　　　4.2.2　C51变量、常量、指针 ························· 77
　　　4.2.3　C51的复杂数据类型 ··························· 81
　　　4.2.4　C51的运算符和表达式 ························· 83
　4.3　C51的程序流控制语句 ································· 86
　4.4　编译预处理命令 ·· 88
　　　4.4.1　宏定义 ·· 88
　　　4.4.2　条件编译 ······································ 88
　　　4.4.3　文件包含 ······································ 89
　　　4.4.4　数据类型的重新定义 ···························· 90
　4.5　C51的编程技巧 ·· 90
　4.6　Keil C51库函数原型列表 ······························ 91
　4.7　C51编程实例 ·· 94

        4.7.1 基本的输入/输出 …………… 94
        4.7.2 C51 软件延时 ……………… 95
    习题 4 …………………………………… 96
第 5 章 AT89S51 中断系统 ……………… 97
    5.1 中断概述 …………………………… 97
    5.2 AT89S51 中断系统 ………………… 98
        5.2.1 AT89S51 中断源 …………… 98
        5.2.2 AT89S51 中断控制 ………… 100
        5.2.3 中断响应 …………………… 101
    5.3 中断系统的编程 …………………… 102
        5.3.1 中断服务程序的结构 ……… 102
        5.3.2 C51 中断函数 ……………… 102
        5.3.3 中断应用举例 ……………… 103
    5.4 外部中断源的扩展 ………………… 107
        5.4.1 用定时器 T0、T1 作为外部中断
              扩展 …………………………… 107
        5.4.2 用中断与查询相结合的方法扩展
              外部中断 ……………………… 107
    习题 5 …………………………………… 108
第 6 章 AT89S51/S52 单片机的定时器/
    计数器 …………………………………… 109
    6.1 定时器的内部结构 ………………… 109
        6.1.1 方式寄存器 TMOD ………… 110
        6.1.2 控制寄存器 TCON ………… 111
        6.1.3 定时器的工作方式 ………… 111
    6.2 定时器应用举例 …………………… 113
        6.2.1 定时控制、脉宽检测 ……… 113
        6.2.2 电压/频率转换 ……………… 117
    6.3 定时器/计数器 T2 ………………… 118
        6.3.1 T2 的状态控制寄存器 T2CON … 119
        6.3.2 T2 的工作方式 ……………… 119
    6.4 监视定时器 ………………………… 123
        6.4.1 WDT 的原理 ………………… 123
        6.4.2 AT89S51 内部的 WDT ……… 123
        6.4.3 AT89S51 掉电和空闲状态时的
              WDT …………………………… 123
        6.4.4 WDT 的软件技术 …………… 124
    习题 6 …………………………………… 124
第 7 章 AT89S51 的串行通信及其应用 …… 126
    7.1 概述 ………………………………… 126
        7.1.1 串行通信的字符格式 ……… 126

        7.1.2 串行通信的数据通路形式 … 127
        7.1.3 串行通信的传输速率 ……… 127
        7.1.4 串行通信的总线标准与接口 … 128
    7.2 51 单片机的串行通信接口 ………… 132
        7.2.1 通用的异步接收/发送器 UART … 132
        7.2.2 串行口的控制寄存器 ……… 133
        7.2.3 串行接口的工作方式 ……… 134
        7.2.4 波特率设计 ………………… 136
    7.3 串行通信应用举例 ………………… 138
        7.3.1 方式 0 应用设计键盘显示接口 … 138
        7.3.2 双机、多机通信应用 ……… 139
        7.3.3 单片机与微机的串行通信 … 149
        7.3.4 单片机在 GSM 无线通信网络中的
              应用 …………………………… 152
    7.4 CAN 总线串行通信技术 …………… 157
        7.4.1 CAN 总线系统构成 ………… 158
        7.4.2 CAN 总线的报文类型与帧结构 … 159
        7.4.3 CAN 的总线技术 …………… 164
        7.4.4 CAN 控制器 SJA1000 ……… 165
        7.4.5 CAN 总线收发器 82C50 …… 172
        7.4.6 CAN 总线系统智能节点 …… 173
    习题 7 …………………………………… 175
第 8 章 51 单片机系统扩展技术 ………… 176
    8.1 并行总线扩展技术 ………………… 177
        8.1.1 并行总线技术 ……………… 177
        8.1.2 存储器的并行扩展 ………… 178
        8.1.3 I/O 接口的并行扩展 ……… 184
    8.2 串行总线扩展技术 ………………… 190
        8.2.1 I^2C 串行总线 ……………… 190
        8.2.2 SPI 总线 …………………… 196
        8.2.3 1-Wire 单总线 ……………… 201
    习题 8 …………………………………… 208
第 9 章 单片机与外设接口技术 ………… 210
    9.1 键盘接口技术 ……………………… 210
        9.1.1 键盘的基本工作原理 ……… 210
        9.1.2 键盘工作方式 ……………… 212
    9.2 显示器接口技术 …………………… 215
        9.2.1 LED 显示器 ………………… 215
        9.2.2 LCD 点阵液晶显示器及其接口 … 222
    9.3 D/A 转换接口技术 ………………… 228
        9.3.1 后向通道概述 ……………… 228

  9.3.2　D/A 转换器的技术指标⋯⋯⋯⋯229
  9.3.3　12 位电压输出型串行 D/A 转换器
     TLV5616⋯⋯⋯⋯⋯⋯⋯⋯⋯⋯⋯230
  9.3.4　电压/电流转换电路设计⋯⋯⋯⋯232
 9.4　A/D 转换接口技术⋯⋯⋯⋯⋯⋯⋯⋯⋯232
  9.4.1　前向通道概述⋯⋯⋯⋯⋯⋯⋯⋯232
  9.4.2　A/D 转换器工作原理及分类⋯⋯⋯233
  9.4.3　串行 A/D 转换器 TLC1542 的应用　234
  9.4.4　8 位 A/D 及 D/A 转换器 PCF8591 · 236
 9.5　红外遥控⋯⋯⋯⋯⋯⋯⋯⋯⋯⋯⋯⋯⋯239
  9.5.1　红外遥控系统⋯⋯⋯⋯⋯⋯⋯⋯239
  9.5.2　遥控发射器及其编码⋯⋯⋯⋯⋯239
  9.5.3　遥控信号接收⋯⋯⋯⋯⋯⋯⋯⋯240
 习题 9⋯⋯⋯⋯⋯⋯⋯⋯⋯⋯⋯⋯⋯⋯⋯⋯242
第 10 章　系统设计及抗干扰技术⋯⋯⋯⋯⋯243
 10.1　单片机应用系统的开发过程⋯⋯⋯⋯243
  10.1.1　技术方案论证⋯⋯⋯⋯⋯⋯⋯243
  10.1.2　硬件系统的设计⋯⋯⋯⋯⋯⋯244
  10.1.3　应用软件的设计⋯⋯⋯⋯⋯⋯245
  10.1.4　硬件、软件系统的调试⋯⋯⋯245
  10.1.5　程序的固化⋯⋯⋯⋯⋯⋯⋯⋯245
 10.2　单片机硬件系统的设计⋯⋯⋯⋯⋯⋯245
  10.2.1　元件的选取⋯⋯⋯⋯⋯⋯⋯⋯245
  10.2.2　硬件电路的设计原则⋯⋯⋯⋯246

  10.2.3　单片机资源的分配⋯⋯⋯⋯⋯246
  10.2.4　印制电路板的设计⋯⋯⋯⋯⋯247
 10.3　单片机软件系统的设计⋯⋯⋯⋯⋯⋯248
  10.3.1　任务的确定⋯⋯⋯⋯⋯⋯⋯⋯248
  10.3.2　软件结构的设计⋯⋯⋯⋯⋯⋯248
 10.4　单片机系统抗干扰技术⋯⋯⋯⋯⋯⋯248
  10.4.1　硬件抗干扰措施⋯⋯⋯⋯⋯⋯248
  10.4.2　软件抗干扰措施⋯⋯⋯⋯⋯⋯250
第 11 章　Keil C51 软件的使用⋯⋯⋯⋯⋯253
 11.1　工程文件的建立及设置⋯⋯⋯⋯⋯⋯253
  11.1.1　工程文件的建立和编译、连接⋯253
  11.1.2　设置工程文件的属性⋯⋯⋯⋯256
 11.2　程序调试⋯⋯⋯⋯⋯⋯⋯⋯⋯⋯⋯⋯259
  11.2.1　常用调试命令⋯⋯⋯⋯⋯⋯⋯259
  11.2.2　在线汇编⋯⋯⋯⋯⋯⋯⋯⋯⋯260
  11.2.3　断点设置⋯⋯⋯⋯⋯⋯⋯⋯⋯261
 11.3　Keil 程序调试窗口⋯⋯⋯⋯⋯⋯⋯⋯261
  11.3.1　存储器窗口⋯⋯⋯⋯⋯⋯⋯⋯261
  11.3.2　观察窗口⋯⋯⋯⋯⋯⋯⋯⋯⋯262
  11.3.3　工程窗口寄存器页⋯⋯⋯⋯⋯262
  11.3.4　外围接口窗口⋯⋯⋯⋯⋯⋯⋯263
附录 A　MCS-51 指令表⋯⋯⋯⋯⋯⋯⋯⋯264
附录 B　ASCII 码表⋯⋯⋯⋯⋯⋯⋯⋯⋯⋯269

第 1 章

绪 论

1.1 单片机基础知识

1.1.1 单片机的结构和特点

根据美籍匈牙利科学家冯·诺依曼提出的存储原理，一个完整的计算机包括运算器、控制器、存储器、输入设备和输出设备五大部件。如果把运算器和控制器集成在一块芯片上，就构成了中央处理器（CPU）。若将中央处理单元（CPU）、存储器（RAM、ROM）、并行 I/O、串行 I/O、定时器/计数器、中断系统、系统时钟电路及系统总线等部件集成在一块芯片上，就构成了单片微型计算机（Single Chip Microcomputer），简称单片机。

单片机使用时，通常是处于测控系统的核心地位并嵌入其中，所以国际上通常把单片机称为嵌入式控制器（Embedded MicroController Unit，EMCU）或微控制器（MicroController Unit，MCU）。我国习惯于使用"单片机"这一名称。单片机是计算机技术发展史上的一个重要里程碑，标志着计算机正式形成了通用计算机系统和嵌入式计算机系统两大分支。单片机具有下列特点。

① 体积小、成本低：可嵌入到工业控制单元、机器人、智能仪器仪表、汽车电子系统、武器系统、家用电器、办公自动化设备、金融电子系统、玩具、个人信息终端及通信产品中。

② 高可靠性：单片机把各功能部件集成在一块芯片上，内部采用总线结构，减少了各芯片之间的连线，大大提高了单片机的可靠性与抗干扰能力。另外，其体积小，对于强磁场环境易于采取屏蔽措施，适合在恶劣环境下工作。

③ 控制功能强：为了满足工业控制的要求，一般单片机的指令系统中均有极丰富的转移指令、I/O 接口的逻辑操作及位运算指令。单片机的逻辑控制功能及运行速度均高于同一档次的微机。

④ 低功耗、低电压，便于生产便携式产品。

⑤ 外部总线增加了 I^2C 及 SPI 等串行总线方式，进一步缩小了体积，简化了结构。

⑥ 单片机的系统扩展和系统配置较典型、规范，容易构成各种规模的应用系统。

单片机根据目前的发展情况，单片机大致可以分为通用型/专用型、总线型/非总线型及工控型/家电型。

① 通用型/专用型：其内部可开发的资源（如存储器、I/O 等各种外围功能部件等）可全部提供给用户。用户根据需要，设计一个以通用单片机芯片为核心，再配以外围接口电路及其他外围设备，并编写相应的软件来满足各种不同需要的测控系统。通常所说的和本书介绍的是指通用型单片机。由于特定用途，单片机芯片制造商常与产品厂家合作，设计和生产"专用"的单片机芯片。由于在设计中，已经对"专用"单片机的系统结构最简化、可靠性和成本的最佳化等方面都

做了全面的综合考虑,"专用"单片机具有十分明显的综合优势。例如,为了满足电子体温计的要求,在片内集成 ADC 接口等功能的温度测量控制电路。无论"专用"单片机在用途上有多么"专",其基本结构和工作原理都是以通用单片机为基础的。

② 总线型/非总线型:总线型单片机普遍设置有并行地址总线、数据总线、控制总线,这些引脚用以扩展并行外围器件。但是,外围器件也可通过串行口与单片机连接,另外,许多单片机已把所需的外围器件及外设接口集成于片内,因此在许多情况下可以不要并行扩展总线,大大降低封装成本和缩小芯片体积,这类单片机称为非总线型单片机。

③ 工控型/家电型:这是按照单片机大致应用的领域进行区分的。一般而言,工控型寻址范围大,运算能力强;用于家电的单片机多为专用型,通常是小封装、低价格,外围器件和外设接口集成度高。

单片机系统以单片机为核心,配以控制、输入/输出、显示等外围电路和相应的控制软件,即由硬件和软件构成。硬件是应用系统的基础,软件是在硬件的基础上合理安排及使用系统资源,实现系统功能,两者缺一不可,相辅相成。由于单片机实质上是一个芯片,在实际应用中大都嵌入到控制系统中,所以单片机系统也称嵌入式系统。

1.1.2 单片机的发展

单片机作为微型计算机的一个重要分支,应用面很广,发展很快。自单片机诞生至今,已发展为上百种系列的近千个机种。如果将 8 位单片机的推出作为起点,那么单片机的发展大致经历了 4 个阶段。

(1) 第一阶段(1976—1978 年):单片机的探索阶段。以 Intel 公司的 MCS-48 为代表。MCS-48 的推出是在工控领域的探索,参与这一探索的公司还有 Motorola、Zilog 等,都取得了满意的效果。这就是 SCM 的诞生年代,"单片机"一词由此而来。

(2) 第二阶段(1978—1982 年):单片机的完善阶段。Intel 公司在 MCS-48 基础上推出了完善的、典型的单片机系列 MCS-51。它在以下几个方面奠定了典型的通用总线型单片机体系结构:

① 完善的外部总线。MCS-51 设置了经典的 8 位单片机的总线结构,包括 8 位数据总线、16 位地址总线、控制总线及具有多机通信功能的串行通信接口。

② CPU 外围功能单元的集中管理模式。

③ 体现工控特性的位地址空间及位操作方式。

④ 指令系统趋于丰富和完善,并且增加了许多突出控制功能的指令。

(3) 第三阶段(1982—1990 年):8 位单片机的巩固发展及 16 位单片机的推出阶段,也是单片机向微控制器发展的阶段。Intel 公司推出的 MCS-96 系列单片机,将一些用于测控系统的模数转换器、程序运行监视器、脉宽调制器等纳入片中,体现了单片机的微控制器特征。随着 MCS-51 系列的广泛应用,许多电气厂商竞相以 80C51 为内核,将许多测控系统中使用的电路技术、接口技术、多通道 A/D 转换部件、可靠性技术等应用到单片机中,增强了外围电路的功能,强化了智能控制的特征。

(4) 第四阶段(1990 年至今):微控制器的全面发展阶段。随着单片机在各个领域全面深入的发展和应用,出现了高速、大寻址范围、强运算能力的 8 位/16 位/32 位通用型单片机,以及小型廉价的专用型单片机。

1.1.3 单片机芯片技术的发展趋势

目前,单片机的发展趋势将是向大容量、高性能化,外围电路内装化等方面发展,主要表现在以下几个方面。

1. 高性能化

高性能化主要是指进一步改进 CPU 的性能,加快指令运算的速度和提高系统控制的可靠性。采用精简指令集(RISC)结构和流水线技术,可以大幅度提高运行速度。现指令速度最高者已达 100MIPS,并加强了位处理功能、中断和定时控制功能。这类单片机的运算速度比标准的单片机高出 10 倍以上。由于这类单片机有极高的指令速度,就可以用软件模拟其 I/O 功能,由此引入了虚拟外设的新概念。

2. 存储器大容量化

(1) 片内程序存储器 ROM 普遍采用闪烁(Flash)存储器。可不用外扩展程序存储器,简化系统结构。目前有的单片机片内程序存储器 ROM 容量可达 128KB 甚至更多。

(2) 加大片内数据存储 RAM 容量,以满足动态存储的需要。

3. 片内 I/O 的改进

(1) 增加并行口驱动能力,以减少外部驱动芯片。有的单片机可以直接输出大电流和高电压,以便能直接驱动 LED 和 VFD(荧光显示器)。

(2) 有些单片机设置了一些特殊的串行 I/O 功能,为构成分布式、网络化系统提供了方便条件。

(3) 引入数字交叉开关,改变了以往片内外设与外部 I/O 引脚的固定对应关系。交叉开关是一个大的数字开关网络,可通过编程设置交叉开关控制寄存器,将片内的计数器/定时器、串行口、中断系统、A/D 转换器等片内外设灵活配置出现在端口 I/O 引脚。这就允许用户根据自己的特定应用,将内部外设资源分配给端口 I/O 引脚。

4. CMOS 化、低功耗、低电压

(1) CMOS 化:CMOS 芯片除了低功耗、高密度、低速度、低价格特性之外,还具有功耗的可控性,使单片机可以工作在功耗精细管理状态。这也是以 80C51 取代 8051 为标准 MCU 芯片的原因。采用双极型半导体工艺的 TTL 电路速度快,但功耗和芯片面积较大。随着技术和工艺水平的提高,又出现了 HMOS(高密度、高速度 MOS)和 CHMOS 工艺。目前生产的 CHMOS 电路已达到 LSTTL 的速度,传输延迟时间小于 2ns,它的综合优势已先于 TTL 电路。因而,在单片机领域 CMOS 正在逐渐取代 TTL 电路。

(2) 低功耗、低电压:现在新型单片机的功耗越来越低,配置有等待、暂停、睡眠、空闲、节电等工作方式。消耗电流仅在 μA 或 nA 量级,使用电压 3~6V,完全适应电池工作。低电压供电的单片机电源下限已可达 1~2V。目前 0.8V 供电的单片机已经问世。低功耗化的效应不仅是功耗低,而且带来了产品的高可靠性、高抗干扰能力以及产品的便携化。

5. 外设电路内装化

众多外围电路集成在片内,系统的单片化是目前发展趋势之一。例如,美国 Cygnal 公司的 C8051F020 8 位单片机,内部采用流水线结构,大部分指令的完成时间为 1 或 2 个时钟周期,峰值处理能力为 25MIPS。片上集成有 8 通道 A/D、两路 D/A、两路电压比较器、内置温度传感器、定时器、可编程数字交叉开关和 64 个通用 I/O 口、电源监测、看门狗、多种类型的串行接口(两个 UART、SPI)等。一片芯片就是一个"测控"系统。

6. 编程及仿真的简单化

目前大多数的单片机都支持程序的在线编程,也称在系统编程(In System Program,ISP),只需一条 USB-ISP 串口下载线,就可以把仿真调试通过的程序从 PC 写入单片机的 Flash 存储器内，省去编程器。某些机型还支持在线应用编程（IAP），可在线升级或销毁单片机的应用程序，省去了仿真器。

7. 实时操作系统的使用

51 单片机可配置实时操作系统 RTX51。RTX51 是一个针对 8051 系列的多任务内核。从本质上简化了对实时事件反应速度要求较高的复杂应用的系统设计、编程和调试。RTX51 实时内核完全集成到 C51 编译器中，使用简单方便。

8. 单片机应用的可靠性技术发展

近年来，单片机的生产厂家在单片机设计上采用了各种提高可靠性的新技术，这些新技术表现在如下几点。

（1）EFT（Electrical Fast Transient）技术：在振荡电路的正弦信号受到外界干扰时，其波形上会叠加各种毛刺信号，如果使用施密特电路对其整形，则毛刺会成为触发信号而干扰正常的时钟，EFT 技术交替使用施密特电路和 RC 滤波电路，消除这些毛刺，从而保证系统的时钟信号正常工作，提高了系统可靠性。Motorola 公司的 MC68HC08 系列单片机就采用了这种技术。

（2）低噪声布线技术及驱动技术：在传统的单片机中，电源及地线是在集成电路外壳的对称引脚上，一般是在左上、右下或右上、左下的两对对称点上，这样会使电源噪声穿过整块芯片，对单片机的内部电路造成干扰。现在，很多单片机都把地和电源引脚安排在两个相邻的引脚上，不仅降低了穿过整个芯片的电流，另外还便于在印制电路板上布置去耦电容，从而降低系统的噪声。

采用"跳变沿软化技术"，降低片内大电流驱动电路所产生的噪声。将多个小管子并联等效一个大管子，并在每个小管子的输出端串联上不同等效阻值的电阻，以降低 di/dt，从而消除大电流瞬变时产生的噪声。

（3）采用低频时钟：高频外时钟是噪声源之一，不仅能对单片机应用系统产生干扰，还会对外界电路产生干扰，令电磁兼容性不能满足要求。对于要求可靠性较高的系统，低频外时钟有利于降低系统的噪声。在一些单片机中，内部采用锁相环技术，在外部时钟频率较低时，也能产生较高的内部总线速度，从而提高了速度又降低了噪声。Motorola 公司的 MC68HC08 系列及其 16/32 位单片机就采用了这种技术以提高可靠性。

1.2 单片机应用

1.2.1 单片机应用方向

在日常生活、生产等领域，凡是有自动控制要求的地方，都会有单片机的影子，其应用已经相当普及。单片机的应用有利于系统的小型化、智能化及多功能化，从根本上改变了传统控制系统的设计思想和设计方法。以前必须用模拟电路或数字电路实现的大部分功能，现在已能用单片机通过软件方法来实现。用软件代替部分硬件，使系统软化并提高性能，是传统控制技术的一次革命。

单片机的应用具有软件和硬件相结合的特点，因而设计者不但要熟练掌握单片机的编程技术，还要有较强的单片机硬件方面的知识。由于单片机具有显著的优点，它已成为科技领域的有力工具、人类生活的得力助手。单片机的应用已遍及各个领域，主要表现在以下几个方面。

1. 智能仪表

单片机广泛地用于各种仪器仪表，使仪器仪表智能化，集测量、处理、控制功能于一体，并提高测量的自动化程度和精度，简化仪器仪表的硬件结构，提高其性能价格比。这些特点不仅使传统的仪器仪表发生了根本的变革，也给仪器仪表行业技术改造带来曙光。

2. 机电一体化

机电一体化是机械工业发展的方向。机电一体化产品是指集成机械技术、微电子技术、计算机技术于一体，具有智能化特征的机电产品。例如，微机控制的车床、钻床，采用单片机可提高其可靠性，增强系统功能，降低控制成本。单片机作为机电产品的控制器，能充分发挥其体积小、可靠性高、功能强等优点，大大提高机电产品的自动化、智能化程度。

3. 实时控制

单片机广泛用于各种实时控制的系统中。例如，工业控制系统、自适应控制系统、数据采集系统等各种实时控制系统，都可以用单片机作为控制器。单片机的实时数据处理能力和控制功能，可使系统保持在最佳工作状态，提高系统的工作效率和产品质量。

4. 分布式多机系统

在复杂的控制系统中，常采用分布式多机系统。多机系统由若干台功能各异的单片机组成，各自完成特定的任务，它们之间通过串行通信相互联系、协调工作。单片机在这种系统中往往作为一个终端机，安装在系统的某些节点上，对现场信息进行实时的测量和控制。单片机的高可靠性和强抗干扰能力，使它可以置于恶劣环境的前端工作。

5. 人类生活

自从单片机诞生以后，它就步入了人类生活，如洗衣机、电冰箱、电子玩具、收录机等家用电器。家用电器配上单片机以后，提高了智能化程度，增加了功能，使人类生活更加方便、舒适、丰富多彩。

6. 智能接口

计算机系统有许多外部通信、采集、多路分配管理、驱动控制等接口。这些接口及其所连接的外部设备如果完全由主机进行管理，势必造成主机负担过重，降低运行速度。用单片机进行接口的控制与管理，单片机与主机可并行工作，可大大提高系统的运行速度。

21 世纪是全人类进入计算机时代的世纪，许多人不是在制造计算机便是在使用计算机。在使用计算机的人们中，只有从事嵌入式系统应用的人才真正地进入到计算机系统的内部软硬件体系中，才能真正领会计算机的智能化本质并掌握智能化设计的知识。从学习单片机应用技术入手是掌握计算机应用软硬件技术的最佳方法之一。

1.2.2 单片机应用系统的分类

按照单片机系统扩展与系统配置状况，单片机应用系统可分为最小应用系统、最小功耗应用系统、典型应用系统等。

1. 最小应用系统

最小应用系统是指能维持单片机运行的最简单配置的系统，如开关状态的输入/输出控制等。片内有 ROM/EPROM/Flash 的单片机，其最小应用系统即为配有晶振、复位电路、电源、简单的 I/O 设备（开关、发光二极管）及必要的软件组成的单片机系统。若片内无 ROM/EPROM 的单片机,则除了上述配置外,还应外接 EPROM 或 E^{2}PROM 作为程序存储器,构成单片机系统。

2. 最小功耗应用系统

最小功耗应用系统是指在保证系统正常运行的情况下,使系统的功率消耗最小。设计最小功耗应用系统时,必须使系统内的所有器件、外设都有最小的功耗,而且能运行在 Wait 和 Stop 方式。选择 CMOS 型单片机芯片,为构成最小功耗应用系统提供了必要的条件,这类单片机中都设置了低功耗运行的 Wait 和 Stop 方式。

最小功耗应用系统常用在便携式、手提式等袖珍式智能仪表,野外工作仪表及在无源网络、接口中的单片机工作子站。

3. 典型应用系统

典型应用系统是指以单片机为核心,配以输入/输出、显示、控制等外围电路和软件,实现一种或多种功能的实用系统。由于单片机主要用于工业控制,因此,其典型应用系统应具备前向传感器通道、后向驱动通道及基本的人机对话手段。它包括了系统扩展与系统配置两部分内容。系统扩展是指在单片机中 ROM、RAM 及 I/O 接口等片内部件不能满足系统要求时,在片外扩展相应的部分以弥补单片机内部资源的不足。系统配置是指单片机为满足应用要求时,应配置的基本外部设备,如键盘、显示器等。

1.3 51 系列单片机

1.3.1 MCS-51 系列单片机

MCS 是 Intel 公司生产的单片机的系列符号,MCS-51 系列单片机是 Intel 公司在 MCS-48 系列的基础上于 20 世纪 80 年代初发展起来的,是最早进入我国并在我国应用最为广泛的单片机机型之一,也是单片机应用的主流品种。MCS-51 系列单片机的分类见表 1-1,51 子系列是基本型,而 52 子系列则属于增强型。52 子系列与 51 子系列的异同点见表 1-1。

(1)片内 ROM 由 4KB 增加到 8KB;
(2)片内 RAM 由 128B 增加到 256B;
(3)定时器/计数器由 2 个增加到 3 个;
(4)中断源由 5 个增加到 6 个。

表 1-1 MCS-51 系列单片机分类表

系列	型号	片内存储器		片外存储器寻址范围		I/O 接口线		中断源(个)	定时器/计数器(个×位)
		ROM	RAM	RAM	EPROM	并行	串行		
51 子系列	8031	无	128B	64KB	64KB	32 位	UART	5	2×16
	8051	4KB ROM							
	8751	4KB EPROM							
52 子系列	8032	无	256B					6	3×16
	8052	8KB ROM							
	8752	8KB EPROM							

20 世纪 80 年代中期以后,Intel 公司已把精力集中在高档 CPU 芯片的研发上,逐渐淡出单片机芯片的开发和生产。Intel 公司以专利转让或技术交换的形式把 8051 的内核技术转让给了许多半导体芯片生产厂家,如 ATMEL、Philips、Cygnal、ANALOG、LG、ADI、Maxim、

DALLAS 等。这些公司生产的 51 系列单片机的主要产品见表 1-2。

表 1-2 与 80C51 兼容的主要产品

生产厂家	单片机型号
ATMEL 公司	AT89C5x 系列（89C51/89S51、89C55 等）
Philips 公司	80C51、8Xc552 系列
Cygnal 公司	C80C51F 系列高速 SOC 单片机
LG 公司	GMS90/97 系列低价高速单片机
ADI 公司	ADuC8xx 系列高精度单片机
美国 Mxim 公司	DS89C420 高速（50MIPS）单片机系列
台湾华邦公司	W78C51、W77C51 系列高速低价单片机
AMD 公司	8-515/535 单片机
Siemens 公司	SAB80512 单片机

这些单片机均采用 8051 的内核结构、指令系统，采用 CMOS 工艺；有的公司还在 8051 内核的基础上又增加了一些功能模块，其集成度更高，更有特点，功能和市场竞争力更强。人们常用 80C51 来称呼所有这些具有 8051 内核使用 8051 指令系统的单片机，也习惯把这些兼容机等各种衍生品种统称为 51 单片机。

1.3.2 AT89 系列单片机

1. AT89C5x/AT89S5x 单片机

在众多的衍生机型中，美国 ATMEL 公司推出的 AT89 系列中的 AT89C5x/AT89S5x 单片机在我国目前的 8 位单片机市场中占有较大的份额。ATMEL 公司是美国 20 世纪 80 年代中期成立并发展起来的半导体公司。该公司于 1994 年以 E^2PROM 技术与 Intel 公司的 80C51 内核的使用权进行交换。ATMEL 公司的技术优势是其闪烁（Flash）存储器技术，将 Flash 技术与 80C51 内核相结合，形成了片内带有 Flash 存储器的 AT89C5x/AT89S5x 系列单片机。

AT89C5x/AT89S5x 系列单片机与 MCS-51 系列单片机在原有功能、引脚以及指令系统方面完全兼容，该系列单片机中的某些品种又增加了一些新的功能，如看门狗定时器 WDT、ISP（在系统编程，也称在线编程）及 SPI 串行接口技术等。

另外，AT89C5x/AT89S5x 还支持由软件选择的两种节电工作方式，非常适于电池供电或其他要求低功耗的场合。AT89S51 与 MCS-51 系列中的 87C51 相比，片内的 4KB Flash 存储器取代了 87C51 片内的 4KB 的 EPROM，允许在线（+5V）电擦除，使用编程器或串行下载重复编程，且其价格较低，因此 AT89S5x 单片机是目前取代 MCS-51 系列单片机的主要芯片之一。本书重点介绍 AT89S51 单片机的工作原理及应用设计。

AT89S5x 的"S"档系列机型是 ATMEL 公司继 AT89C5x 系列之后推出的新机型，"S"表示含有串行下载的 Flash 存储器，代表性产品为 AT89S51 和 AT89S52。由于 AT89C51 单片机已不再生产，原来使用 AT89C51 单片机的系统，在保留原来软硬件的条件下，完全可以用 AT89S51 直接代换。

与 AT89C5x 系列相比，AT89S5x 系列的时钟频率以及运算速度有了较大的提高。例如，AT89C51 工作频率的上限为 24MHz，而 AT89S51 则为 33MHz。AT89S51 片内集成双数据指针 DPTR、看门狗定时器，具有低功耗空闲工作方式和掉电工作方式。目前，AT89S5x 系列已经逐渐取代了 AT89C5x 系列。

尽管 AT89S5x 系列单片机有多种机型，但是掌握好基本型 AT89S51 单片机是十分重要的，因为它们是具有 8051 内核的各种型号单片机的基础，最具典型性和代表性，同时也是各种增强型、扩展型等衍生品种的基础。

2. AT89 系列单片机的型号说明

AT89 系列单片机编码由三部分组成，它们是前缀、型号和后缀。

格式：AT89Cxxxx xxxx

其中，AT 是前缀，89Cxxxx 是型号，xxxx 是后缀。下面分别对这三部分进行说明。

（1）前缀：由字母"AT"组成，表示该器件是 ATMEL 公司的产品。

（2）型号：由"89Cxxxx"或"89LVxxxx"或"89Sxxxx"等表示。"89Cxxxx"中，8 表示单片，9 表示内部含有 Flash 存储器，C 表示 CMOS 产品。"89LVxxxx"中，LV 表示低电压产品，可在 2.5V 电压下工作，其他的产品在 5V 下工作。"89Sxxxx"中，S 表示含有串行下载的 Flash 存储器。后 4 位的"xxxx"表示器件的型号，如 51、52、2051、8052 等。

（3）后缀：由最后的"xxxx"4 个参数组成，每个参数的表示意义不同。在型号与后缀部分由"—"号隔开。

① 后缀中的第 1 个"x"表示速度：x=12，表示速度为 12MHz；x=16，表示速度为 16MHz；x=20，表示速度为 20MHz，等等。

② 后缀中的第 2 个"x"表示封装，意义如下：
- x=P，表示塑料双列直插 DIP 封装；
- x=D，表示陶瓷封装；
- x=Q，表示 PQFP 封装；
- x=J，表示 PLV 封装；
- x=A，表示 TQFP 封装；
- x=S，表示 SOIC 封装；
- x=W，表示裸芯片。

③ 后缀中的第 3 个"x"表示芯片的温度范围，意义如下：
- x=C，表示商业用产品，温度为 0～+70℃；
- x=I，表示工业用产品，温度为 -40～+85℃；
- x=A，表示汽车用产品，温度为 -40～+125℃；
- x=M，表示军用产品，温度为 -55～+150℃。

④ 后缀中的第 4 个"x"用于说明产品的工艺，意义如下：
- x 为空，表示处理工艺是标准工艺；
- x=/883，表示处理工艺采用 MIL-STD-883 标准。

例如，某一单片机型号"AT89C51-12PI"，表示是 ATMEL 公司的 Flash，CMOS 产品，速度 12MHz，塑料双列直插 DIP 封装，工业级，标准处理工艺生产。

1.3.3 各种衍生品种的 51 单片机

1. STC 系列单片机

STC 系列单片机是深圳宏晶公司的产品，具有我国独立自主知识产权，是功能与抗干扰性强的增强型 51 单片机，有多种子系列，几十个品种，以满足不同应用需要。其中 STC12C5410/STC12C2052 系列的性能及特点如下：

（1）高速：传统 51 单片机每机器周期为 12 个时钟，而 STC12 单片机可以每机器周期 1 时钟，指令执行速度大大提高，12 代表速度比普通的 8051 快 8～12 倍。

（2）宽工作电压：C 代表工作电压 5.5～3.8V，LE、LV 代表工作电压 2.4～3.8V（STC12LE5410AD 系列）。

（3）12KB/10KB/8KB/6KB/4KB/2KB 片内 Flash 程序存储器，擦写次数 10 万次以上。

（4）片内的 RAM：5 代表片内 RAM 数据存储器为 512B。

（5）可在系统可编程（ISP）/在应用可编程（IAP），无须编程器/仿真器，可远程升级。

（6）8 通道的 10 位 ADC，4 路 PWM 输出。

（7）4 通道捕捉/比较单元，也可用来再实现 4 个定时器或 4 个外部中断（支持上升沿/下降沿中断）。

（8）2 个硬件 16 位定时器，兼容普通 8051 的定时器。4 路 PCA 还可再实现 4 个定时器。

（9）硬件看门狗（WDT）。

（10）高速 SPI 串口。

（11）全双工异步串行口（UART），兼容普通 8051 的串口。

（12）通用 I/O 口（对应不同的封装形式，分别有 27、23、15 个 I/O 口），复位后，I/O 口为准双向口/弱上拉（普通 8051 传统 I/O 接口）。可通过新增的特殊功能寄存器 PxM0、PxM1 将 I/O 口设成。准双向口/弱上拉、推挽/强上拉、仅为输入/高阻、开漏四种模式中的一种，I/O 口驱动能力均可达到 20mA，但整个芯片最大不可超过 55mA。

（13）超强抗干扰能力与高可靠性。

（14）采取了降低单片机时钟对外部电磁辐射的措施。

（15）超低功耗设计。掉电模式的典型功耗小于 0.1μA，空闲模式的典型功耗为 2mA，正常工作模式的典型功耗为 4～7mA。掉电模式可由外部中断唤醒，适用于电池供电系统，如水表、气表、便携设备等。

STC 单片机可直接替换 ATMEL、Philips、Winbond（华邦）等公司的产品，是一款高性能、高可靠性机型，尤其是具有较高的抗干扰特性，应当给予足够的重视。

2. C8051Fxxx 单片机

美国 Cygnal 公司的 C8051Fxxx 系列单片机集成度高，采用 8051 内核，代表性产品为 C8051F020。C8051F020 内部采用流水线结构，大部分指令的完成时间为 1 或 2 个时钟周期，峰值处理能力为 25MIPS，与经典的 51 单片机相比，可靠性和速度有很大提高。

C8051F020 片内集成了 1 个 8 位 ADC、1 个 12 位 ADC、1 个双 12 位 DAC；64KB 片内 Flash 程序存储器，256B RAM，128B SFR；8 个 I/O 端口共 64 根 I/O 口线；5 个 16 位通用定时器；5 个捕捉/比较模块的可编程计数/定时器阵列（PCA），1 个 UART 串行口，1 个 SMBus/I2C 串口，1 个 SPI 串行口；2 路电压比较器、电源监测器、内置温度传感器。最突出的改进是引入了数字交叉开关（C8051F2xx 除外），改变了以往内部功能与外部引脚的固定对应关系。

用户可通过可编程的交叉开关控制寄存器将片内的计数器/定时器、串行总线、硬件中断、ADC 转换器输入、比较器输出以及单片机内部的其他硬件外设配置出现在端口 I/O 引脚。可根据特定应用，选择通用端口 I/O 与片内硬件资源的灵活组合。

3. ADμC812 单片机

ADμC812 是美国 ADI（Analog Device Inc）公司生产的高性能单片机，其内部包含了高精度的自校准 8 通道 12 位模数转换器（ADC），2 通道 12 位数模转换器（DAC）以及 8051 内核，指令系统与 MCS-51 系列兼容。片内有 8KB Flash 程序存储器、640B Flash 数据存储器、256B 数据 SRAM（支持可编程）。片内集成看门狗定时器、电源监视器以及 ADC DMA 功能。为多处理器接口和 I/O 扩展提供了 32 条可编程的 I/O 线，包含与 I^2C 兼容的串行接口、SPI 串行接口和标准

UART 串行接口 I/O。

ADμC812 的 MCU 内核和模数转换器均设置有正常、空闲和掉电工作模式，通过软件可以控制芯片从正常模式切换到空闲模式，也可以切换到更为省电的掉电模式。在掉电模式下，ADμC812 消耗的总电流约为 5μA。

4. 台湾华邦公司 W78 系列和 W77 系列单片机

台湾华邦公司（Winbond）的产品 W77 系列、W78 系列单片机与 51 单片机完全兼容。

对 8051 的时序作了改进，每个指令周期只需要 4 个时钟周期，速度提高了 3 倍，工作频率最高可达 40MHz。

W77 系列为增强型，片内增加了看门狗、两组 UART 串口、两组 DPTR 数据指针（编写应用程序非常便利）、ISP（在线编程）等功能。片内集成了 USB 接口，语音处理等功能，具有 6 组外部中断源。

华邦公司的 W741 系列的 4 位单片机具有液晶驱动，可在线烧录，保密性高，低工作电压（1.2～1.8V）等优点。

1.4 其他系列单片机

除 51 单片机外，某些非 51 单片机也得到了较广泛的应用。目前我国使用较为广泛的是 PIC 系列与 AVR 系列单片机，这两种单片机博采众长，又具独特技术，已占有较大的市场份额。

1. PIC 系列单片机

PIC 系列单片机是美国 Microchip 公司的产品，主要特性如下。

（1）最大特点是从实际出发，重视性价比。例如，一个摩托车点火器需要一个 I/O 较少、RAM 及程序存储空间不大、可靠性较高的小型单片机，若采用 40 脚单片机，则"大马拉小车"。PIC 系列从低到高几十个型号，可满足各种需要。

PIC12C508 仅有 8 个引脚，是世界上最小的单片机，有 512B ROM、25B RAM、1 个 8 位定时器、1 根输入线、5 根 I/O 线，价格非常便宜，用在摩托车点火器非常适合。PIC 的高档型单片机，如 PIC16C74（尚不是最高档型）有 40 个引脚，其内部资源为 4KB ROM、192B RAM、8 路 A/D、3 个 8 位定时器、2 个 CCP 模块、3 个串行口、1 个并行口、11 个中断源、33 个 I/O 脚，可与其他品牌的高档型号媲美。

（2）精简指令集（RISC）使指令执行效率大为提高。数据总线和指令总线分离的哈佛总线（Harvard）结构，使指令具有单字长，且允许指令代码的位数可多于 8 位的数据位数，与传统的采用复杂指令结构（CISC）的 8 位单片机相比，可达到 2:1 的代码压缩，速度提高 4 倍。

（3）具有优越开发环境。普通 51 单片机的开发系统大都采用高档型号仿真低档型号，其实时性不尽理想。PIC 推出一款新型号单片机的同时推出相应的仿真芯片，所有的开发系统由专用的仿真芯片支持，实时性非常好。

（4）引脚具有防瞬态能力，通过限流电阻可以接至 220V 交流电源，可直接与继电器控制电路相连，无须光电耦合器隔离，给应用带来极大方便。

（5）保密性好。以保密熔丝来保护代码，用户在烧入代码后熔断熔丝，别人再也无法读出，除非恢复熔丝。目前，PIC 采用熔丝深埋工艺，恢复熔丝的可能性极小。

（6）片内有看门狗定时器，可提高程序运行的可靠性。

（7）设有休眠和省电工作方式，可大大降低单片机系统的功耗，并可采用电池供电。

PIC 单片机的型号繁多，分为低档型、中档型和高档型。

（1）低档型：PIC12C5xxx/16C5x 系列。PIC16C5x 系列是最早得到发展的系列，因其价格较低，且有较完善的开发手段，因此应用最为广泛。PIC12C5xx 是世界上第一个 8 脚低价位单片机，可用于简单的智能控制等一些要求单片机体积小的场合，前景十分广阔。

（2）中档型：PIC12C/PIC16C 系列以及 PIC18 系列。中档产品是 Microchip 公司近年重点发展的产品，品种丰富。尤其是 PIC18 系列，它的程序存储器最大可达 64KB，通用数据存储器最大可达 3968B；有 8 位和 16 位定时器、比较器；8 级硬件堆栈，10 位 A/D 转换器，捕捉输入，PWM 输出；配置了 I^2C、SPI、UART 串口，CAN、USB 接口，模拟电压比较器及 LCD 驱动电路等，其封装 14～64 脚，价格适中，性价比高，已广泛应用在高、中、低档的各类电子产品中。

（3）高档型：PIC17Cxx 系列。PIC17Cxx 是适合高级复杂系统开发的系列产品，其性能在中档位单片机的基础上增加了硬件乘法器，指令周期可达 160ns。它是目前世界上 8 位单片机中性价比最高的机种，可用于高、中档产品的开发，如电机控制等。

2. AVR 系列单片机

AVR 系列单片机是 1997 年由 ATMEL 公司利用 Flash 新技术，研发出的精简指令集（Reduced Instruction Set Computer，RISC）的高速 8 位单片机，其特点如下。

（1）高速、高可靠性、功能强、低功耗和低价位。废除了机器周期，抛弃复杂指令 CISC，采用精简指令集，以字作为指令长度单位，将内容丰富的操作数与操作码安排在一字之中，指令长度固定，指令格式与种类相对较少，寻址方式也相对较少，绝大部分指令都为单周期指令。取指周期短，又可预取指令，实现流水作业，故可高速执行指令。当然这种"高速度"是以高可靠性来保障的。

（2）片内 Flash 存储器给用户程序的开发带来方便。采用新工艺的 AVR 器件，Flash 程序存储器擦写可达 10 000 次以上。片内较大容量的 RAM，不仅能满足一般场合的使用，同时也更有效地支持使用高级语言开发系统程序，并可像 MCS-51 单片机那样扩展外部 RAM。

（3）丰富的外设。单片机有定时器/计数器、看门狗电路、低电压检测电路 BOD，多个复位源（自动上电复位、外部复位、看门狗复位、BOD 复位），可设置的启动后延时运行程序，增强了单片机应用系统的可靠性。片内有多种串口，如通用的异步串行口（UART），面向字节的高速硬件串口 TWI（与 I^2C 兼容）、SPI。此外还有 ADC、PWM 等片内外设。

（4）I/O 口功能强、驱动能力大。工业级产品具有大电流（最大可达 40mA），驱动能力强，可省去功率驱动器件，直接驱动可控硅 SSR 或继电器。AVR 单片机的 I/O 口是真正的 I/O 口，能正确反映 I/O 口输入/输出的真实情况。I/O 口的输入可设定为三态高阻抗输入或带上拉电阻输入，以便于满足各种多功能 I/O 口应用的需要，具备 10～20mA 灌电流的能力。

（5）低功耗。具有省电功能（Power Down）及休眠功能（Idle）的低功耗的工作方式。一般耗电在 1～2.5mA；对于典型功耗情况，WDT 关闭时为 100nA，更适用于电池供电的应用设备。有的器件最低 1.8 V 即可工作。

（6）AVR 单片机支持程序的在系统编程（In System Program，ISP）即在线编程，开发门槛较低。只需一条 ISP 并口下载线，就可以把程序写入 AVR 单片机，无须使用编程器。其中 MEGA 系列还支持在线应用编程（IAP，可在线升级或销毁应用程序），省去仿真器。

AVR 单片机系列齐全，有 3 个档次，可适用于各种不同场合的要求。低档 Tiny 系列 AVR 单片机主要有 Tiny11/12/13/15/26/28 等；中档 AT90S 系列 AVR 单片机主要有 AT90S1200/2313/8515/8535 等；高档 Atmega 系列 AVR 单片机主要有 ATmega8/16/32/64/128（存储容量为 8KB/16KB/32KB/64KB/128KB）以及 ATmega8515/8535 等。

1.5 其他嵌入式处理器简介

目前以嵌入式处理器为核心的嵌入式系统应用已经成为当今电子信息技术的一大热点。据不完全统计，全世界嵌入式处理器的品种总量已经超过 1000 多种，按体系结构主要分为如下几类：嵌入式微控制器（单片机）、嵌入式数字信号处理器（简称 DSP）及嵌入式微处理器。

1. 嵌入式 DSP 处理器（DSP）

嵌入式数字信号处理器（Digital Signal Processor, DSP）是一种非常擅长于高速实现各种数字信号处理运算（如数字滤波、FFT、频谱分析等）的嵌入式处理器。由于对 DSP 硬件结构和指令进行了特殊设计，使其能够高速完成各种数字信号处理算法。

1981 年，美国 TI（Texas Instruments）公司研制出了著名的 TMS320 系列的首片低成本、高性能的 DSP 处理器芯片——TMS320C10，使 DSP 技术向前跨出了意义重大的一步。20 世纪 90 年代，由于无线通信、各种网络通信、多媒体技术的普及和应用，高清晰度数字电视的研究，极大地刺激了 DSP 的推广应用，DSP 大量进入嵌入式领域。推动 DSP 快速发展的是嵌入式系统的智能化，例如各种带有智能逻辑的消费类产品、生物信息识别终端、实时语音解压系统、数字图像处理等。这类产品的智能化算法一般都是运算量较大，特别是向量运算、指针线性寻址等较多，而这些正是 DSP 的长处所在。

尽管 DSP 技术已达到较高的水平，但在一些实时性要求很高的场合，单片 DSP 的处理能力还是不能满足要求。因此，又研制出多总线、多流水线和并行处理的包含多个 DSP 处理器的芯片，大大提高了系统的性能。

与单片机相比，DSP 具有实现高速运算的硬件结构及指令和多总线，DSP 处理的算法复杂度和大的数据处理流量更是单片机不可企及的。

DSP 的主要厂商有美国 TI、ADI、Motorola、Zilog 等公司。TI 公司位居榜首，占全球 DSP 市场约 60%。DSP 代表性的产品是 TI 公司的 TMS320 系列。TMS320 系列处理器包括用于控制领域的 C2000 系列、移动通信领域的 C5000 系列以及应用在网络、多媒体和数字图像处理领域的 C6000 系列等。

今天，随着全球信息化和 Internet 的普及，多媒体技术的广泛应用，尖端技术向民用领域的迅速转移，数字技术大范围进入消费类电子产品，使 DSP 不断更新换代，性能指标不断提高，价格不断下降，已成为新兴科技——通信、多媒体系统、消费电子、医用电子等飞速发展的主要推动力。据国际著名市场调查研究公司 Forward Concepts 发布统计和预测报告显示，目前世界 DSP 产品市场每年正以 30%的增幅增长，是目前最有发展和应用前景的嵌入式处理器之一。

2. 嵌入式微处理器

嵌入式微处理器（Embedded MicroProcessor Unit, EMPU）的基础是通用计算机中的 CPU。在应用设计中，将嵌入式处理器装配在专门设计的电路板上，只保留和嵌入式应用有关的母版功能，这样可以大幅度减小系统体积和功耗。

为了满足嵌入式应用的特殊要求，嵌入式微处理器虽然在功能上和标准微处理器基本是一样的，但在工作温度、抗电磁干扰、可靠性等方面一般都做了各种增强处理。

嵌入式微处理器中比较有代表性的产品为 ARM 系列，主要有 5 个产品系列：ARM7、ARM9、ARM9E、ARM10 和 SecurCore。

下面以 ARM7 为例，简单说明嵌入式微处理器的基本性能。

嵌入式处理器的地址线为 32 条，所能扩展的存储空间要比单片机存储器空间大得多，所以可配置实时多任务操作系统（RTOS），RTOS 是嵌入式应用软件的基础和开发平台。

常用的 RTOS 为 Linux（数百 KB）和 VxWorks（数 MB）以及 μC-OS Ⅱ。由于嵌入式实时多任务操作系统具有高度灵活性，可很容易地对它进行定制或适当开发，即对它进行"裁剪"、"移植"和"编写"，从而设计出用户所需的应用程序，满足实际应用需要。

正是由于嵌入式微处理器为核心的嵌入式系统能够运行实时多任务操作系统，所以能够处理复杂的系统管理任务和处理工作。因此，在移动计算平台、媒体手机、工业控制和商业领域（例如，智能工控设备、ATM 机等）、电子商务平台、信息家电（机顶盒、数字电视）等方面，甚至军事上的应用，具有巨大的吸引力。因此，以嵌入式微处理器为核心的嵌入式系统应用，已成为继单片机、DSP 之后的电子信息技术应用的又一大热点。

习题 1

1. 什么是单片机？什么是单片机系统？
2. 单片机有哪些系列产品？各有什么特点？
3. 单片机主要应用于哪些领域？
4. 在单片机应用系统中的硬件与软件是什么关系？软件如何实现对硬件的控制？
5. 观察大街上的电子广告，思考它是如何实现的？
6. 简述 51 系列单片机的特点及分类。

第 2 章

AT89S51 单片机的结构与组成

2.1 AT89S51 单片机的内部结构及信号引脚

AT89S 系列单片机是 Atmel 公司推出的可重复擦写出 1000 次以上、低功耗、8 位 Flash 单片机系统，它和 8051 系列单片机是兼容的，其采用 Flash 存储器作为 ROM，在系统的开发过程中，可以通过 SPI 串口实现在线编程，大大地缩短了系统的开发周期，得到了国内用户的广泛使用。AT89S 系列单片机的主要特性见表 2-1，本书介绍以 AT89S51 为主。

表 2-1 AT89S 系列单片机的主要特性

型 号	存储器		I/O 口		中断源（个）	定时器/计数器（个×位）
	片内 Flash	片内 RAM	并行	串行		
AT89S51	4KB	128B	4×8（位）	UART	6	2×16
AT89S52	8KB	256B	4×8（位）	UART	8	3×16
AT89S53	12KB	256B	4×8（位）	UART	9	3×16

2.1.1 AT89S51 单片机结构

AT89S51 单片机内部总体结构框图如图 2-1 所示。

（1）中央处理器 CPU。CPU 包括运算器和控制器两部分电路。运算器用于实现算术运算和逻辑运算，包括如图 2-1 所示中的 ALU（算术逻辑单元）、ACC（累加器 A）、PSW（程序状态寄存器）、B 寄存器及暂存器 1 和暂存器 2 等。控制器是单片机的指挥中心，协调控制单片机各部分正常工作，包括如图 2-1 所示中的 PC（程序计数器）、PC 增 1、指令寄存器、指令译码器及定时控制等。

（2）内部数据存储器。AT89S51 内部数据存储器如图 2-1 所示，包括 128B RAM 和 RAM 地址寄存器等。实际上，51 系列内部有 256 个 RAM 单元，其中后 128 个单元被特殊功能寄存器占用，用户只能通过特殊功能寄存器去使用它；而前 128 个单元是供用户直接使用的，使用较为灵活。一般所说的内部 RAM 单元是指前 128 单元，简称"内部 RAM"或"片内 RAM"。

（3）内部程序存储器。AT89S51 内部有 4KB 片内 Flash（4K×8b），用于存放程序和原始数据，简称"内部 ROM"或"片内 ROM"。

（4）并行 I/O 口。AT89S51 提供了 4 个 8 位的 I/O 口，分别为 P0、P1、P2 和 P3，实现数据的输入/输出。在系统扩展时，P2 和 P0 口作为 16 位地址总线，最大寻址空间达 64KB，P0 口作为 8 位数据总线。

(5) 定时器/计数器。AT89S51 内部有两个 16 位定时器/计数器，用以实现定时和计数功能。

(6) 串行口。AT89S51 内部有一个全双工的串行口，可实现数据的串行传送。

(7) 中断控制。AT89S51 内部提供 6 个中断源，可分为两个优先级别处理，如图 2-1 所示，中断、串行口和定时器画在同一个框内。

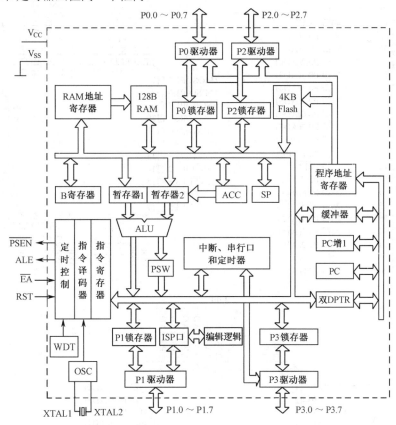

图 2-1　AT89S51 单片机的内部总体结构框图

(8) 时钟电路。图 2-1 中的 OSC 为 AT89S51 内部的时钟电路，外接石英晶体和微调电容，即可产生时钟脉冲序列。

(9) 看门狗（WDT）电路。AT89S51 内部新增 WDT 电路，WDT 是为了解决 CPU 程序运行时可能进入混乱或死循环而设置，它由 1 个 14 位计数器和看门狗复位 SFR（WDTRST）构成。

(10) 全静态工作。CPU 的工作频率为 0～33MHz。在掉电和空闲方式下，AT89S51 可降至 0Hz 的静态逻辑操作方式，降低系统功耗。空闲模式下，关闭 CPU 晶振，CPU 停止工作，允许 RAM、定时器/计数器、串口、中断继续工作。掉电保护方式下，RAM 内容被保存，振荡器被冻结，单片机一切工作停止，直到下一个中断或硬件复位为止。

(11) 三级程序存储器保密锁定，见本章后面表 2-10。

(12) SPI 可编程串行通道。AT89S51 将 RST 接至 V_{CC}，程序代码存储阵列可通过串行 ISP 接口进行编程，串行接口包含 SCK 线、MOSI（输入）和 MISO（输出）线。

除此之外，AT89S51 单片机内部还包含一个位处理器，具有较强的位处理功能，图 2-1 中没有具体画出。上述所有部件都是由内部总线连接起来的。从图 2-1 中可以看出，一个单片机就是一个简单的微型计算机。

2.1.2 信号引脚

AT89S51 有 PDIP、PLCC 和 TQFP 三种封装形式,其引脚如图 2-2 所示。其中有 4 个 8 位 I/O 并行口共 32 个引脚、4 个控制引脚、两个时钟输入/输出引脚及两个电源引脚。

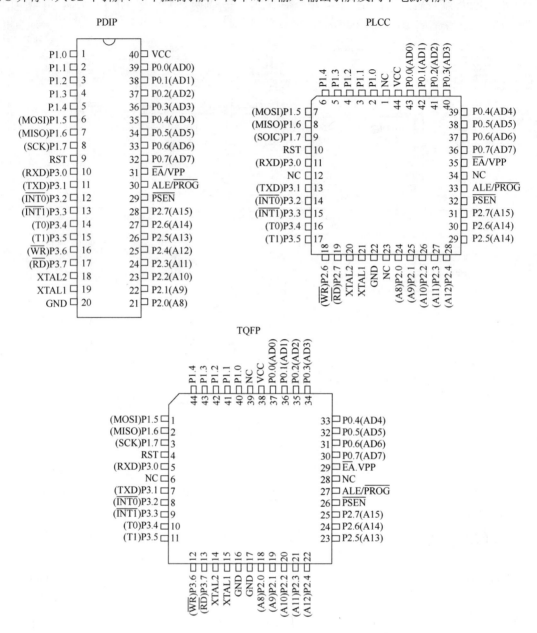

图 2-2 AT89S51 的引脚图

(1) I/O 口引线

P0.0~P0.7、P1.0~P1.7、P2.0~P2.7、P3.0~P3.7 4 个 8 位的可编程 I/O 口。当 P3 口作为第二功能用时,可作为 RXD、$\overline{INT0}$、$\overline{INT1}$、T0、T1 信号的 5 个输入引脚和 TXD、$\overline{RD}$、$\overline{WR}$ 信号的 3 个输出引脚,具体见表 2-2。

(2) 控制线

ALE/PROG：当访问外部程序存储器或数据存储器时，ALE（地址锁存允许）用以控制何时锁存 P0 口输出的低 8 位地址，实现低 8 位地址和数据的分离。在通常情况下，ALE 输出的脉冲信号频率为 1/6 的晶振频率，因此它也可以用于外部时钟脉冲使用。要注意的是：每当访问外部数据存储器时将跳过一个 ALE 脉冲。在对 Flash 存储器并行编程期间（由 P0 口写入或读出编程数据），该引脚还用于编程脉冲（PROG）输入。如有必要，通过对特殊功能寄存器（SFR）区中的 8EH 单元的 D0 位置位，可禁止 ALE 操作。该位置位后，只有 MOVX 和 MOVC 指令 ALE 才会被激活，除此之外，该引脚会被微弱拉高。单片机执行外部程序时，设置 ALE 禁止位无效。

表2-2 P3 口的第二功能

引 脚	第 二 功 能
P3.0	RXD（串行输入通道）
P3.1	TXD（串行输出通道）
P3.2	$\overline{INT0}$（外中断 0）
P3.3	$\overline{INT1}$（外中断 1）
P3.4	T0（定时器 0 外部输入）
P3.5	T1（定时器 1 外部输入）
P3.6	$\overline{WR}$（外数据存储器写选通）
P3.7	$\overline{RD}$（外数据存储器读选通）

$\overline{PSEN}$：片外程序存储器的读选通信号。当读片外 ROM 时，$\overline{PSEN}$ 有效（低电平），实现对片外程序存储器的读操作。

$\overline{EA}/V_{PP}$：当 $\overline{EA}$ 为低电平时，不管片内是否有 ROM，CPU 只从片外程序存储器取指；而当 $\overline{EA}$ 为高电平时，CPU 先从片内程序存储器取指，当 PC（程序计数器）的值超过 0FFFFH（4KB）时，将自动转至片外程序存储器取指。Flash 存储器并口编程时，该引脚加上+12V 的编程电压 V_{PP}。

RST：复位输入信号。当振荡器工作时，RST 引脚上出现两个机器周期以上的高电平即可以使单片机复位。WDT 溢出将使该引脚输出高电平，设置 SFR AUXR 的 DISRT0 位（地址 8EH）可打开或关闭该功能。DISRT0 复位值为 0，RST 输出处于打开状态，若 WDT 溢出，则单片机复位，同时 RESET 输出高电平；当 DISRT0=1 时，RST 仅为输入功能。

(3) 外接石英晶体引脚

XTAL1、XTAL2：当使用芯片内部的时钟电路时，用于外接石英晶体和微调电容；当使用外部时钟时，用于外接时钟信号。

可以从 $\overline{PSEN}$、ALE 和 XTAL2 引脚测量输出信号，判断 51 单片机是否正常工作。

(4) 电源引脚

V_{CC}：电源正端，接电源+5V。

GND：接地端。

2.1.3 中央处理器 CPU

中央处理器 CPU 一般包括运算器和控制器两部分电路。但与一般微机中的 CPU 不同，单片机的 CPU 还包含一个专门进行位数据操作的布尔处理器。

1. 运算器

运算器主要由 ALU、ACC、PSW、寄存器 B 及暂存器等部件构成。

(1) ALU（算术逻辑单元）。用来完成二进制数的算术运算和逻辑运算。除位操作由专门的布尔处理器完成外，运算器主要完成下列功能。

算术运算——加、减、乘、除、加 1、减 1 及 BCD 码加法的十进制调整。

逻辑运算——与、或、异或、求反（非）、清 0。

移位功能——对某一数进行逐位的左移、右移、循环移位。

（2）ACC（累加器A）。累加器A是一个8位寄存器，是使用最频繁的寄存器，功能较多，地位重要，直接与运算器打交道。CPU中的算术和逻辑运算都要通过累加器A。51系列单片机的大部分指令的操作数都取自累加器A。

（3）寄存器B。寄存器B是一个8位寄存器，主要用于乘法运算和除法运算。在乘法运算中，乘数存于B中，乘法运算后，乘积的高8位存于B中，低8位存于累加器A中。在除法运算中，除数存于B中，除法运算后，余数存于B中，商存于累加器A中。

（4）程序状态寄存器PSW（又称标志寄存器）。程序状态寄存器是一个8位寄存器，用于存放程序执行过程中的各种状态信息（如存放运算结果的一些特征和标志）。有些位是根据程序的执行结果由硬件自动设置的，有些位是由软件设置的。表2-3给出了PSW寄存器每位的符号、作用和位地址。

表2-3 PSW寄存器每位的符号、作用和位地址

符号	作用	位置	位地址
CY	进位标志：加减运算中，如果操作结果在最高位有进位（加法）或借位（减法），则该位由硬件置"1"，否则清为"0"。在布尔运算时，CY作为位累加器C使用，并参与位传送	PSW.7	D7H
AC	辅助进位标志：在进行算术加、减运算中，当低4位向高4位有进位（加法）或借位（减法），则AC由硬件置"1"，否则清为"0"。AC常用于BCD码加/减法调整	PSW.6	D6H
F0	用户标志：供用户使用的位标志，其功能和内部RAM中位寻址区的位相似	PSW.5	D5H
F1		PSW.1	D1H
RS1	工作寄存器区选择：用于选择CPU当前使用的工作寄存器区，其对应关系见表2-4。复位后，RS1RS0=00，即工作寄存器区为第0区	PSW.3	D4H
RS0		PSW.4	D3H
OV	溢出标志：在带符号的加减运算中，若结果超过有符号的表示范围，则OV=1表示有溢出，否则OV=0。在乘法运算中，OV=1表示乘积超过255，乘积在B和A中；OV=0表示乘积只在累加器A中。在除法运算中，OV=1表示除法溢出，即商溢出，不能进行除法运算；OV=0表示除法不溢出	PSW.2	D2H
P	奇偶标志：如果累加器A中有奇数个"1"，则P由硬件置为"1"，否则将P清为"0"	PSW.0	D0H

PSW的格式如下：

	D7	D6	D5	D4	D3	D2	D1	D0
PSW	CY	AC	F0	RS1	RS0	OV	F1	P

读者在学习完第3章指令系统后，对PSW的理解会更加深刻。

2. 控制器

控制器是单片机的神经中枢，AT89S51单片机的控制器包括定时控制逻辑、指令寄存器、指令译码器、双数据指针DPTR及程序计数器PC、PC增1等部件。

程序计数器PC是一个16位的计数器，其内容为将要执行指令的地址，寻址范围达64KB。CPU根据程序计数器PC的内容从程序存储器取出指令放在指令寄存器中寄存，PC的内容自动加1，指向下一个指令单元，然后指令寄存器中的指令代码被指令译码器分析译码并产生控制信号，执行规定的动作，控制CPU与内部寄存器、输入/输出设备之间数据的流动，运算处理，对外部发出地址锁存ALE、外部程序存储器选通$\overline{PSEN}$及读/写等控制信号。程序计数器PC不在特殊功能寄存器（SFR）之中，不占RAM单元，在物理上是独立的。用户无法对程序计数器PC进行读/写，但可以通过转移、调用、返回等指令改变其内容。

3. 布尔处理器

布尔处理器具有较强的位处理功能，与 8 位算术操作指令相同，大部分位操作均围绕着位累加器——C 完成，可执行置位、取反、等于 1 或 0 转移、等于 1 转移并清 0 的操作，以及以 C 为中心、位传送、位与、或、异或操作。位操作指令允许直接寻址内部数据存储器 RAM 中 20H～2FH 的 128 个位单元和部分特殊功能寄存器里的位地址空间。

由于布尔处理器给用户提供了丰富的位操作功能，在编程时，用户可以利用指令，方便地设置状态/控制标志，实现原来用复杂的硬件逻辑所实现的逻辑功能，实现位控。

2.1.4 存储器

51 系列单片机存储器结构采用哈佛结构，即程序存储器和数据存储器的寻址空间是分开的。从逻辑空间上看，实际上存在三个独立的空间，如图 2-3 所示。内部、外部程序存储器 ROM 在同一个逻辑空间，它们的地址 0000H～FFFFH（64KB）是连续的；内部的数据存储器 RAM 占一个逻辑空间，地址为 00H～FFH（256B）；在内部数据存储器单元不够的情况下，可扩充外部数据存储器，其地址空间与内部数据存储器 RAM 分开，但与外部 I/O 接口共用，地址为 0000H～FFFFH（64KB）。

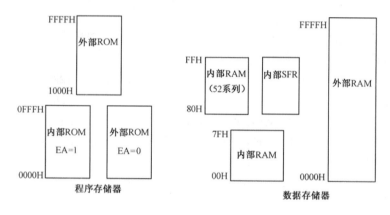

图 2-3 51 系列单片机存储器结构

访问外部数据存储器或 I/O 口时，地址由 CPU 内部的 16 位数据存储器指针 DPTR 指出，用 P2 口输出地址高 8 位，用 P0 口输出地址低 8 位，用 ALE 作为地址锁存信号。和程序存储器不同，数据存储器的内容既可读出也可写入。单片机指令中设置了专门访问外部数据存储器的指令 MOVX（产生 $\overline{RD}$ 或 $\overline{WR}$ 控制信号），使这种操作既区别于访问程序存储器的指令 MOVC（产生 $\overline{PSEN}$ 信号），也区别于访问内部数据存储器的 MOV 指令，从而对不同区域相同地址的访问不会发生冲突。

1. 程序存储器 ROM

程序存储器用于存放控制系统的监控程序和表格常数。51 系列不同的单片机，内部程序存储器的容量和类型不同，用户可根据需要确定是否需要添加片外程序存储器。但片内、片外的总容量不得超过 64KB。

51 系列 CPU 根据引脚 $\overline{EA}$ 信号来区别访问是片内 ROM 还是片外 ROM。对 AT89S51 而言，当 $\overline{EA}$ 信号保持高电平，程序计数器 PC 的内容在 0000H～0FFFH 范围内（4KB），这时执行的是片内 ROM 中的程序，而当 PC 的内容在 1000H～FFFFH 范围时，自动执行片外程序存储器中的程序；当 $\overline{EA}$ 保持低电平时，只能寻址片外程序存储器中的程序。

程序存储器中地址为 0003H～002AH，共 40 个单元为特殊单元，被分为 5 段，每段有 8 个单元，固定地存放 5 个中断服务子程序。中断响应后，根据中断的类型自动转到各中断区的首地址去执行，如下所示：

0003H～000AH　　外部中断 0（INT0）中断地址区
000BH～0012H　　定时器/计数器 0（T0）中断地址区
0013H～001AH　　外部中断 1（INT1）中断地址区
001BH～0022H　　定时器/计数器 1（T1）中断地址区
0023H～002AH　　串行中断地址区

故往往把程序存储器 0003H～002AH 作为保留单元。但通常情况下，8 个单元对中断服务程序是远远不够的，所以常常在每段的首地址放一条转移指令，以便转到相应的中断服务程序处执行。

但由于单片机复位后，程序计数器 PC 的内容为 0000H，使单片机必须从 0000H 单元开始执行程序，故在 0000H 处存放一条跳转指令，跳转到用户主程序的第一条指令，其常位于 0030H 之后。

2．内部数据存储器

内部数据存储器单元如图 2-4 所示，它是程序设计人员使用最频繁，也是使用最方便、最灵活的存储单元区。

AT89S51 内部只有 128B RAM 区（地址为 00H～7FH）和 128B 的特殊功能寄存器区 SFR（地址为 80H～FFH）。

对内部有 256B RAM 区的 AT89S52/53，此时高 128B RAM 区和 128B 的特殊功能寄存器区（SFR）的地址是重合的，均为 80H～FFH。究竟访问的是哪个区域的存储单元，是通过不同的寻址方式加以区分的。访问高 128B RAM 单元（80H～FFH）采用的是寄存器间接寻址方式；访问特殊功能寄存器 SFR 区域（80H～FFH），则只能采用直接寻址方式；访问低 128B RAM（00H～7FH）时，两种寻址方式均可采用。

低 128B RAM 区按其用途划分为工作寄存器区、位寻址区、用户数据区，如图 2-5 所示。

图 2-4　内部数据存储器单元

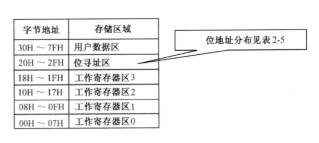

图 2-5　AT89S51 内部 RAM 分配

（1）工作寄存器区。4 组工作寄存器区占据内部 RAM 的 00H～1FH 单元，每组 8 个寄存器分别用 R0～R7 表示，用来暂存数据及中间结果，使用灵活。在任一时刻，CPU 通过程序状态寄存器 PSW 中的 RS1、RS0 位的状态来选择当前所使用的工作寄存器区（见表 2-4）。

（2）位寻址区。内部 RAM 的 20H～2FH 单元，既可以字节寻址，作为一般的 RAM 单元使用；又可以按位寻址进行布尔操作。位寻址区对应 128 个位地址 00H～7FH，位地址的具体分配见表 2-5。

表2-4 工作寄存器区选择

RS1	RS0	工作寄存器区	R0~R7所占用RAM单元的地址
0	0	第0区（BANK0）	00H~07H
0	1	第1区（BANK1）	08H~0FH
1	0	第2区（BANK2）	10H~17H
1	1	第3区（BANK3）	18H~1FH

表2-5 内部RAM 20H~2FH位寻址区位地址分布表

（高位）			位　地　址			（低位）		字节地址
D7	D6	D5	D4	D3	D2	D1	D0	
7FH	7EH	7DH	7CH	7BH	7AH	79H	78H	2FH
77H	76H	75H	74H	73H	72H	71H	70H	2EH
6FH	6EH	6DH	6CH	6BH	6AH	69H	68H	2DH
67H	66H	65H	64H	63H	62H	61H	60H	2CH
5FH	5EH	5DH	5CH	5BH	5AH	59H	58H	2BH
57H	56H	55H	54H	53H	52H	51H	50H	2AH
4FH	4EH	4DH	4CH	4BH	4AH	49H	48H	29H
47H	46H	45H	44H	43H	42H	41H	40H	28H
3FH	3EH	3DH	3CH	3BH	3AH	39H	38H	27H
37H	36H	35H	34H	33H	32H	31H	30H	26H
2FH	2EH	2DH	2CH	2BH	2AH	29H	28H	25H
27H	26H	25H	24H	23H	22H	21H	20H	24H
1FH	1EH	1DH	1CH	1BH	1AH	19H	18H	23H
17H	16H	15H	14H	13H	12H	11H	10H	22H
0FH	0EH	0DH	0CH	0BH	0AH	09H	08H	21H
07H	06H	05H	04H	03H	02H	01H	00H	20H

（3）用户数据区。内部RAM 30H~7FH单元是供用户使用的数据区，用户的大量数据存放在此区域，在实际使用时，常把堆栈也开辟在此。

堆栈和堆栈指针：堆栈是在RAM内开辟用于暂存数据的一种特殊的存储区域，只允许在其一端进行数据插入和删除操作，该端称为栈顶，其地址存在堆栈指针寄存器SP内。堆栈操作有入栈和出栈两种：入栈时，SP的内容会自动加1；出栈时，SP的内容会自动减1，按照先进后出（FILO）的原则存取数据。

系统复位后，SP的内容为07H，堆栈操作由08H单元开始。由于08H~1FH单元对应工作寄存器区1~3，如果程序中要用到这些工作寄存器区，应该把SP设置为1FH或更大，通常设在内部RAM的30H~7FH中（跳过可位寻址区）。由于初始化时SP可设置不同的值，因此堆栈位置是浮动的，SP的内容一经确定，堆栈的位置也就确定下来。

将字节数据A3、A4、A5入栈的过程如图2-6（a）所示，SP先自动加1，然后数据放入SP指定的单元；数据出栈过程如图2-6（b）所示，先将SP所指单元的内容放入指定单元，然后SP自动减1。

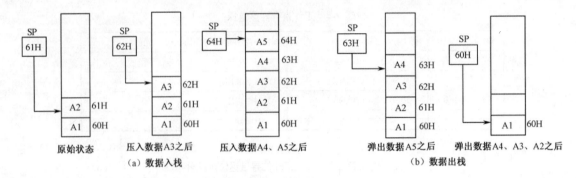

图 2-6 数据入栈、出栈过程

3. 特殊功能寄存器区

AT89S51 特殊功能寄存器离散地分布在内部 80H～FFH 的 128 个字节单元中，比 MCS-51 新增了 4 个 SFR，对于未定义的单元，用户不能对这些单元进行读/写操作。AT89S51 单片机可寻址特殊功能寄存器见表 2-6（带*的为 52 系列特有）。

表 2-6 特殊功能寄存器的地址分配表

标 识 符	名 称	地 址
P0	P0 口锁存器	80H
SP	堆栈指针	81H
DPTR0	数据地址指针 0，16 位（DPH0，DPL0）	83H，82H
DPTR1	数据地址指针 1，16 位（DPH1，DPL1）	85H，84H
PCON	电源控制及波特率选择寄存器	87H
TCON	定时器/计数器控制	88H
TMOD	定时器/计数器方式控制	89H
AUXR	辅助寄存器	8EH
TL0	定时器/计数器 0，时间常数（低字节）	8AH
TL1	定时器/计数器 1，时间常数（低字节）	8BH
TH0	定时器/计数器 0，时间常数（高字节）	8CH
TH1	定时器/计数器 1，时间常数（高字节）	8DH
P1	P1 口锁存器	90H
SCON	串行控制	98H
SBUF	串行数据缓冲器	99H
P2	P2 口锁存器	A0H
AUXR1	辅助寄存器 1	A2H
WDTRST	看门狗复位寄存器	A6H
IE	允许中断控制	A8H
P3	P3 口锁存器	B0H
IP	中断优先控制	B8H
*T2CON	定时器/计数器 2 控制	C8H
*RLDL	定时器/计数器 2 自动再装载时间常数（低字节）	CAH
*RLDH	定时器/计数器 2 自动再装载时间常数（高字节）	CBH
*TL2	定时器/计数器 2（低字节）	CCH
*TH2	定时器/计数器 2（高字节）	CDH
PSW	程序状态字	D0H
ACC	累加器 A	E0H
B	寄存器 B	F0H

MCS51 特殊功能寄存器大体可分为两类：一类与芯片的引脚有关，如特殊功能寄存器是 P0～P3，它们实际上是 4 个 8 位并行 I/O 口；16 位数据指针寄存器 DPTR 既可以作为一个 16 位寄存器使用，也可以分成两个独立的 8 位寄存器使用，即 DPH（DPTR 中的高 8 位）和 DPL

（DPTR 中的低 8 位），用于存放外部 RAM 或 I/O 口的地址；另一类与芯片内部控制功能相关，如中断控制寄存器 IE、优先级寄存器 IP、定时器方式寄存器 TMOD、控制寄存器 TCON、初值寄存器 THx、TLx、串行口控制寄存器 SCON 及数据缓冲器 SBUF，这些将在定时器（第 6 章）、中断（第 5 章）、串行通信（第 7 章）等章节中加以介绍。与运算器 ALU 相关的有累加器 ACC、寄存器 B、状态寄存器 PSW 等。

AT89S51 比 MCS51 新增了以下 SFR。

（1）辅助寄存器 AUXR。AUXR 地址为 8EH，不可位寻址，复位值为"xxx00x00"，其格式如下：

AUXR	D7	D6	D5	D4	D3	D2	D1	D0
	—	—	—	WDIDLE	DISRTO	—	—	DISALE

DISALE：ALE 允许位。DISALE=0，ALE 输出固定频率的脉冲（$f_{ALE}=f_{osc}/6$）；DISALE=1，ALE 仅在执行 MOVX 或 MOVC 指令时有效。

DISRTO：WDT 复位输出禁止位。当 DISRTO=0 时，若看门狗 WDT 溢出，则单片机复位，同时 RST 引脚输出高电平；当 DISRTO=1 时，RST 只是输入脚，禁止输出复位信号。

WDIDLE：空闲模式下 WDT 控制位。WDIDLE=0 时，WDT 在空闲模式下仍然计数；WDIDLE=1 时，WDT 在空闲模式下暂停计数。

（2）AUXR1。地址为 A2H，不可位寻址，复位值为"xxxxxxx0"，其格式如下：

AUXR1	D7	D6	D5	D4	D3	D2	D1	D0
	—	—	—	—	—	—	—	DPS

当 AUXR1 中的位 DPS=0，选择 DPTR 寄存器为 DP0L 和 DP0H；而 DPS=1，则选择 DPTR 寄存器为 DP1L 和 DP1H。

（3）双数据指针。为了便于访问片内 RAM 和片外 RAM，AT89S51 设置了双数据指针 DPTR0（82H、83H）和 DPTR1（84H、85H）。用户在使用 MOVX 指令前，首先要初始化 DPS，使间址寄存器 DPTR 对应于指定的寄存器（DPTR0 或 DPTR1）。

（4）看门狗定时器 WDT 复位寄存器 WDTRST。CPU 在执行程序过程中，由于瞬时的干扰使程序进入死循环状态，WDT（Watchdog Timer）是使 CPU 摆脱这种困境而自动恢复的一种方法。

WDT 由一个 14 位计数器和复位寄存器 WDTRST 组成。WDTRST 地址为 A6H，不可位寻址，复位值为"xxxxxxxx"。WDT 在硬件复位或计数器溢出后，一直处于关闭状态。WDT 的启动用软件实现，通过对 WDTRST 按次序写入 01EH 和 0E1H，便可将 WDT 复位，并开始从 0 计数。WDT 每经过 1 个机器周期，计数器自动加 1，在 WDT 的计数过程中，若又向 WDTRST 写入数据 1EH 和 0E1H，则 WDT 计数器复位，又从 0 开始计数。WDTRST 寄存器为只写寄存器，不可读出。

WDT 计数器从 0 开始计数，经过 2^{14} 个机器周期，便发生溢出，溢出将在复位引脚 RST 输出一个高电平，其脉宽为 98 个时钟周期，使单片机复位，从 0000H 单元开始执行程序。此后 WDT 一直处于关闭状态，直到重新启动。

在应用 WDT 时，为了保证系统正常运行，用户软件每隔不到 2^{14} 个机器周期就要对 WDT 复位一次，而 WDT 一旦启动，除硬件/软件复位和 WDT 溢出外，不可以用任何方法停止 WDT 计数。

4．位地址空间

51 系列单片机具有功能很强的布尔处理器，有着丰富的位操作指令，而且硬件上有自己的累加器和位地址空间。位地址空间包括两块区域：一块位地址范围为 00H~7FH，分布于内部数据存储器 RAM 20H~2FH 字节单元中，见表 2-5；另一块位地址范围为 80H~FFH，分布在特殊功能寄存器区中，这些特殊功能寄存器的字节地址可以被 8 整除，目前已定义了 12 个（其中 T2CON 为 52 系列特有），见表 2-7。整个位地址空间地址为 00H~FFH。

表 2-7 特殊功能寄存器位地址映像

（高位）			位	地 址		（低位）		字节地址	特殊功能寄存器
D7	D6	D5	D4	D3	D2	D1	D0		
F7H	F6H	F5H	F4H	F3H	F2H	F1H	F0H	F0H	B
E7H	E6H	E5H	E4H	E3H	E2H	E1H	E0H	E0H	ACC
CY	AC	F0	RS1	RS0	OV	F1	P	D0H	PSW
D7H	D6H	D5H	D4H	D3H	D2H	D1H	D0H		
TF2	EXF2	RCLK	TCLK	EXEN2	TR2	C/$\overline{T2}$	CP/$\overline{RL2}$	C8H	*T2CON
CFH	CEH	CDH	CCH	CBH	CAH	C9H	C8H		
—	—	PT2	PS	PT1	PX1	PT0	PX0	B8H	IP
		BDH	BBH	BBH	BAH	B9H	B8H		
P3.7	P3.6	P3.5	P3.4	P3.3	P3.2	P3.1	P3.0	B0H	P3
B7H	B6H	B5H	B4H	B3H	B2H	B1H	B0H		
EA	—	ET2	ES	ET1	EX1	ET0	EX0	A8H	IE
AFH	—	ADH	AAH	ABH	AAH	A9H	A8H		
P2.7	P2.6	P2.5	P2.4	P2.3	P2.2	P2.1	P2.0	A0H	P2
A7H	A6H	A5H	A4H	A3H	A2H	A1H	A0H		
SM0	SM1	SM2	REN	TB8	RB8	TI	RI	98H	SCON
9FH	9EH	9DH	99H	9BH	9AH	99H	98H		
P1.7	P1.6	P1.5	P1.4	P1.3	P1.2	P1.1	P1.0	90H	P1
97H	96H	95H	94H	93H	92H	91H	90H		
TF1	TR1	TF0	TR0	IE1	IT1	IE0	IT0	88H	TCON
8FH	8EH	8DH	8CH	8BH	8AH	89H	88H		
P0.7	P0.6	P0.5	P0.4	P0.3	P0.2	P0.1	P0.0	80H	P0
87H	86H	85H	84H	83H	82H	81H	80H		

位处理的数据为 1 位二进制数，所以在指令系统中，位地址和字节地址是不难区别的。大多数的位传送和逻辑类位操作指令均围绕着进位 C 进行开展。例如，位"置位"SETB C，位"清 0"CLR C，位"求反"CPL C，其位地址（C 即 CY，地址为 D7H）是显而易见的。请读者一定要加以区分字节地址和位地址。

2.1.5 I/O 口及相应的特殊功能寄存器

AT89S51 单片机芯片内部有 4 个 8 位并行输入/输出口（P0、P1、P2、P3），用于连接外设并行的输入和输出信号。AT89S51 的 4 个口在电路结构上基本相同，但它们又各具特点，因此在功能和使用上各口之间有一定的差距。下面将分别对各个口进行分析。为分析方便，以下把 4 个端口和其中的锁存器（即特殊功能寄存器）都笼统地表示为 P0~P3。

1. P0 口

P0 口可作为 8 位 I/O 口，也可作为低 8 位地址/数据总线使用，其一位的逻辑结构如图 2-7 所示。每位由一个输出锁存器、两个"三态"缓冲器、输出驱动电路及控制电路组成。其工作状态受控制电路"与门"4、反相器"非门"3 和"多路转换开关"MUX 控制。

(1) P0 口作为 I/O 口使用

当 P0 口作为 I/O 口时,控制线 C=0,与门 4 输出为"0",使输出级上拉场效应管(VT1)处于截止状态,因此,输出级(VT2)是漏极开路的开漏结构。多路转换开关 MUX 指向锁存器 $\bar{Q}$ 端,把输出级(VT2)的输入端与锁存器的 $\bar{Q}$ 端接通。

当 CPU 输出数据到 P0 口时,写脉冲加在 D 锁存器的 CP 上,D 端上的输出数据取

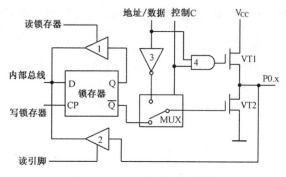

图 2-7 P0 口一位逻辑结构框图

反后输出到 $\bar{Q}$ 端,经输出级 VT2 反相,故输出到在 P0 引脚上的数据正好是 CPU 输出的数据 P0.x=D。由于场效应管(VT1)处于截止状态,故 P0.x 必须外接上拉电阻,才有高电平输出。必须注意:当 CPU 对 P0 口执行"输入—修改—输出"操作指令时,CPU 不直接读引脚上的数据,而是先读 P0 口 D 锁存器中的数据,此时三态缓冲器 1 开通,Q 端数据送入内部总线,经修改处理后再送回 P0 口锁存器,经过输出通道到 P0.x 引脚上。

当 CPU 对 P0 口进行输入操作时,"读引脚"脉冲把三态缓冲器 2 打开,这样,引脚上的数据经过缓冲器 2 读入到内部总线。必须注意:从端口引脚读入数据时,由于输出驱动器(VT2)并接在引脚上,如果输出驱动器(VT2)是导通的,则输入的高电平将会被拉成低电平,从而产生误读,即不能输入"1"。所以,在端口进行输入操作前,应预先向端口锁存器写入"1",也就是使 $\bar{Q}$=0,使输出驱动器(VT2)截止,即引脚处于悬浮状态。例如:

MOV	P0,#0FFH	;在端口进行输入操作前,应预先向端口锁存器写入"1"
MOV	A,P0	;P0 口输入状态

(2) P0 口作为地址/数据总线使用

在访问外部存储器时,P0 口分时复用传送低 8 位地址和数据信号,是一个真正的双向数据总线口。

当 CPU 对外部存储器读/写时,由内部硬件使控制线 C=1,开关 MUX 指向非门 3 输出端,P0 口作为地址/数据总线分时使用,上下两个输出驱动器(VT1、VT2)处于反相(即 VT1 导通,VT2 截止;VT2 导通,VT1 截止),构成"推拉式"的输出电路,大大提高了负载能力;当 P0 口输入数据,这时"读引脚"信号有效,打开输入缓冲器 2,使数据进入内部总线。

在对内部 Flash 并行编程期间,P0 口作为编程数据的输入、输出口。作为输出口(编程校验时),外部必须加 10kΩ 的上拉电阻。

总之,P0 口作为地址/数据总线口使用时,是一个真正的双向口,用户不必做任何工作;作为通用 I/O 使用时,是一个准双向口,作为输出口,需外加上拉电阻。准双向口的特点是:当某引脚由原来的输出变为输入时,用户应先向锁存器写"1",以免错误读出引脚上的内容。当复位时,口锁存器均自动置"1",即输出驱动器(VT2)已截止,P0 口作为输入使用。

2. P1 口

P1 口是一个标准的准双向口,只能作为通用 I/O 口使用,其一位逻辑结构如图 2-8 所示。

其电路结构与 P0 口有些不同:首先其内部没有多路开关 MUX;其次内部有上拉电阻,与场效应管共同组成输出驱动。因此,当 P1 口作为输出时,无须外接上拉电阻;当 P1 口作为输入时,同样也需先向其锁存器写"1",使输出驱动截止。

在 Flash 并行编程和校验时，P1 口可输入低 8 位地址 $A_0 \sim A_7$。在 Flash 串行编程和校验时，P1.5/MOSI、P1.6/MISO 和 P1.7/SCK 分别是串行数据输入、数据输出和串行时钟输入引脚。

3. P2 口

P2 口可作为 8 位的 I/O 口和高 8 位地址线 $A_8 \sim A_{15}$ 输出口，其一位的逻辑结构如图 2-9 所示。

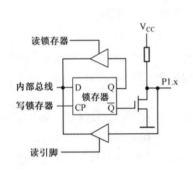

图 2-8 P1 口一位逻辑结构框图

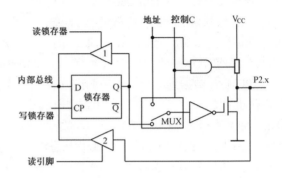

图 2-9 P2 口一位逻辑结构框图

P2 口电路比 P1 口电路多了一个多路开关 MUX，这与 P0 口一样。当 P2 口作为通用的 I/O 口使用时，开关 MUX 倒向锁存器的 Q 端，功能和使用方法同 P1 口，是一个准双向口。复位时，口锁存器均自动置"1"，即输出驱动器已截止，P2 口可作为输入使用。

当开关 MUX 倒向地址端时，P2 口输出高 8 位地址线 $A_8 \sim A_{15}$，用于寻址外部的存储器和 I/O 口，这时 P2 口不能再作为并行的 I/O 口使用。

由图 2-9 还可以看出，在输出驱动器部分，P2 口也有别于 P0 口，它接有内部上拉电阻。实际中，上拉电阻是由作为阻性元件使用的场效应管组成的，可分为固定部分和附加部分。其附加部分是为加速输出"0"→"1"的跳变过程而设置的。

在 Flash 并行编程和校验时，P2 口可输入高 4 位地址 $A_8 \sim A_{11}$ 和编程模式选择信号。

4. P3 口

P3 是一个双功能口，分为第一功能和第二功能，其一位逻辑结构如图 2-10 所示。

（1）当 P3 口作为第一功能 I/O 口使用时，第二功能输出线 W 置"1"，这时 P3 口与 P1 口类似，是一个准双向口。复位时，口锁存器均自动置"1"，即输出驱动器截止，P3 作为输入口使用。

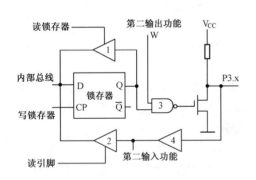

图 2-10 P3 口一位逻辑结构框图

（2）P3 口作为第二功能使用时（见表 2-2），由内部硬件使锁存器输出为"1"，使"与非"门 3 的输出与"第二输出功能端"W 相对应。当 P3 口作为第二功能的输入脚时，此时 W 线为"1"，输出驱动器截止；同时"读引脚"信号无效，三态缓冲器 2 不导通，所输入的信号经缓冲器 4 送入内部第二功能的输入端，而非内部数据总线。

在对 Flash 并行编程和校验时，P3 口可用于输入编程模式选择信号。

总之，单片机的 I/O 口使用很灵活，不仅可以字节操作，还可按位操作。在一般情况下，P1 口作为通用的 I/O 口使用；P0 口作为低 8 位地址和数据口使用；P2 口作为高 8 位地址口使用；P3 口作为 I/O 口或第二功能使用，若不用做第二功能，则也可作为一般 I/O 口使用。

在组成应用系统时，必须考虑 I/O 口的负载能力。

① P1～P3 口的上拉电阻较大（约为 20～40kΩ）属于"弱上拉"。P1～P3 口输出高电平时，电流很小（$I_{OH}≈30～60μA$）；输出低电平时，下拉的 MOS 管处于饱和，可以吸收 1.6mA 左右的灌电流，负载能力较强，能驱动 4 个 LS TTL 负载。

② P0 作为输出口使用时，为漏极开路，需外加上拉电阻；输出低电平负载能力比 P1～P3 口强，可以吸收 3.2mA 的灌电流，能驱动 8 个 LS TTL 负载。但当 P0 作为地址/数据时，它可直接驱动 MOS 输入而不必外加上拉电阻。

这些在实际使用时都应予以注意。

2.2 时钟电路与 CPU 时序

时钟电路用于产生单片机工作所需的时钟信号，而 CPU 时序研究的是执行指令中各信号之间的相互关系。它指明单片机内部及内部与外部互相联系所遵守的规律。

2.2.1 时钟电路

时钟是计算机的心脏，控制着计算机的工作节奏。AT89S51 单片机内有一个由高增益反相放大器组成的振荡器。反相放大器的输入端为 XTAL1，输出端为 XTAL2。AT89S51 单片机的振荡方式有两种，即内部时钟方式和外部时钟方式。

内部时钟方式如图 2-11（a）所示，利用芯片内部反相器和电阻组成的振荡电路，在 XTAL1 和 XTAL2 引脚上跨接晶体振荡器和微调电容，从而构成一个稳定的自激振荡器，形成单片机的时钟电路。电容 C1、C2 的主要作用是帮助振荡器起振，其值的大小对振荡器频率有微调作用，典型值为 $C_1=C_2=30pF$。

外部时钟方式如图 2-11（b）、（c）所示，对 HMOS 型，外部时钟信号经反相器输入到 XTAL2 引脚，XTAL1 引脚接地；对 CHMOS 型，外部时钟信号输入到 XTAL1 引脚，XTAL2 引脚悬空不接，对外部时钟脉冲信号没有特殊的要求。当整个单片机系统已有时钟源或多片单片机同时工作时，可采用外部时钟方式取得时钟的同步。

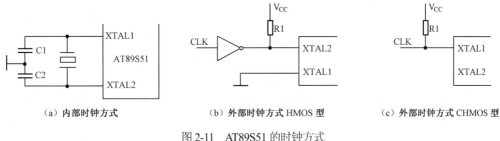

（a）内部时钟方式　　　　（b）外部时钟方式 HMOS 型　　　　（c）外部时钟方式 CHMOS 型

图 2-11　AT89S51 的时钟方式

2.2.2 CPU 时序

单片机执行指令是在时序控制下一步一步进行的，人们通常以时序的形式来表明相关信号的波形及出现的先后次序。为了说明信号的时间关系，必须先搞清楚状态与相位、机器周期、指令周期等几个概念。

1. 状态与相位、机器周期

单片机的基本操作周期为机器周期，如图 2-12 所示。AT89S51 单片机 1 个机器周期可分为

6个状态，用S1、S2、S3、S4、S5、S6表示；两个振荡脉冲构成1个状态，前一个脉冲叫P1（相位1），后一个脉冲叫P2（相位2），即所谓两相P1和P2组成1个状态。所以，一个机器周期共由12个时钟脉冲组成。例如，当晶体振荡频率为6MHz时，则一个机器周期为2μs。

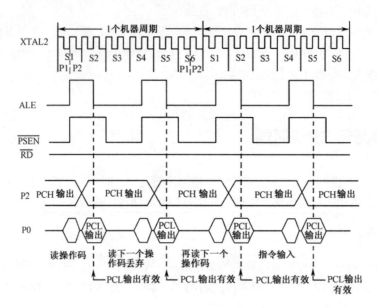

图 2-12　单字节、单周期指令

2. 指令周期

CPU执行一条指令所需的时间称指令周期。指令周期以机器周期为单位。MCS-51单片机指令分单机器周期指令（简称单周期指令）、双周期指令及四周期指令。

图2-12所示的内部状态和相位表明了CPU取指/执行的时序。由于这些内部时钟信号在外面是无法观察到的，所以画出了外部XTAL2的振荡信号和ALE（地址锁存允许）信号供参考。在每个机器周期中，ALE信号两次有效，可读入两个字节的数据：一次在S1P2和S2P1期间，读入第一个字节；还有一次在S4P2和S5P1期间，可读入第二个字节。

执行一条单周期指令时，在S1P2期间读入操作码并把它锁存到指令寄存器中。如果是一条双字节指令，第二个字节在同一机器周期的S4期间读出。如果是一条单字节指令，在S4期间仍然有一个读操作，但这时读出的字节（下一条指令的操作码）是不加以处理的，而且程序计数器也不加1。不管是上述哪一种情况，指令都在S6P2期间执行完毕。图2-12和图2-13分别显示了单字节、单周期指令和双字节、单周期指令的时序。

绝大多数的MCS-51指令是在1个机器周期内执行的。只有MUL（乘）和DIV（除）指令需用4个机器周期来完成。

通常在每一个机器周期中，从程序存储器中取两个字节码，仅在执行MOVX指令时例外。MOVX是一条单字节、双周期指令，用于访问外部数据存储器。在执行MOVX指令时，仍在第一个机器周期的S1期间读入其操作码，而在S4期间也执行读操作，但读入的下一个操作码不予处理（因为MOVX是单字节指令）。由第一机器周期S5开始，送出片外数据存储器的地址，随后读或写数据，直到第二个机器周期的S3结束，此期间不产生ALE有效信号。而在第二个机器周期S4期间，由于片外数据存储器已被寻址和选通，所以也不产生取指操作。故在执行MOVX指令期间，少执行两次取指操作，如图2-14所示。

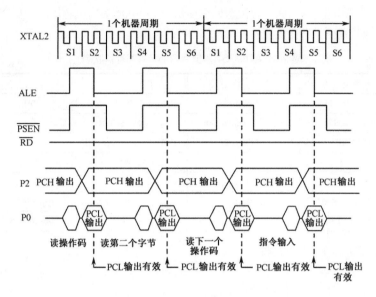

图 2-13 双字节、单周期指令

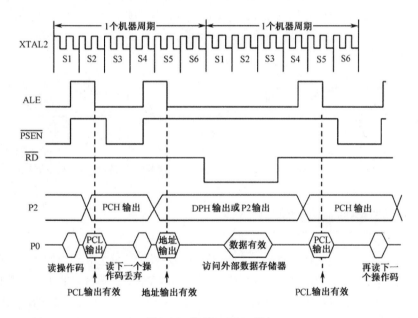

图 2-14 执行 MOVX 指令

2.3 AT89S51 单片机的复位

单片机的复位是使 CPU 和系统的其他功能部件处在一个确定的初始状态，并从这个状态开始工作，同时 PC=0000H，从第一个单元取指令执行。

当在 RST 引脚上给出持续两个机器周期（即 24 个振荡周期）以上的高电平，使系统完成复位。例如，若单片机的晶体振荡器的频率 f_{osc}=12MHz，$T_{机器}$=1μs，则需 2μs 以上的高电平才能完成复位。

RST 由高电平变为低电平后，单片机从 0000H 地址开始执行程序。单片机复位期间不产生 ALE 和 $\overline{PSEN}$ 信号，不会有任何取指令操作。单片机复位不影响内部 RAM 的状态，包括工作寄存器 R0~R7。特殊功能寄存器复位后状态见表 2-8，可知 P0~P3 口输出高电平，SP 指针重新赋值为 07H，程序计数器 PC 及其他被清零。

表 2-8　AT89S51 复位后内部特殊寄存器状态

特殊寄存器	初 始 状 态	特殊寄存器	初 始 状 态
ACC、B、PSW	00H	TMOD	00H
AUXR	xxxxxxx0b	TCON、SCON	00H
AUXR1	xxx00xx0b	TH0、TL0、TH1、TL1	00H
SP	07H	SBUF、WDTRST	不定
DP0L、DP0H	00H	IP	xx000000b
DP1L、DP1H	00H	IE	0x000000b
P0~P3	0FFH	PCON	0xxx0000b

常见的复位电路连接有以下几种：

（1）上电自动复位电路如图 2-15 所示。在通电瞬间，由于电容两端电压不能突变，故在 RST 端的电位与 V_{CC} 相同；随后 C 通过 R 充电，充电电流逐渐减少，RST 端的电位也逐渐下降，只要保证 RST 为高电平的时间大于两个机器周期，便能正常复位。

（2）按键自动/手动复位电路如图 2-16 所示。该电路除了具有上电复位功能外，若要手动复位只需按下按钮 S 即可。当晶体振荡频率 f_{osc}=12MHz 时，图 2-16 中取 C=10μF，R_2=8kΩ即可复位，R_1 取 300Ω。

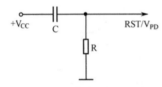 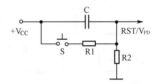

图 2-15　上电自动复位电路　　　　　　图 2-16　按键自动/手动复位电路

2.4　AT89S51 单片机的节电方式

AT89S51 提供两种节电工作方式，即空闲方式（或称待机方式）和掉电方式（或称停机方式）以进一步降低功耗，这往往应用于功耗要求很低的场合。AT89S51 单片机的工作电源和后备电源加在同一个引脚 V_{CC}，正常工作时电流为 11~20mA，空闲状态时为 1.7~5mA，掉电状态时为 5~50μA。空闲方式和掉电方式所涉及的硬件电路如图 2-17 所示。在空闲方式中（IDL=1），振荡器保持工作，时钟脉冲继续供给中断、串行口、定时器等功能部件，使它们继续工作，但 CPU 的时钟信号被切断，因而 CPU 停止工作。在掉电方式中（PD=1），振荡器被冻结，时钟信号停止，单片机内部所有的功能部件停止工作。

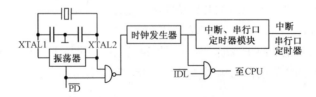

图 2-17　空闲方式和掉电方式所涉及的硬件电路

AT89S51 型单片机的节电工作方式是由特殊功能寄存器 PCON 控制，若 IDL 和 PD 同时置"1"时，则先激活掉电方式。PCON 的格式如下：

PCON	D7	D6	D5	D4	D3	D2	D1	D0
	SMOD	—	—	POF	GF1	GF0	PD	IDL

IDL：空闲方式控制位。置"1"后单片机进入空闲方式。

PD：掉电方式控制位。置"1"后单片机进入掉电方式。

GF0：通用标志位。

GF1：通用标志位。

SMOD：串行口波特率倍率控制位。

PCON.5～PCON.6：保留位。

POF：电源上电复位标志，电源打开时 POF 置"1"，它可由软件清零而设置成睡眠状态，复位操作不能改变 POF 的值。这是 AT89S51 新增的标志。在从复位矢量 0000H 开始执行用户程序时，首先应该判断是电源上电复位还是其他复位源引起的复位，或者是程序计数器 PC 清零。如果是上电复位，则进行原始状态的初始化。如果属于程序跑飞或其他原因引起的软件复位、软硬件复位、非法地址复位，或者人工强行复位，则应该依据具体情况尽量恢复数据或修正参数，以便尽最大可能不影响或少影响程序的正常运行。

2.4.1 空闲方式

CPU 执行一条将 PCON.0 置"1"的指令，就使它进入睡眠状态。CPU 当前的状态（堆栈指针 SP、程序计数器 PC、程序状态字 PSW、累加器 ACC）、内部 RAM 和其他特殊寄存器内容维持不变，引脚保持进入空闲方式时的状态，ALE 和 $\overline{PSEN}$ 保持逻辑高电平。CPU 有两种方法可退出空闲方式：

（1）被允许的中断源请求中断时，IDL（PCON.0）将被硬件清"0"，于是终止空闲方式，CPU 响应中断，执行中断服务程序。中断处理完以后，从使单片机进入空闲方式指令的下一条指令开始继续执行程序。

（2）硬件复位。由于在空闲方式下时钟振荡器一直在运行，故 RST 引脚上的高电平信号只需保持两个机器周期就能使 IDL 置"0"，使单片机退出空闲状态，从它停止运行的地方恢复程序的执行，即从空闲方式的启动指令之后继续执行。注意，空闲方式的下一条指令不应是对口的操作指令和对外部 RAM 的写指令，以防硬件复位过程中对外部 RAM 的误操作。

PCON 中的 GF0 和 GF1 可以用作一般的软件标志位，如可用来指示某中断是发生在正常操作周期还是在空闲方式，用于确定服务性质。

2.4.2 掉电方式

当系统检测到电源电压下降到一定值，就认为出现了电源故障，此时可通过 $\overline{INT0}$ 或 $\overline{INT1}$ 产生中断。在中断服务程序中应包含以下两个基本任务。

（1）把有关的数据传送到内部 RAM，并执行一条将 PCON.1 置"1"的指令，使它进入掉电方式，该指令是 CPU 执行的最后一条指令，执行完该指令以后，便进入掉电方式。

（2）在电源电压下降到允许限度之前，把备用电源加到 RST 引脚上。在掉电方式，由于时钟被冻结，一切功能都停止，只有内部 RAM 和寄存器内容维持不变，I/O 引脚状态和相关的特殊功能寄存器的内容保持不变，ALE 和 $\overline{PSEN}$ 为逻辑低电平，外围器件、设备处于禁止状态。应注意断开外围电路电源，以便使整个应用系统的功耗降到最小。

退出掉电方式的方法是硬件复位或由处于使能状态的外中断 $\overline{INT0}$ 和 $\overline{INT1}$ 激活。复位后将重新定义全部特殊功能寄存器但不改变 RAM 中的内容,在 V_{CC} 恢复到正常工作电平前,复位应无效,且必须保持一定时间以使振荡器重启动并稳定工作。复位以后特殊功能寄存器的内容被初始化,但 RAM 单元的内容仍保持不变。

必须注意,在进入掉电方式以前,V_{CC} 不能先降下来;在掉电方式终止前,V_{CC} 应先恢复到正常操作水平。

2.5　Flash 的串行编程和三级加密

AT89S51 单片机内部有 4kB 的可快速编程的 Flash 存储阵列。编程方法可通过如图 2-18 所示的并行总线方式,使用高电压(+12V),按编程模式引脚所选择方式进行编程,也可通过 SPI 串行总线进行编程。并口的编程方法由于所需的信号较多,比较麻烦而被淘汰,目前常用串口编程。

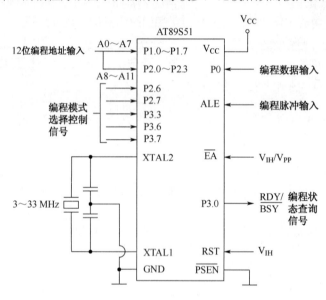

图 2-18　AT89S51 Flash 存储器的并行编程

如图 2-19 所示,将 AT89S51 复位脚 RST 接至 V_{CC},程序代码存储阵列可通过串行 ISP 接口进行编程,串行接口包含 SCK 线、MOSI(输入)和 MISO(输出)线。串行编程指令设置为一个 4 字节协议,见表 2-9。将 RST 拉高后,在其他操作前必须发出编程使能指令,后利用擦除指令将芯片擦除,擦除周期大约为 500ms。擦除期间,用串行方式读任何地址数据,返回值均为 00H,芯片擦除后则将存储代码阵列全写为 FFH。

对 AT89S51 的 Flash 存储器串行编程操作步骤如下。

(1) 上电次序:将电源加在 V_{CC} 和 GND 引脚,RST 置为"H",如果 XTAL1 和 XTAL2 接上晶体或者在 XTAL1 接上 3~33MHz 的时钟频率,等候 10ms。

(2) 将编程使能指令发送到 MOSI(P1.5),编程时钟接至 SCK(P1.7),此频率需小于系统晶体时钟频率的 1/16。

(3) 不论字节模式或页模式,代码阵列逐一字节进行编程的。写周期一般不大于 0.5ms(5V 电压时)。

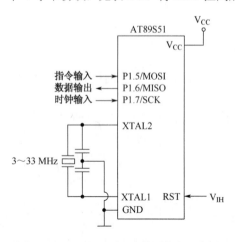

图 2-19　AT89S51 Flash 存储器的串行编程

(4) 通过读指令选择相应的单元地址，可由 MISO（P1.6）回读 Flash 存储器任意单元的内容进行编程校验。

(5) 编程结束应将 RST 置为 "L" 以结束操作。

(6) 断电次序：假如没有使用晶体，将 XATL1 置为低，RST 置低，关断 V_{CC}。

AT89S51 单片机用数据查询方式来检测一个写周期是否结束，在一个写周期中，通过输出引脚 MISO 串行回读一个字节数据，其最高位将为最后所写入字节的反码，直至写结束才恢复为正常，开始编程下一字节。

在页读/写模式，数据从 00 地址开始直到地址 255。命令字节后紧跟着高 4 位页地址，随后字节数据被逐一地移入或移出，直到读写完所有 256 个单元，此后将准备下个指令译码，见表 2-9。

表 2-9　AT89S51 串行编程指令

指　令	指令格式				操　作
	字节 1	字节 2	字节 3	字节 4	
编程使能	10101100	01010011	xxxxxxxx	01101001	RST 为 "H" 时，打开串行编程
芯片擦除	10101100	100xxxxx	xxxxxxxx	xxxxxxxx	擦除 Flash 存储器阵列
读数据（字节）	00100000	xxxx$A_{11}A_{10}A_9A_8$	$A_7A_6A_5A_4A_3A_2A_1A_0$	$D_7 \sim D_0$	字节方式读存储器阵列
写数据（字节）	01000000	xxxx$A_{11}A_{10}A_9A_8$	$A_7A_6A_5A_4A_3A_2A_1A_0$	$D_7 \sim D_0$	字节方式向存储器写入数据
写加密位[2]	10101100	111000B_1B_2	xxxxxxxx	xxxxxxxx	写加密位
读加密位	00100100	xxxxxxxx	xxxxxxxx	xx$LB_3LB_2LB_1$xx	读加密位
读签名字节[1]	00101000	xxxx$A_5A_4A_3A_2A_1$	A_0xxxxxxx	签名字节	读签名字节
读数据（页模式）	00110000	xxxx$A_{11}A_{10}A_9A_8$	字节 0	字节 1~255	页模式读存储器数据 256B
写数据（页模式）	01010000	xxxx$A_{11}A_{10}A_9A_8$	字节 0	字节 1~255	页模式向存储器写入数据 256B

注：①在加密方式 3 和 4 时，不可读签名字节。AT89S51 单片机内有 3 个签名字节，地址为 000H、100H 和 200H，用于声明该器件的厂商和型号等信息，读签名字节的过程和正常校验相仿，返回值意义：(000H)=1EH 声明产品由 ATMEL 公司制造；(100H)=51H 声明为 AT89S51 单片机；(200H)=06H。

②当 B1=0，B2=0 时，为加密方式 1，无加密保护；当 B1=0，B2=1 时，为加密方式 2，加密位 LB1 激活；当 B1=1，B2=0 时，为加密方式 3，加密位 LB2 激活；当 B1=1，B2=1 时，为加密方式 4，加密位 LB3 激活。
各加密位在方式 4 执行前需按顺序逐一操作。

AT89S51 使用对芯片上的 3 个加密位 LB1、LB2、LB3 进行编程（P）或不编程（U）来得到如表 2-10 所示的三级加密保护功能。

表 2-10　加密位保护功能表

程序加密位				保　护　类　型
加密方式	LB1	LB2	LB3	
方式 1	U	U	U	没有程序保护功能
方式 2	P	U	U	禁止从外部程序存储器中执行 MOVC 指令读取内部程序存储器的内容，此外，复位时 EA 被锁存，禁止对 Flash 再次编程
方式 3	P	P	U	除方式 2 的功能外，还禁止程序校验
方式 4	P	P	P	除方式 3 的功能外，同时禁止外部执行

当加密位 LB1 被编程时，在复位期间，EA 端的逻辑电平被采样并锁存，如果单片机上电后一直没有复位，则锁存起的初始值是一个随机数，且这个随机数会一直保存到真正复位为止。为使单片机能正常工作，被锁存的 EA 值必须与该引脚当前的逻辑电平一致。此外，加密位只能通过整片擦除的方法清除。

 习题2

1. 51系列单片机主要由哪些部件组成？主要有哪些功能？
2. 51系列中无ROM/EPROM型单片机，在应用中，P0口和P2口能否直接作为I/O口连接开关、指示灯之类的外设？为什么？
3. 综述P0口、P1口、P2口、P3口各有哪几种功能？
4. AT89S51单片机的控制线有几根？各有什么作用？
5. 程序计数器的作用是什么？AT89S51单片机的程序计数器有几位？
6. 简述程序状态寄存器PSW各位的含义？如何确定和改变当前的工作寄存器？
7. 什么是单片机的振荡周期、时钟周期、机器周期、指令周期？它们之间是什么关系？当单片机的晶振为12MHz时，它们的振荡周期、时钟周期、机器周期、指令周期为多少？
8. 内部RAM中字节地址00H～7FH与位地址00H～7FH完全重合，CPU是如何区分二者的？
9. DPTR是什么寄存器？它由哪几个寄存器组成？
10. 什么是堆栈？在堆栈中存取数据的原则是什么？数据是如何进、出堆栈的？
11. 在51系列单片机的ROM空间中，0003H～002BH有什么用途？用户应怎样合理安排？
12. 单片机的复位条件是什么？画出复位电路。
13. 在下列情况下，$\overline{EA}$引脚应接何种电平？
(1) 只有片内ROM，$\overline{EA}=$_____；(2) 只有片外ROM，$\overline{EA}=$_____；
(3) 有片内、片外ROM，$\overline{EA}=$_____；(4) 有片内ROM但不用，而用片外ROM，$\overline{EA}=$_____。

14. 51系列单片机复位后，R4所对应的存储单元的地址为_____，因上电复位时，PSW=_____，这时的工作寄存器是_____组工作寄存器区。

15. 内部RAM中，位地址为30H的位，所在的字节地址为_____。

16. 52系列单片机内部RAM中字节地址80H～FFH与特殊功能寄存器的地址80H～FFH完全重合，CPU是如何区分？

17. 51系列单片机的存储器空间分为哪几个部分？它们的寻址范围是多少？

第 3 章

指令与汇编语言程序设计

在掌握单片机系统结构的基础上,根据应用系统的具体要求,运用编程语言就可以编写单片机的应用程序。51 系列单片机的编程,常用的语言有 MCS-51 的汇编语言和 C51 语言。MCS-51 汇编语言与其他处理器的汇编语言一样,具有很好的实时性,但可读性、可维护性和移植性较差;C51 语言在功能、结构、可维护性、移植性上有明显优势。因此,学习汇编语言不是最终目的,学会、看懂汇编语言可以帮助读者设计出容量小、效率高的 C51 程序。例如,懂得汇编语言的读者,在 C51 编程中会使用片内 RAM(不使用片外 RAM)做变量,因为片外 RAM 要通过多条指令才能对累加器 A 和数据指针进行存取;另外,在使用浮点数和启用函数时,具有汇编语言编程经验的读者,能避免 C51 生成庞大、效率低的程序代码。因此,一位优秀的单片机编程者应该是由汇编语言转用 C51 语言,而不是只会使用 C 语言。

本章着重介绍 MCS-51 的指令系统及汇编语言程序设计,为第 4 章 C51 程序设计打下基础。

3.1 指令系统概述

指令是指示计算机执行某种操作的命令。计算机所能执行的全部指令的集合称为指令系统。指令系统是供用户使用的软件资源,是在微型计算机设计时确定的,是用户必须遵循的标准。不同的计算机都有不同的指令系统,指令系统的强弱在很大程度上决定了这类计算机智能的高低。MCS-51 指令系统共有 33 种功能、42 种助记符、111 条指令。

由于计算机只能识别二进制数,所以指令也必须用二进制形式来表示。用二进制形式来表示的指令称为指令的机器码或机器指令,并由此组成机器语言。

例如,计算 3+2,则在 MCS-51 单片机中用机器码编程为:

| 01110100 | 00000011 | ;将 3 送累加器 A |
| 00100100 | 00000010 | ;将累加器 A 的内容与 2 相加,结果存放在 A 中 |

为了便于书写和记忆,也可用十六进制代码表示指令,即表示为:

| 74H | 03H |
| 24H | 02H |

显然,用机器语言编写程序不易记忆,易出错。为克服上述缺点,可以将指令采用用助记符、符号和数字来表示,即采用汇编语言。汇编语言与机器语言指令是一一对应的,如上例用 MCS-51 汇编语言写成:

| MOV A,#03H | ;将 3 送累加器 A |
| ADD A,#02H | ;将累加器 A 的内容与 2 相加,结果存放在 A 中 |

3.1.1 MCS-51 汇编指令的格式

MCS-51 采用助记符表示的汇编指令格式如下：

[标号:] 操作码助记符　[操作数1,操作数2,操作数3]　　　[;注释]

1. 标号

标号是程序员根据需要给指令设定的符号地址，可有可无。标号由 1~8 个字符组成，第一个字符必须是英文字母，不能是数字或其他字符，不分大小写，标号后必须跟冒号。

2. 操作码助记符

操作码助记符表示指令的操作种类，即执行什么样的操作，必须有，不能省略，如 MOV 表示数据传送，RL 表示逻辑左移，CPL 表示取反等。

3. 操作数

操作数表示参与运算的操作数。一般有以下几种形式：
（1）无操作数（隐含），如

　　　RETI

（2）单操作数，如

　　　INC　A

（3）双操作数，操作数 1 称为"目的操作数"，操作数 2 称为"源操作数"，两者之间用逗号分开，如

　　　MOV　A,B

双操作数的指令格式可以用如下形式表示：

[标号:] 操作码助记符　目的操作数,源操作数　　　[;注释]

（4）3 个操作数，操作数之间用逗号分开，如

　　　CJNE　A,#01H,LOOP

4. 注释

注释是对该指令的解释说明，可提高程序的可读性，是指令的非执行部分，可省略。注释前必须加分号。

3.1.2 指令中的符号标识及注释符

（1）在用符号书写的 MCS-51 指令中，要用到不少约定符号。这些符号的标记与含义如下：
Rn：当前选定工作寄存器组的工作寄存器 R0~R7（$n=0$~7）。
Ri：作为间接寻址的地址指针 R0、R1（$i=0,1$）。
#data：8 位立即数，00H~FFH。
#data16：16 位立即数，0000H~FFFFH。
addr16：16 位地址，用于 64KB 程序空间或 64KB 数据空间寻址。
addr11：11 位地址，用于 2KB 程序空间内寻址。
rel：带符号的 8 位偏移地址，其范围是相对于下条指令第一个字节地址的-128~+127B。
bit：位地址，片内 RAM 中的可寻址位和特殊功能寄存器的可寻址位。
direct：8 位直接地址，可以是片内 RAM 单元或特殊功能寄存器的地址。
(X)：X 地址单元中的内容。

$：指本条指令起始地址。

（2）在以后所叙述的指令中，常常需要做一些注释，其注释符含义表示如下：

A←(Rn)：表示把R0～R7中的内容送到A中。

direct←((Ri))：表示把R0或R1中的内容作为地址，此地址中的内容送到某"直接地址"direct中去。

DPTR←#data16：表示把一个16位的（立即数）常数或地址送到DPTR中。

A←#data：表示把一个8位的（立即数）常数送到A中。

direct←(A)：表示把A中的内容送到某"直接地址"中去。

(Ri)←(A)：表示把A中的内容送到以R0或R1中的内容作为地址的单元中。

Rn←(A)：表示把A中的内容送到R0～R7中。

3.2 寻址方式

在汇编语言程序设计时，要针对系统的硬件环境编程，数据的存放、传送、运算等都要通过指令来完成，编程者必须自始至终都十分清楚操作数的位置，以便对它们进行正确操作。所谓寻址方式，就是寻找操作数的地址或指令地址的方式。一条指令采用何种的寻址方式，将决定指令执行的速度和灵活性。寻址方式越多，指令功能就越强。

MCS-51指令系统共使用了7种寻址方式，包括寄存器寻址、直接寻址、寄存器间接寻址、立即寻址、变址寻址、相对寻址和位寻址。

3.2.1 寄存器寻址

寄存器寻址是指操作数存放于寄存器中。在指令的助记符中直接以寄存器的名字来表示操作数的地址。寄存器包括工作组寄存器R0～R7、累加器A、通用寄存器B及地址寄存器DPTR等。对于R0～R7，要根据PSW中RS1和RS0来确定是哪一组工作寄存器，再根据Rn找到操作数，如

         MOV   A,R1   ;A←(R1)

该指令是将R1寄存器中的内容送入累加器A中，源操作数存放在R1中，目的操作数存放在A中，均为寄存器寻址。

如果程序状态寄存器PSW的RS1 RS0为00（即选择第0区工作寄存器，R1对应的地址为01H），设01H单元的内容为50H，则执行指令后累加器A的内容为50H，如图3-1所示。

要注意的是，在MCS-51指令中，源操作数和目的操作数都有寻址方式，应分开叙述。但是，一般在没有特别指明的情况下，寻址方式多指的是源操作数的寻址方式，如

         MOV   P0,A   ;P0←(A)，寄存器寻址
         ADD   A,R0   ;A←(R0)+(A)，寄存器寻址

3.2.2 直接寻址

直接寻址是指操作数的地址或位操作数的地址在指令中，如

         MOV   A,70H   ;A←(70H)

将内部RAM 70H单元的内容送给A，设(70H)=30H，则(A)=30H，操作数的地址70H包含在机器码中，其执行过程如图3-2所示。

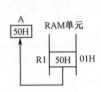

图 3-1　寄存器寻址执行过程

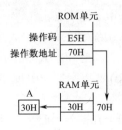

图 3-2　直接寻址执行过程

直接寻址方式可访问以下三种存储空间:
(1) 片内数据存储器的低 128B (00H~7FH);
(2) 特殊功能寄存器 SFR (该区域只能用直接寻址方式访问), 如

```
MOV  A,P1 ;特殊功能寄存器 P1 的地址为 90H
```

(3) 位地址空间 (00H~FFH), 如

```
MOV  C,20H ;位地址 20H 的内容送入布尔累加器 C 中
```

在直接寻址中,要注意字节地址与位地址的区别。比较 "MOV A,20H" 和 "MOV C,20H": 在前一条指令中,20H 是字节地址,因为目的操作数在 A 中,是 1 个字节;后一条指令的 20H 是位地址 (代表 24H 单元的 D0 位),因为目的操作数在布尔累加器 C 中,是 1 位二进制数据。由此可见,指令中给出的地址是位地址还是字节地址,要看指令是对位还是对字节操作。

3.2.3 寄存器间接寻址

寄存器间接寻址是指操作数的地址在寄存器中。在指令执行时,首先根据寄存器的内容获得操作数的地址,再由这个地址找到操作数。应该注意:指令中给出的寄存器前必须加上 "@", 以区别寄存器寻址。在 MCS-51 指令系统中,可用于寄存器间接寻址的寄存器有选定工作寄存器组的 R0、R1 及 16 位的数据指针 DPTR, 如

```
MOV   A,@R1
MOVX  A,@R0
MOVX  A,@DPTR
```

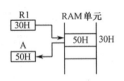

图 3-3　寄存器间接寻址执行过程

假设,内部 RAM 30H 单元中的内容为 50H, R1 中的内容为 30H, 执行指令 "MOV A,@R1" 后, 累加器 A 中的内容为 50H, 其执行过程如图 3-3 所示。顺便指出:

(1) 执行 PUSH (压栈) 和 POP (出栈) 指令时, 采用的是堆栈指针 SP 作为寄存器间接寻址, 详见 3.3.1 节。

(2) 52 系列内部 RAM 有 256B, 片内 RAM 80H~FFH 只能采用间接寻址, 而对分布在 80H~FFH 的 SFR, 只能采用直接寻址, 如

```
MOV   0A0H,#data  ;立即数 data 写入 SFR 的 0A0H (即 P2 口)
MOV   R0,#0A0H
MOV   @R0,#data   ;立即数 data 写入片内 RAM 的 0A0H
```

(3) 对于外部数据存储器 (片外 RAM), 只能采用寄存器间接寻址, 如

```
MOV   DPTR,#1234H
MOVX  A,@DPTR     ;将片外 RAM 1234H 单元中的内容读入 A
```

（4）对 AT89C51RC，在 EXTRAM=0 时，使用 MOVX 指令访问 ERAM 的 256B（00H～FFH）；在 EXTRAM=1 时，使用 MOVX 指令访问片外 RAM。

```
MOV    A,8EH           ;取特殊功能寄存器中的辅助寄存器 AUXR 的内容送入 A
CLR    ACC.1           ;设置 EXTRAM=0（SETB  ACC.1，则将 EXTRAM=1）
MOV    8EH,A
MOV    R0,#0A0H
MOVX   @R0,#data       ;立即数写入 ERAM 的 A0H 单元（当 EXTRAM=1 时，写入片外 RAM 的
                       0A0H 单元）
```

3.2.4 立即寻址

立即寻址是指操作数直接以数的形式出现在指令中，该操作数也称为立即数。此时，立即数前面必须加"#"，以便将"数"和"地址"区别开来，如

```
MOV    A,#30H           ;A←30H
```

其功能是把常数 30H 传送到累加器 A 中，该指令的执行过程如图 3-4 所示。

在 MCS-51 系统中，只有一条 16 位立即数指令，即

```
MOV   DPTR,#1234H   ;DPTR←1234H
```

其功能是将 16 位常数 1234H 送到数据指针寄存器 DPTR 中。

3.2.5 变址寻址

变址寻址是指操作数在程序存储器中，地址为基址寄存器与变址寄存器的内容相加。基址寄存器为 16 位的程序计数器 PC 或数据指针 DPTR，累加器 A 作为变址寄存器。这类寻址方式主要用于查表操作。例如，指令

```
MOVC   A,@A+DPTR
```

设(A)=05H，(DPTR)=0200H，ROM 单元 0205H 中的内容为 87H，执行指令时，首先将 DPTR 中的内容与 A 中的内容相加得到 0205H 为操作数的地址，从该地址中取出操作数 87H 送累加器 A，结果(A)=87H，其执行过程如图 3-5 所示。

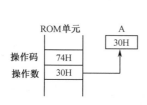

图 3-4 立即寻址执行过程

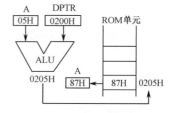

图 3-5 变址寻址执行过程

3.2.6 相对寻址

相对寻址是指以程序计数器 PC 的当前值为基准，与指令中给出的相对偏移量 rel 相加，其结果作为跳转指令的转移地址。这类寻址方式主要用于跳转指令，一般将相对转移指令所在的地址称为源地址，转移后的地址称为目的地址，故有

```
当前 PC 值=源地址+转移指令字节数
目的地址=当前 PC 值+rel=源地址+转移指令字节数+rel
```

这里，rel 是一个带符号的 8 位二进制数，常以补码的形式出现。程序的转移范围为：以 PC 的当前值为起始地址，相对偏移量在-128B～+127B 单元之间。例如，执行指令

```
SJMP    50H
```

这条指令的操作码是 80H，加上偏移量 50H 共两个字节。设指令所在起始地址为 1000H，rel 的值为 50H，则转移地址为 1000H+02H+50H=1052H，故指令执行后，PC 的值变为 1052H。相对寻址执行过程如图 3-6 所示。

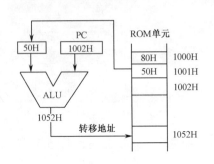

图 3-6　相对寻址执行过程

3.2.7 位寻址

位寻址是指按位进行的寻址方式。其操作数是 8 位二进制数中的某一位。

MCS-51 系统的内部 RAM 数据区有两个可以按位寻址的区域：

（1）内部 RAM 的位寻址区域 20H～2FH 16 个单元中的每一位，共 128 位（对应的位地址是 00H～7FH）；

（2）凡是单元地址能被 8 整除的那些特殊功能寄存器，都是可以进行位寻址的，位地址是 80H～FFH 中的一部分。

例如，执行"SETB 20H"，结果是将内部 RAM 位寻址区域中的 20H 位置"1"。位地址 20H 是内部 RAM 24H 中的 D0 位，若(24H)=00H，则执行指令后，(24H)=01H。

在 MCS-51 系统中，位寻址的表示可以采用以下几种方式：

（1）直接地址表示法，直接使用 00H～FFH 范围内的某一位地址来表示，如

```
MOV   C,20H;
```

（2）点操作符表示法，采用某单元第几位的表示方法，如

```
MOV   C,20H.4
```

其中 20H.4 表示 20H 单元的 D4 位。

（3）位名称表示法，这种方法只适用于 SFR 寄存器，如

```
SETB   RS1
```

3.2.8　MCS-51 寻址方式小结

MCS-51 单片机对不同存储空间采用的寻址方式如下。

（1）程序存储器（ROM）：一般采用变址寻址方式，如

```
MOVC   A,@A+DPTR
```

（2）特殊功能寄存器（SFR）：只能采用直接寻址方式，如

```
MOV   TMOD,#01H
```

（3）外部数据存储器（片外 RAM）：采用寄存器间接寻址，如

```
MOVX   A,@DPTR
```

（4）内部数据存储器（片内 RAM）00H～7FH：常采用直接寻址、寄存器间接寻址，对其中的寄存器区还可采用寄存器寻址，对其中可位寻址区域 20H～2FH 还可采用位寻址，如

```
MOV   20H,30H   ;内部 RAM 30H 中的内容送给内部 RAM 20H
MOV   C,20H     ;位地址 20H 中的内容送给 C
```

（5）内部数据存储器（片内 RAM）80H～FFH：只能采用寄存器间接寻址，仅限 MCS-52 系列单片机 8052、8752、8952 有此功能，如

```
MOV   R0,#89H
MOV   A,@R0 ;内部 RAM 89H 中的内容送给 A
```

3.3 MCS-51 指令说明

MCS-51 汇编语言有 42 种助记符，描述了 33 种操作功能，与寻址方式组合，得到 111 条指令。如果按字节数分类，则有 49 条单字节指令、45 条双字节指令和 17 条三字节指令。若按指令执行时间分类，就有 64 条单周期指令、45 条双周期指令、2 条（乘、除）4 周期指令。可见，MCS-51 指令系统具有存储效率高、执行速度快的特点。一般在讲述指令时，可按其功能进行分类介绍。

MCS-51 指令系统按功能可分为以下 5 种。
- 数据传送类指令：29 条
- 算术运算指令：24 条
- 逻辑运算指令：24 条
- 控制转移指令：17 条
- 位操作指令：17 条

3.3.1 数据传送指令

数据传送指令是 MCS-51 指令系统中使用最频繁的指令，是指将源操作数传送到目的操作数，而源操作数内容不变。MCS-51 的数据传送操作可以在内部数据存储器、外部数据存储器和程序存储器之间进行。

1. 内部数据传送指令

内部数据传送指令主要用于内部 RAM 之间及内部 RAM 与寄存器之间的数据传送。其基本格式为

```
MOV   目的操作数，源操作数
```

（1）以累加器 A 为目的操作数的指令

```
MOV   A,Rn         ;A←(Rn)
MOV   A,direct     ;A←(direct)
MOV   A,@Ri        ;A←((Ri))
MOV   A,#data      ;A←#data
```

这组指令的功能是将累加器 A 作为目的地，源操作数有寄存器寻址、直接寻址、寄存器间接寻址及立即寻址等寻址方式。以累加器 A 为目的操作数的数据传送类指令，其结果均影响程序状态寄存器 PSW 中的 P 标志位，可查阅附录 MCS-51 指令表。

【例 3-1】已知累加器 (A)=30H，寄存器 (R0)=30H，内部 RAM(20H)=87H，内部 RAM(30H)=65H，请指出执行以下每条指令后，累加器 A 内容的变化。

```
MOV   A,#20H       ;立即寻址，执行指令后, (A)=20H
MOV   A,20H        ;直接寻址，执行指令后, (A)=87H
MOV   A,R0         ;寄存器寻址，执行指令后, (A)=30H
MOV   A,@R0        ;寄存器间接寻址，执行指令后, (A)=65H
```

(2) 以 Rn 为目的操作数的指令

MOV	Rn,A	;Rn←(A)
MOV	Rn,direct	;Rn←(direct)
MOV	Rn,#data	;Rn←#data

这组指令的功能是将当前工作寄存器区的某一个寄存器 R0~R7 作为目的地,源操作数有 A 寄存器寻址、直接寻址和立即寻址等,这组指令结果不影响程序状态寄存器 PSW。

【例 3-2】 已知(A)=30H,(30H)=40H,判断执行下列指令后,R2 寄存器中的内容。

MOV	R2,A	;寄存器寻址,执行完指令后(R2)=30H
MOV	R2,30H	;直接寻址,执行完指令后(R2)=40H
MOV	R2,#50H	;立即寻址,执行完指令后(R2)=50H

(3) 以直接地址为目的操作数的指令

MOV	direct,A	;direct←(A)
MOV	direct,Rn	;direct←(Rn)
MOV	direct,direct	;direct←(direct)
MOV	direct,@Ri	;direct←((Ri))
MOV	direct,#data	;direct←data

这组指令的功能是将源操作数送入由直接地址指出的存储单元。源操作数有寄存器寻址、直接寻址、寄存器间接寻址和立即寻址等寻址方式。这组指令结果不影响程序状态寄存器 PSW。

【例 3-3】 设(A)=30H,(R2)=40H,(R0)=70H,(70H)=78H,(78H)=50H,判断执行下列各指令后的结果。

MOV	P1,A	;寄存器寻址,执行完指令后(P1)=30H
MOV	70H,R2	;寄存器寻址,执行完指令后(70H)=40H
MOV	20H,78H	;直接寻址,执行完指令后(20H)=50H
MOV	40H,@R0	;寄存器间接寻址,执行完指令后(40H)=78H
MOV	01H,#80H	;立即寻址,执行完指令后(01H)=80H

(4) 以寄存器间接寻址的单元为目的操作数的指令

MOV	@Ri,A	;(Ri)←(A)
MOV	@Ri,direct	;(Ri)←(direct)
MOV	@Ri,#data	;(Ri)←data

这组指令的功能是把源操作数内容送入 R0 或 R1 指出的内部 RAM 存储单元中,源操作数有 A 寄存器寻址、直接寻址和立即寻址等。该组指令结果不影响程序状态寄存器 PSW。

【例 3-4】 设(A)=50H,(40H)=32H,(R0)=20H,判断执行下列指令后的结果。

MOV	@R0,A	;寄存器寻址,R0=20H,(20H)=50H
MOV	@R0,40H	;直接寻址,R0=20H,(20H)=32H
MOV	@R0,#33H	;立即寻址,R0=20H,(20H)=33H

(5) 16 位数据传送指令

MOV	DPTR,#data16	;DPTR←data16

这条指令的功能是把 16 位常数送入 DPTR。16 位的数据指针 DPTR 既可以当做一个 16 位的寄存器使用,也可以分成两个 8 位寄存器 DPH 和 DPL 使用。DPH 中存放 DPTR 中的高 8 位,DPL 中存放 DPTR 中的低 8 位。该指令结果不影响程序状态寄存器 PSW。例如:

MOV	DPTR,#0605H	

则执行指令后(DPTR)=0605H,即(DPH)=06H,(DPL)=05H。

（6）栈操作指令

在 MCS-51 内部，RAM 区可设定一个先进后出（FILO）的堆栈。在特殊功能寄存器中，有一个堆栈指针 SP，可指出栈顶的位置。随着数据的进出，SP 指针随之移动。在指令系统中，有进栈和出栈两条用于堆栈的数据传输指令。

```
PUSH   direct          ;进栈指令，SP←(SP)+1, (SP)←(direct)
POP    direct          ;出栈指令，direct←((SP)), SP←(SP)-1
```

进栈指令的功能是首先将栈指针 SP 的内容加 1，然后把直接地址指出的内容传送到堆栈指针 SP 所指的内部 RAM 单元中。出栈指令的功能是首先将栈指针 SP 所指的内部 RAM 单元内容送入指令中给出的直接地址中，然后栈指针 SP 的内容减 1。

【例 3-5】设(SP)=50H，(A)=20H，(B)=60H，执行下述指令

```
PUSH   ACC            ;(SP)+1=51H→SP, 51H←(ACC)
PUSH   B              ;(SP)+1=52H→SP, 52H←(B)
```

结果：(51H)=20H，(52H)=60H，(SP)=52H。

【例 3-6】设(SP)=62H，(62H)=80H，(61H)=40H，执行下述指令

```
POP   DPH             ;DPH←((SP)), SP←(SP)-1
POP   DPL             ;DPL←((SP)), SP←(SP)-1
```

结果：(DPH)=80H，(DPL)=40H，即(DPTR)=8040H，(SP)=60H。

在使用堆栈时必须注意如下几点：

① 堆栈是用户在内部 RAM 中设置的一块存储区域，单片机复位后，SP=07H，占用了寄存器区，使用时要先设置 SP 的初值，以免与寄存器区冲突；

② 累加器 A 的内容入栈和出栈时，要注意将 A 写成 ACC，因为堆栈操作只能使用直接寻址方式，即写成 "PUSH ACC" 和 "POP ACC"，而不能表示成 "PUSH A" 和 "POP A"；

③ 堆栈按先进后出的方式保存数据，在临时存储数据时，要注意进栈和出栈的顺序；

④ 堆栈操作用来保护数据和子程序调用时的断点；

⑤ 除 "POP ACC" 指令结果影响程序状态寄存器 PSW 中的 P 标志位外，其余指令均不影响 PSW 中的标志位。

（7）字节交换指令

```
XCH   A,Rn            ;(A)←→(Rn)
XCH   A,direct        ;(A)←→(direct)
XCH   A,@Ri           ;(A)←→((Ri))
```

这组指令的功能是将累加器 A 的内容和源操作数的内容相互交换。源操作数有寄存器寻址、直接寻址和寄存器间接寻址等寻址方式。该组指令结果影响程序状态寄存器 PSW 的 P 标志位。

例如，设(A)=56H，(R7)=78H，执行指令

```
XCH   A,R7
```

结果：(A)=78H，(R7)=56H。

（8）半字节交换指令

```
XCHD   A,@Ri          ;(A)_{3~0}←→((Ri))_{3~0}
```

这条指令将累加器 A 的低 4 位和 Ri 间接寻址的 RAM 单元低 4 位相互交换，各自的高 4 位不变。

例如，设(A)=26H，(R0)=40H，(40H)=45H，执行指令

```
XCHD   A,@R0
```

结果：(A)=25H，(40H)=46H，其执行过程如图 3-7 所示。

图 3-7　半字节交换指令执行过程

【例 3-7】将内部 RAM 中 20H 单元和 30H 单元的内容互换。

解：方法一：

```
MOV   A,20H
MOV   20H,30H
MOV   30H,A
```

方法二：

```
MOV   A,20H
XCH   A,30H
MOV   20H,A
```

方法三：

```
PUSH  20H
PUSH  30H
POP   20H
POP   30H
```

其执行过程请读者自行分析。

(9) 累加器 A 中高 4 位和低 4 位交换

```
SWAP  A           ;A_{3-0} ←→ A_{7-4}
```

该指令是将累加器 A 中的高 4 位和低 4 位互换。其执行结果不影响程序状态寄存器 PSW 的标志位，如设(A)=36H，执行 "SWAP A" 后，累加器(A)=63H。

2. 累加器 A 与外部数据存储器传送指令

```
MOVX  A,@DPTR     ;A←((DPTR))
MOVX  A,@Ri       ;A←((Ri))
```

上述指令可将外部 RAM 或 I/O 口的内容传送到累加器 A 中，指令在执行时使 $\overline{RD}$（读）信号有效。该组指令结果影响程序状态寄存器 PSW 中的 P 标志位。

```
MOVX  @DPTR,A     ;(DPTR)←(A)
MOVX  @Ri,A       ;(Ri)←(A)
```

上述指令将累加器 A 中的内容传送到外部 RAM 或 I/O 口，指令在执行时使 $\overline{WR}$（写）信号有效。该组指令结果不影响程序状态寄存器 PSW 中的 P 标志位。

外部 RAM 单元或 I/O 口只能通过寄存器间接寻址的方式与累加器 A 传送数据。当外部 RAM 或 I/O 口地址是 8 位时选用 Ri 寄存器间接寻址，而当外部 RAM 或 I/O 口的地址是 16 位时必须选用 DPTR 寄存器间接寻址。外部 RAM 和 I/O 口是统一编址的，最大寻址空间达 64KB。

【例 3-8】将内部 RAM 30H 单元的内容送到外部 RAM 60H 单元，将外部 RAM 4312H 单元的内容送到内部 RAM 31H 单元，程序如下：

```
MOV   A,30H       ;A←(30H)
MOV   R0,#60H     ;R0←60H
```

```
MOVX   @R0,A           ;(R0)←(A)
MOV    DPTR,#4312H     ;DPTR←4312H
MOVX   A,@DPTR         ;A←((DPTR))
MOV    31H,A           ;31H←(A)
```

3. 查表指令

（1）近程查表指令

```
MOVC   A,@A+PC         ;A←((A)+(PC))
```

这条指令将基址寄存器 A 的内容（一个无符号数）和程序计数器 PC 的内容（下一条指令的起始地址）相加后得到一个 16 位的地址，将该地址指出的程序存储器单元的内容送到累加器 A。查找范围在本指令以下 0~255B 之间，故又称近程查表指令。由于 A 的内容为无符号数，所以所查表格永远在该指令之下。

【例 3-9】执行下列程序，R0 中的内容为何值？

```
    ...
1000H:MOV   A,#0DH        ;2 字节指令，(A)=0DH
1002H:MOVC  A,@A+PC       ;1 字节指令，下一条指令的起始地址(PC)=1003H
1003H:MOV   R0,A
    ...
    ORG   1010H
1010H:DB   02H,03H,04H
```

执行上面的查表指令后，(PC)=1003H，故指令将 1003H+0DH=1010H 所对应的程序存储器中的常数 02H 送 A，执行上述指令后，(R0)=02H。ORG、DB 为伪指令，详见 3.4 节。

（2）远程查表指令

```
MOVC   A,@A+DPTR       ;A←((A)+(DPTR))
```

这条指令以 DPTR 作为基址寄存器，A 的内容（一个无符号数）和 DPTR 的内容相加得到一个 16 位的地址，将该地址指出的程序存储器单元的内容送到累加器 A。查找范围在 64KB 之内，故又称远程查表指令。

这条查表指令的执行结果只和指针 DPTR 及累加器 A 的内容有关，与该指令存放的地址无关，因此表格大小和位置可在 64KB 程序存储器中任意安排，一个表格可被各个程序块公用。

【例 3-10】执行下列程序，A 中的内容为何值？

```
    ...
1000H: MOV   A,#01H
1002H: MOV   DPTR,#7000H
1005H: MOVC  A,@A+DPTR
    ...
    ORG   7000H
7000H: DB   02H,03H,04H
```

执行完查表指令后，(A)=03H。

注：以上两条查表指令结果均影响程序状态寄存器 PSW 的 P 标志位。

3.3.2 算术操作指令

MCS-51 的算术操作类指令包括加、减、乘、除基本四则运算，以及增量、减量运算。通常将累加器 A 作为第一操作数，并将运算后的结果存放在 A 中。第二操作数寻址方式可以是立即寻址、寄存器寻址、寄存器间接寻址和直接寻址。算术运算的结果影响程序状态寄存器 PSW 的进位标志位 CY、半进位标志位 AC、溢出标志位 OV 及奇偶位 P；加 1、减 1 指令除 INC A 和 DEC A 影响 P 标志位外，其余不影响这些标志位。

1．加法指令

（1）不带进位的加法（半加）指令

```
ADD    A,Rn          ;A←(A)+(Rn)
ADD    A,direct      ;A←(A)+(direct)
ADD    A,@Ri         ;A←(A)+((Ri))
ADD    A,#data       ;A←(A)+data
```

这组加法指令的功能是把指令中给出的第二操作数与累加器 A 的内容相加，其结果放在累加器 A 中。

（2）带进位加法（全加）指令

```
ADDC   A,Rn          ;A←(A)+(Rn)+(CY)
ADDC   A,direct      ;A←(A)+(direct)+(CY)
ADDC   A,@Ri         ;A←(A)+((Ri))+(CY)
ADDC   A,#data       ;A←(A)+data+(CY)
```

这组带进位加法指令的功能是把指令中给出的第二操作数、进位标志位 CY 与累加器 A 中的内容同时相加，结果留在累加器 A 中。注意，这里所指的 CY 是指令开始执行时的进位标志值，而不是相加进程中产生的进位标志值。

上述两类指令的结果对程序状态寄存器 PSW 标志位的影响如下：

① 当运算结果的 D7 位向前有进位时，进位标志位(CY)=1，否则(CY)=0；

② 将运算结果的 D7 位上的进位记做 C7，将运算结果的 D6 位上的进位记做 C6，则溢出标志位(OV)=C7⊕C6；

③ 当运算结果的 D3 位产生进位时(AC)=1，否则(AC)=0；

④ 当相加后，累加器 A 中 "1" 的个数为奇数时(P)=1，为偶数时(P)=0。

例如，设 A=85H，执行指令 "ADD A,#0AFH" 后，(A)=34H，(CY)=1，(AC)=1，(OV)=1，(P)=1，执行过程请读者自行分析。

【例 3-11】设(A)=85H，(30H)=0FFH，(CY)=1，执行指令

```
ADDC   A,30H    ;           10000101
                             11111111
                          +         1
                            110000101
```

结果：(A)=85H，(CY)=1，(AC)=1，(OV)=0，(P)=1。

【例 3-12】编写计算 35A8H+0EB5H 的程序，将结果存放在内部 RAM 31H（高 8 位）和 30H（低 8 位）中。

解：由于 MCS-51 单片机只有 8 位加法指令，故对于 16 位的加法，可分成两个 8 位数分别相加，两个低 8 位的数采用不带进位的加法，两个高 8 位的数采用带进位的加法。

```
MOV    A,#0A8H
ADD    A,#0B5H       ;两个低 8 位数相加
MOV    30H,A         ;结果存入 30H 单元
MOV    A,#35H
ADDC   A,#0EH        ;两个高 8 位数相加，并加上低 8 位的进位 CY
MOV    31H,A         ;结果存入 31H 单元
```

(3) 增量指令（加 1 指令）

INC	A	;A←(A)+1
INC	Rn	;Rn←(Rn)+1
INC	direct	;direct←(direct)+1
INC	@Ri	;(Ri)←((Ri))+1
INC	DPTR	;DPTR←(DPTR)+1

这组增量指令的功能是把所给出的操作数加 1，再送回原单元。若原来为 0FFH，则溢出为 00H。增量指令（加 1 指令）除对 A 操作外，不影响程序状态字 PSW 的状态。操作数有寄存器寻址、直接寻址和寄存器间接寻址方式。注意：当用本指令修改并行 I/O P0～P3 口时，原来口数据的值将从口锁存器读入，而不是从引脚读入。

【例 3-13】设(A)=0CH，(R2)=0FFH，(60H)=0F0H，(R1)=40H，(40H)=09H，执行指令

INC	A	;A←(A)+1
INC	R2	;R2←(R2)+1
INC	60H	;60H←(60H)+1
INC	@R1	;(R0)←((R1))+1

结果：(A)=0DH，(R2)=00H，(60H)=0F1H，(40H)=0AH。

(4) 十进制调整指令

DA	A	;BCD 码加法调整

两个压缩型 BCD 码按"二进制"相加之后，必须经本指令调整才能得到压缩型 BCD 码的和数。本指令的操作过程为：若累加器 A 的低 4 位数值大于 9 或 AC=1，则需将 A 的低 4 位内容加 6 进行调整，以产生正确的低 4 位 BCD 码值；若累加器 A 的高 4 位值大于 9 或 CY=1，则高 4 位需加 6 调整，以产生正确的高 4 位 BCD 码值。由此可见，本指令是根据累加器 A 的原始数值和 PSW 的状态，对累加器 A 进行加 06H、60H 或 66H 操作的。

该指令必须紧跟在 ADD 或 ADDC 的加法指令之后，不适用于减法指令。该指令的结果影响程序状态寄存器 PSW 的 CY、AC、OV 和 P 标志位。

【例 3-14】编写计算 BCD 码加法 5+8=？的程序。

MOV	A,#05H	
ADD	A,#08H	;(A)=0DH
DA	A	;(A)+06H=13H

计算结果(A)=13H。

【例 3-15】假设从 30H 和 40H 开始分别存放两个 2 字节压缩型 BCD 码（低位在前，高位在后），编程求它们的和，并存放在 50H 开始的单元中，程序如下：

MOV	A,30H	
ADD	A,40H	;A←(30H)+(40H)
DA	A	;对 A 十进制调整
MOV	50H,A	;50H←(A)
MOV	A,31H	
ADDC	A,41H	;A←(31H)+(41H)+(CY)
DA	A	;对 A 十进制调整
MOV	51H,A	;51H←(A)

2. 减法指令

(1) 带借位减法指令

SUBB	A,Rn	;A←(A)–(Rn)–(CY)
SUBB	A,direct	;A←(A)–(direct)–(CY)
SUBB	A,@Ri	;A←(A)–((Ri))–(CY)
SUBB	A,#data	;A←(A)–data–(CY)

这组带借位减法指令是从累加器中减去指定的内容和借位标志，结果存放在累加器 A 中。在 MCS-51 指令系统中，只有带借位的减法指令，而没有不带借位的减法指令。所以在需要不带借位的减法时，必须先将 CY 清"0"，否则将影响结果。

减法指令结果对标志位的影响如下：

① 当最高位 D7 有借位时，进位标志位(CY)=1，否则(CY)=0。

② 当 D3 位有借位时，半进位标志位(AC)=1，否则(AC)=0。

③ 当 C6⊕C7=1 时，(OV)=1，否则(OV)=0（C6 指 D6 位的借位标志，C7 指 D7 位的借位标志）。

④ 运算结束后，在累加器 A 中，"1"的个数为奇数个，则(P)=1，否则(P)=0。

【例 3-16】设(A)=0C9H，(R2)=54H，(CY)=1，执行指令

```
SUBB    A,R2          11001001
                      01010100
                   -)        1
                      01110100
```

结果：(A)=74H，(CY)=0，(AC)=0，(OV)=1，(P)=0。

【例 3-17】编写计算 35A8H～0EB5H 的程序，将结果存放在内部 RAM 31H（高 8 位）和 30H（低 8 位）中。

解：因为指令系统中只有带进位的减法指令，所以在进行低 8 位运算时要注意先将进位（借位）标志位 CY 清"0"，以免计算结果产生错误。

CLR	C	;清除进位标志位，(CY)=0
MOV	A,#0A8H	
SUBB	A,#0B5H	;两个低 8 位数相减
MOV	30H,A	;结果存入 30H 单元
MOV	A,#35H	
SUBB	A,#0EH	;两个高 8 位数相减，并减去低 8 位的进位（即借位）CY
MOV	31H,A	;结果存入 31H 单元

（2）减 1 指令

DEC	A	;A←(A)–1
DEC	Rn	;Rn←(Rn)–1
DEC	direct	;direct←(direct)–1
DEC	@Ri	;(Ri)←((Ri))–1

这组指令的功能是将指定的单元内容减 1，再送回到原单元。若原来为 00H，减 1 后下溢为 0FFH。除对 A 操作外，减 1 指令不影响标志位。

【例 3-18】设(A)=0EH，(R7)=10H，(40H)=00H，(R1)=30H，(30H)=0FFH，执行指令

DEC	A	;A←(A)–1
DEC	R7	;R7←(R7)–1
DEC	40H	;40H←(40H)–1
DEC	@R1	;(R1)←((R1))–1

结果：(A)=0DH，(R7)=0FH，(40H)=0FFH，(30H)=0FEH。

3. 乘法指令

MUL　AB	

该指令的功能是把累加器 A 和寄存器 B 中的无符号 8 位数相乘，其 16 位积的低 8 位存在 A 中，高 8 位存在 B 中。乘法指令结果影响程序状态寄存器 PSW 的标志位，如果积大于 255（0FFH），则置位溢出标志(OV)=1，否则清"0"。进位标志 CY 总是清"0"，奇偶标志位 P 随 A 中的内容而定。

【例 3-19】设(A)=25H，(B)=3FH，执行指令

MUL　AB	

结果：(B)=09H，(A)=1BH，即积为 091BH。

由于乘积大于 0FFH，故溢出标志位(OV)=1，进位标志位(CY)=0，奇偶标志位(P)=0。

4. 除法指令

DIV　AB	

该指令的功能是把累加器 A 中的 8 位无符号整数除以寄存器 B 中的 8 位无符号整数，所得商的整数部分存放在累加器中，余数存放在寄存器 B 中。

注意：除法指令结果影响程序状态寄存器 PSW 的标志位。进位标志位 CY 总是清"0"。当除数为"0"（即 B 中内容为"0"）时，溢出标志位(OV)=1，否则(OV)=0。奇偶标志位 P 随累加器 A 中的结果而定。

【例 3-20】设(A)=0FBH，(B)=12H，执行指令

DIV　AB	

结果：(A)=0DH（商），(B)=11H（余数），(OV)=0，(CY)=0，(P)=1。

值得一提的是，乘法、除法指令是无符号数的乘法和除法。

5. 空操作指令

NOP	;消耗 1 个机器周期的时间

该指令只是消耗 CPU 的时间，而不影响程序状态寄存器 PSW 的任何标志。

3.3.3　逻辑操作及移位类指令

逻辑操作是按位进行运算的，包括与、或、异或三类逻辑运算，每类有 6 条指令。此外，将对累加器 A 清"0"、求反和移位操作的共 7 条指令也归在此类内。

1. 两个操作数的逻辑操作指令

（1）逻辑与指令

ANL	A,Rn	;A←(A)∧(Rn)
ANL	A,direct	;A←(A)∧(direct)
ANL	A,@Ri	;A←(A)∧((Ri))
ANL	A,#data	;A←(A)∧data
ANL	direct,A	;direct←(direct)∧(A)
ANL	direct,#data	;direct←(direct)∧data

这组指令的功能是将指令中给出的两操作数执行按位的逻辑与操作，结果存放在目的操作数中。操作数有寄存器寻址、直接寻址、寄存器间接寻址和立即寻址等寻址方式。当这条指令用于修改一个输出 P0～P3 口时，作为原始口数据的值将从输出口数据锁存器（P0～P3）读入，而不

是读引脚状态。该组指令前 4 条以累加器 A 为目的操作数的指令结果影响程序状态寄存器 PSW 的 P 标志位，后两条不影响 PSW。

【例 3-21】设(A)=0A7H，(R0)=0FH，执行指令

```
        ANL A,R0              10100111
                          ∧) 00001111
                             00000111
```

结果：(A)=07H，该类指令常用于将指定内容中的某些"位"清零。

（2）逻辑或指令

```
    ORL   A,Rn              ;A←(A)∨(Rn)
    ORL   A,direct          ;A←(A)∨(direct)
    ORL   A,@Ri             ;A←(A)∨((Ri))
    ORL   A, #data          ;A←(A)∨data
    ORL   direct,A          ;direct←(direct)∨(A)
    ORL   direct,#data      ;direct←(direct)∨data
```

这组指令的功能是在所给出的两操作数之间执行按位的逻辑或操作，结果存放到目的操作数中。操作数有寄存器寻址、直接寻址、寄存器间接寻址和立即寻址等寻址方式。同逻辑与指令类似，用于修改输出 P0～P3 口数据时，原始数据值为口锁存器内容。该组指令前 4 条以累加器 A 为目的操作数的指令结果影响程序状态寄存器 PSW 的 P 标志位，后两条不影响 PSW。

【例 3-22】设(A)=0A7H，(R0)=0FH，执行指令

```
    ORL A,R0
                             10100111
                         ∨) 00001111
                             10101111
```

结果：(A)=0AFH，该类指令常用于将指定内容中的某些"位"置"1"。

（3）逻辑异或指令

```
    XRL   A,Rn              ;A←(A)⊕(Rn)
    XRL   A,direct          ;A←(A)⊕(direct)
    XRL   A,@Ri             ;A←(A)⊕((Ri))
    XRL   A,#data           ;A←(A)⊕data
    XRL   direct,A          ;direct←(direct)⊕(A)
    XRL   direct,#data      ;direct←(direct)⊕data
```

这组指令的功能是在所给出的两操作数之间执行按位的逻辑异或操作，结果存放到目的操作数中。操作数有寄存器寻址、直接寻址、寄存器间接寻址和立即寻址等寻址方式，对输出 P0～P3 口和逻辑与指令一样对口锁存器内容读出修改。

【例 3-23】设(A)=0A7H，(R0)=0FH，执行指令

```
    XRL   A,R0              10100111
                         ⊕) 00001111
                            10101000
```

结果：(A)=0A8H，该类指令常用于将指定内容中的某些"位"取反。

【例 3-24】编写程序，将内部 RAM 20H 中的两位压缩 BCD 码，转换为单字节 BCD 码，并存入 21H 和 22H 中。

解：

MOV	R0,#20H	
MOV	A,@R0	;取出 20H 单元的内容放入 A 中
SWAP	A	
ANL	A,#0FH	;取出 20H 单元 BCD 码的高位
MOV	21H,A	;高位单字节 BCD 码存入 21H 单元
MOV	A,@R0	;取出 20H 单元的内容放入 A 中
ANL	A,#0FH	;取出 20H 单元 BCD 码的低位
MOV	22H,A	;低位单字节 BCD 码存入 22H 单元

2. 累加器 A 的逻辑操作指令

（1）累加器 A 清"0"

CLR	A	;A←00H

这条指令的功能是将累加器 A 清"0"，指令结果不影响 CY、AC 及 OV 等标志位，P 标志位为"0"。

（2）累加器 A 的内容取反

CPL	A	;A←($\overline{A}$)

这条指令的功能是将累加器 A 的内容按位逻辑取反，原来为"1"的位变为"0"，原来为"0"的位变为"1"，不影响标志位。

【例 3-25】设(A)=0AAH，执行指令

CPL	A

结果：(A)=55H。

（3）循环左移指令

RL	A

这条指令的功能是将累加器 A 的内容向左环移 1 位，最高位 D7 位循环移入最低位 D0 位，不影响标志位。

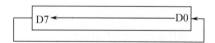

（4）带进位循环左移指令

RLC	A

这条指令的功能是将累加器 A 的内容和进位标志位一起循环向左环移 1 位，最高位 D7 移入进位标志位 CY，CY 移入最低位 D0。该指令结果影响程序状态寄存器 PSW 的 P 标志位和进位标志位 CY，不影响其他标志位。

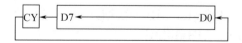

（5）循环右移指令

RR	A

这条指令的功能是将累加器 A 的内容向右循环移 1 位，最低位 D0 移入最高位 D7，不影响标志位。

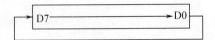

(6) 带进位右环移指令

　　RRC　A

这条指令的功能是将累加器 A 的内容和进位标志位 CY 一起循环向右环移 1 位，最低位 D0 进入进位标志位 CY，CY 移入最高位 D7。该指令的结果影响程序状态寄存器 PSW 的 P 标志位和进位标志位 CY，不影响其他标志位。

3.3.4　控制转移指令

控制转移指令是改变程序计数器 PC 的内容，从而改变程序执行的方向，分为无条件转移指令、条件转移指令和调用/返回指令。

1. 无条件转移指令

(1) 短跳转指令

　　AJMP　addr11　　　　　　　;PC$_{10\sim0}$←addr11

这是一条双字节绝对转移指令，该指令在执行时，先将跳转指令的 PC 的内容加 2（即下一条指令的起始地址值，称为"当前 PC 值"，在以下的叙述中经常提到，请读者注意），然后由"当前 PC 值"的高 5 位与指令中给出的 addr11 的 11 位地址拼装成 16 位绝对值地址 (PC)$_{15\sim11}$addr11，并将它存入 PC 中，程序便转入该地址处执行。11 位地址的范围为 2K，因此可转移的范围是"当前 PC 值"的一个 2K 的页面内，转移可以向前，也可以向后。该指令的结果不影响程序状态寄存器 PSW 的标志位。

【例 3-26】分析指令"KWR:AJMP　0123H"的执行结果（设 KWR 标号地址=1000H）。

解：当前指令地址(PC)=(PC)+2＝1002H，则 PC 的高 5 位(PC)$_{15\sim11}$=00010

目的地 0123H 的低 11 位地址=00100100011B=(PC)$_{10\sim0}$

新的(PC)=0001000100100011B=1123H，则指令转入 1123H 地址处执行。

(2) 相对转移指令

　　SJMP　rel　　　　　　　　;PC←(PC)+rel

这是一条双字节相对转移指令，转移值="当前 PC 值"+rel，即(PC)=(PC)+2+rel。rel 是一个 8 位带符号数（-128～+127），因此可向前或向后转移，即从当前指令为中心的前 128 或后 127。该指令的结果不影响程序状态寄存器 PSW 的标志位。

【例 3-27】分析指令"KWR:SJMP　21H"的执行结果（设 KWR 标号地址=1000H）。

解：(PC)=(PC)+2+ rel=1002+21H=1023H

则该指令执行后转入 1023H 处执行。

(3) 长跳转指令

　　LJMP　addr16　　　　　　　;PC←addr16

这是一条三字节绝对转移指令，把指令中给出的 16 位地址给 PC，无条件地转向指定地址。转移的目标地址可以在 64KB 程序存储器地址空间的任何地方。该指令结果不影响程序状态寄存器 PSW 的任何标志位。

【例 3-28】分析指令 "KWR:LJMP 0123H" 的执行结果（设 KWR 标号地址=1000H）。

解：(PC)=0123H，则指令执行后程序转入 0123H 处执行。

在实际使用中，LJMP、AJMP 和 SJMP 后面的 addr16、addr11 和 rel 一般都是用"用户标号"来代替，不写出它们的具体地址，由编译系统自动计算给出。

【例 3-29】程序跳到 XYM 处执行

```
    ...
    AJMP    XYM
    ...
XYM:    ...
```

（4）间接转移指令（散转指令）

```
    JMP    @A+DPTR        ;PC←(A)+(DPTR)
```

转移的地址由 A 的内容和数据指针 DPTR 的内容之和来决定。转移的目标地址可以在 64KB 程序存储器地址空间的任何地方。这是一条极其有用的多分支选择指令：由 DPTR 决定多分支转移程序的首地址，由 A 的不同值实现多分支转移。该指令的结果不影响程序状态寄存器 PSW 的任何标志。

【例 3-30】如果累加器 A 中存放待处理命令编号（0~7），程序存储器中存放着标号为 TAB 的转移表，则执行下面的程序，将根据 A 内命令编号转向相应的命令处理程序。

```
PM:     MOV     R1,A
        RL      A              ;A←(A)×2
        MOV     DPTR,#TAB      ;转移表首地址→(DPTR)
        JMP     @A+DPTR
TAB:    AJMP    M0             ;转命令 0 处理入口
        AJMP    M1             ;转命令 1 处理入口
        AJMP    M2             ;转命令 2 处理入口
        AJMP    M3             ;转命令 3 处理入口
        AJMP    M4             ;转命令 4 处理入口
        AJMP    M5             ;转命令 5 处理入口
        AJMP    M6             ;转命令 6 处理入口
        AJMP    M7             ;转命令 7 处理入口
```

在例 3-30 中，因为 AJMP 指令为 2 字节指令，所以通过"RL A"指令将命令编号（0~7）乘 2。如果将程序中的转移指令 AJMP 改为 LJMP 或 SJMP，则程序是否需要修改？如何修改？请读者考虑。

2. 条件转移指令

条件转移指令是依某种特定条件转移的指令。条件满足时，则转移（相当于执行一条相对转移指令）；条件不满足时，则顺序执行下面的指令。条件转移指令使用的都是相对转移指令，转移的范围为 256 个单元，即从当前指令为中心的–128~+127 单元以内。这在实际使用时要加以注意。

（1）累加器 A 判 0 转移指令

```
    JZ    rel       ;若(A)=0，则 PC←(PC)+rel，转移；若(A)≠0，则顺序执行
    JNZ   rel       ;若(A)≠0，则 PC←(PC)+rel，转移；若(A)=0，则顺序执行
```

（2）判进位标志位 CY 转移指令

```
    JC    rel       ;若(CY)=1，则 PC←(PC)+rel，转移；若(CY)=0，则顺序执行
```

JNC	rel	;若(CY)=0,则 PC←(PC)+rel,转移;若(CY)=1,则顺序执行

（3）判位转移指令

JB	bit,rel	;若(bit)=1,则 PC←(PC)+rel,转移;若(bit)=0,则顺序执行
JNB	bit,rel	;若(bit)=0,则 PC←(PC)+rel,转移;若(bit)=1,则顺序执行
JBC	bit,rel	;若(bit)=1,则 PC←(PC)+rel,同时 bit←0,转移;若(bit)=0,则顺序执行

【例 3-31】如果(R0)=00H,则将内部 RAM 单元 50H 置 00H;如果(R0)≠00H,则置 50H 单元为 FFH。试编程实现该功能。

解：
```
        MOV    A,R0
        JZ     NEXT
        MOV    50H,#0FFH
        SJMP   ZEN
NEXT:   MOV    50H,#00H
ZEN:    SJMP   $
```

【例 3-32】两个无符号数比较。内部 RAM 的 20H 单元和 30H 单元各存放了一个 8 位无符号数,请比较这两个数的大小。若(20H)≥(30H),则红灯亮;若(20H)<(30H),则绿灯亮。试根据如图 3-8 所示的硬件连接图写出程序。

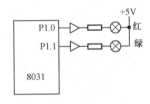

图 3-8 硬件连接图

解：
```
        MOV    A,20H
        CLR    C
        SUBB   A,30H
        JC     NEXT
        MOV    P1,#0FEH
        SJMP   LL
NEXT:   MOV    P1,#0FDH
LL:     SJMP   $
```

（4）比较转移指令

指令格式：CJNE 操作数 1,操作数 2,rel

```
CJNE    A,direct,rel
CJNE    A,#data,rel
CJNE    Rn,#data,rel
CJNE    @Ri,#data,rel
```

这组指令的功能是比较两个操作数大小。如果它们的值不相等,则转移。这组指令为三字节指令,转移值="当前 PC 值"+rel,即(PC)=(PC)+3+rel。值得注意的是,比较指令影响 CY 标志位：若"操作数 1"大于或等于"操作数 2",则(CY)=0;若"操作数 1"小于"操作数 2",则将(CY)=1。因此,通过判断 CY,就可以实现大于、小于的分支转移。

【例 3-33】执行下面程序后,将根据 A 的内容大于 70H、等于 70H、小于 70H 三种情况做不同的处理。

```
        CJNE  A,#70H,NEQ      ;(A)≠70H 转移
EQ:     ...                    ;(A)=70H 处理程序
NEQ:JC  LOW                    ;(A)<70H 转移到 LOW
        ...                    ;(A)>70H 处理程序
LOW:    ...                    ;(A)<70H 处理程序
```

【例 3-34】设 P1 口 P1.7~P1.4 为准备就绪信号输入端，当该 4 位输入全 "1"，说明各项工作已准备好，单片机可循序执行主程序，否则循环等待。

解：

```
LOOP:   MOV   P1,#0F0H         ;置 P1 口高 4 位为输入状态
        MOV   A,P1
        ANL   A,#0F0H           ;屏蔽低 4 位
        CJNE  A,#0F0H,LOOP      ;高 4 位不全 "1"，到 LOOP
MAIN:   ...
```

(5) 减 1 非零转移指令

```
DJNZ  Rn,rel          ;Rn←(Rn)–1，若 Rn≠0 转移，否则顺序执行
DJNZ  direct,rel      ;direct←(direct)–1，若(direct)≠0 转移，否则顺序执行
```

这组指令的操作是先将工作寄存器或直接地址单元的操作数减 1，并保存在原单元。若减 1 后操作数不为 "0"，则转移到规定的地址单元；若操作数减 1 后为 "0"，则继续向下执行。前一条指令为双字节指令，转移值= "当前 PC 值"（本指令 PC 值加 2）+rel，即(PC)=(PC)+2+rel；后一条指令为三字节指令，"当前 PC 值" 为本指令 PC 值加 3，请读者注意。

注意：该类指令的执行结果不影响程序状态寄存器 PSW 的标志位，这组指令常用于在循环程序中控制循环的次数。

【例 3-35】设计一个延时 1ms 的程序，设单片机晶体振荡器的频率为 6MHz。

解：

```
DELAY:MOV    R2,#250
DEL1:DJNZ    R2,DEL1
```

由于 f_{osc}=6MHz，则机器周期 $T_{机器}$=2μs，循环体内 DJNZ 指令为双周期指令，循环体执行时间为 $T_{循环}$=2×2μs = 4μs。延时时间 $T_{延时}$=$T_{循环}$×循环次数=4μs×250=1000μs=1ms。延时程序是单片机设计中经常用到的，要掌握其设计方法。

3. 子程序调用和返回指令

子程序是一个重要的程序结构，在程序中经常会遇到需要反复多次执行的程序段。如果在每次执行时都重复书写这些程序段，则整个程序会变得冗长，显得杂乱无章，程序结构不清晰，不容易阅读和修改。若将这些需要重复执行的程序段用子程序的形式表示，则书写时只写一次，需要执行时调用它。这样，程序结构变得简单清晰，阅读和修改程序都比较方便。

子程序的调用指令在主程序中使用，使 CPU 从主程序进入子程序；而返回指令用在子程序的最后一条指令，以保证 CPU 执行完子程序后能回到主程序（断点处）继续执行。子程序的调用和返回指令，就构成了子程序执行的完整过程。

(1) 调用指令

子程序调用指令有两个功能：一是将断点地址压入堆栈保护，断点地址为下一条指令的首地址；二是将所调用的子程序的入口地址送到程序计数器 PC 中。子程序调用指令有两条。

① 短调用指令。

```
ACALL  addr11    ; SP←(SP)+1, (SP)←(PC)_{7-0}
                   SP←(SP)+1, (SP)←(PC)_{15-8}
                   PC←(PC)_{15-11}addr11
```

这是一条双字节指令，此指令与 AJMP 一样都会使程序执行的顺序发生改变，PC 地址的形成同 AJMP 一样。与 AJMP 不同的是在转到 PC 处执行之前，需先将断点地址保存在堆栈中，以便子程序能正常返回到断点处。所调用的子程序起始地址必须与 ACALL 后面指令的第一字节，在同一个 2KB 区域的程序存储器中。该指令执行后不影响任何标志。

【例 3-36】若(SP)=60H，标号 STRT 值为 1000H，子程序 XYM 位于 0123H，则执行指令

```
STRT: ACALL   XYM
```

结果：(SP)=62H，内部 RAM 中堆栈区内(61H)=02H，(62H)=10H，(PC)=1123H，断点地址为 1002H。

② 长调用指令。

```
LCALL  addr16   ; SP←(SP)+1, (SP)←(PC)_{7-0}
                  SP←(SP)+1, (SP)←(PC)_{15-8}
                  PC←addr16
```

这是一条三字节指令。LCALL 指令可以调用 64KB 范围内程序存储器中的任何一个子程序。该指令执行后不影响任何标志位。

【例 3-37】若(SP)=53H，标号 STRT 值为 2000H，子程序 KK 的首地址为 3000H，则执行指令

```
STRT: LCALL   KK
```

结果：(SP)=55H，(54H)=03H，(55H)=20H，(PC)=3000H，断点地址为 2003H。

（2）子程序返回指令

返回指令的功能是从堆栈中取出断点，送给程序计数器 PC，使程序从断点处继续执行。该指令执行结果不会影响程序状态寄存器 PSW 的标志位。

```
RET     ; PC_{15-8}←((SP)), SP←(SP)-1
          PC_{7-0}←((SP)), SP←(SP)-1
```

【例 3-38】若(SP)=62H，(62H)=20H，(61H)=06H，则执行指令

```
RET
```

结果：(SP)=60H，(PC)=2006H，CPU 从 2006H 开始执行程序。在子程序的结尾必须是返回指令，才能从子程序返回到主程序。

【例 3-39】在 P1.0 和 P1.1 分别接有红灯和绿灯（见图 3-8），编写红、绿灯定时切换程序。

```
M1:    MOV   P1,#0FEH      ;P1.0 输出"0"时，红灯亮
       ACALL TIME           ;调用延时子程序
       MOV   P1,#0FDH      ;P1.1 输出"0"时，绿灯亮
       ACALL TIME           ;调用延时子程序
       AJMP  M1
TIME:  MOV   R6,#0A3H      ;延时子程序
DL1:   MOV   R5,#0FFH
DL2:   DJNZ  R5,DL2
       DJNZ  R6,DL1
       RET                  ;返回主程序
```

在执行上面程序的过程中，执行到 ACALL TIME 指令时，程序转移到子程序 TIME 处执

行，执行到子程序中的 RET 指令后又返回到主程序。这样，CPU 不断地在主程序和子程序之间转移，实现对红、绿灯的定时切换。

(3) 中断返回指令

```
RETI            ;PC15-8←((SP)),SP←(SP)-1
                 PC7-0←((SP)),SP←(SP)-1
```

这条指令除了执行 RET 指令的功能以外，还可清除内部相应的中断状态寄存器（该触发器由 CPU 响应中断时置位，指示 CPU 当前是否在处理高级或低级中断）。因此，中断服务程序必须以 RETI 为结束指令。CPU 执行 RETI 指令后至少再执行一条指令，才能响应新的中断指令。该指令执行结果不会影响程序状态寄存器 PSW 的标志位。

3.3.5 位操作类指令

位操作是以位（bit）作为单位来进行运算和操作的。其值只能取 1 或 0，故又称为布尔操作。MCS-51 系统在硬件方面有一个布尔处理器。它实际上是一个 1 位微处理器。它以进位标志位 CY 作为布尔累加器，以内部 RAM 中 20H～2FH 单元中位寻址区和 SFR 内位寻址区的位作为操作数。MCS-51 指令系统设有专门处理布尔量的指令子集，以完成对位的传送、运算、转移及控制等操作。

1. 位传送指令

```
MOV     C,bit           ;CY←(bit)
MOV     bit,C           ;bit←(CY)
```

这组指令的功能是由源操作数指出的位单元内容送到目的位单元中去。其中一个操作数必须为累加器 C，另一个可以是任何直接寻址的位。也就是说，位单元内容的传送必须经过 C 进行，不能直接传送。

【例 3-40】设内部 RAM(20H)=56H，执行下列指令：

```
MOV     C,05H           ;CY←(20H.5)
MOV     P1.0,C          ;P1.0←(CY)
```

(20H)=56H=01010110B，则 (20H.5) =0，结果：P1.0=0。

2. 位修改指令

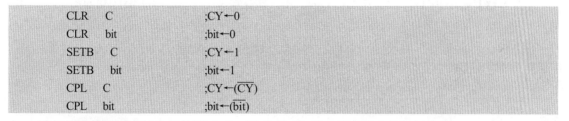

这组指令将指令中给出的位清"0"、置"1"、取反，且不影响其他标志位。

【例 3-41】编程将内部数据存储器 30H 单元的第 0 位和第 4 位置"1"，其余位取反。

解：
```
MOV     A,30H
CPL     A
SETB    ACC.0
SETB    ACC.4
MOV     30H,A
```

3. 位逻辑运算操作指令

（1）位与指令

ANL	C,bit	;CY←(CY)∧(bit)
ANL	C,/bit	;CY←(CY)∧($\overline{\text{bit}}$)

（2）位或指令

ORL	C,bit	;CY←(CY)∨(bit)
ORL	C,/bit	;CY←(CY)∨($\overline{\text{bit}}$)

注意：上述指令执行结果只影响程序状态寄存器 PSW 的进位标志位 CY，不影响其他的标志位。

【例 3-42】用位操作指令，实现下列逻辑方程：

P1.7=ACC.0×(B.0+P2.1)+($\overline{\text{P3.2}}$)

解：

MOV	C,B.0
ORL	C,P2.1
ANL	C,ACC.0
ORL	C,/P3.2
MOV	P1.7,C

3.3.6 访问 I/O 口指令的使用说明

MCS-51 单片机有 4 个 8 位的双向 I/O 口（P0～P3），供单片机对外输入和输出。这些口既可以按口寻址，进行字节的操作，也可以按口线寻址，进行位操作。将口作为输出时，用 MOV 指令把输出数据写入各口的锁存器，即可完成数据的输出。在读操作时，应注意区分"读引脚"和"读口锁存器"两种情况。

1. 读引脚

2.1.4 节中已经介绍了 MCS-51 I/O 口的电路结构和工作原理，当 P0～P3 口电路中的锁存器输出为"1"时（Q=1），引脚上的数据能正确读入；否则，由于锁存器输出为"0"，MOS 处于导通状态，因此无法将引脚数据读入。所以，在将 P0～P3 口作为输入时必须先向相应的锁存器写"1"。

【例 3-43】输入 P1.1 和 P1.0 引脚信号的状态，并分别送入内部位地址 01H 和 00H 单元。其程序如下：

MOV	P1,#03H	;将 P1.0 和 P1.1 锁存器写"1"，即置 P1.0 和 P1.1 为"1"，为输入做好准备
MOV	C,P1.0	;读入 P1.0 引脚信号
MOV	00H,C	
MOV	C,P1.1	;读入 P1.1 引脚信号
MOV	01H,C	

2. "读—修改—写"指令

P0～P3 用做输出信号时，有时需要改变一个口中的某些信号（非全部信号），这时先读 P0～P3 口锁存器中的输出数据，然后对读出的数据进行运算或修改，最后再把结果送回口锁存器。通常，这类指令被称为"读—修改—写"指令，如执行"ANL P1,#0FH"指令，先将 P1 口锁存器中的内容读入，再与 0FH 相"与"，结果送至 P1 口锁存器，从而实现将 P1.4～P1.7 清"0"，而 P1.0～P1.3 不变。

3.4 MCS-51 伪指令

汇编语言程序中可以使用若干伪指令，用来对汇编过程进行某种控制，或者对符号、标号赋值。伪指令和机器指令是不同的，它不会产生目标代码。在各种汇编语言程序中，伪指令的符号和含义可能有所不同。当使用某一种汇编程序进行自动汇编时，应先参考其用户手册，下面介绍 MCS-51 常用的伪指令。

1. 起始伪指令 ORG

格式：

> ORG m

m 是 16 位地址，它可用十进制数或十六进制数表示。

一般在一个汇编语言源程序或数据块的开始，都用一条 ORG 伪指令规定程序或数据块存放的起始位置。在一个源程序或数据块中，可以多次使用 ORG 指令，以规定不同的程序段或数据块的起始位置。规定的地址应该是从小到大，而且不允许有重复。必须注意，一个源程序若不用 ORG 指令，则目标程序默认从 0000H 开始存放。

【例 3-44】解释下面的程序。

> ORG 2500H
> MAIN: MOV A,#64H
> ...

上面的程序规定了标号 MAIN 所在的地址为 2500H。

2. 结束伪指令 END

格式：

> END

END 伪指令的功能是用来告诉汇编程序汇编到此结束。在 END 以后所写的指令，汇编程序都不予理会。一个源程序，可能同时包含有一个主程序和若干个子程序，但只能有一个 END 伪指令，并放到所有指令的最后，否则，就会有一部分指令不能被汇编。

3. 定义字节伪指令 DB

格式：

> [标号:] DB X1,X2,X3,...... ,Xn

DB 伪指令的功能是从程序存储器的某地址单元开始，存入一组规定好的 8 位二进制常数。Xi 为单字节数据（小于 256，8 位的二进制数），它可以是十进制数、十六进制数、表达式或由两个单引号" 所括起来的一个字符串（存放的是 ASCII 码）。这个伪指令在汇编以后，将影响程序存储器的内容。

【例 3-45】解释下面的程序。

> ORG 2000H
> TAB: DB 45H,49H,'6',10,2*4,'ABCD'

以上伪指令经汇编以后，将对 2000H 开始的若干存储单元赋值：(2000H)=45H，(2001H)=49H，(2002H)=36H，(2003H)=0AH，(2004H)=08H，(2005H)=41H，(2006H)=42H，(2007H)=43H，(2008H)=44H。其中，字符 6 的 ASCII 码为 36H，字符 A、B、C、D 的 ASCII 码分别为 41H、42H、43H、44H。

4. 定义字伪指令 DW

格式：

[标号:]　DW　Y1,Y2,Y3,……,Yn

DW 伪指令的功能是从指定地址开始，定义若干个 16 位数据。该指令与 DB 指令类似，可用十进制数或十六进制数表示，也可以为一个表达式，但 Yi 为双字节数据（16 位）。每个 16 位数据要占两个 ROM 单元，在 MCS-51 系统中，16 位二进制数的高 8 位先存入低地址单元，低 8 位存入高地址单元。

【例 3-46】解释下面的程序。

```
        ORG   3000H
ABCD:   DW 5678H,0B802H
```

程序汇编以后，将对 3000H 开始的若干存储单元赋值：(3000H)=56H，(3001H)=78H，(3002H)=B8H，(3003H)=02H。

5. 赋值伪指令 EQU

格式：

字符串　EQU　常数或符号

EQU 伪指令的功能是将一个常数或特定的符号赋予规定的字符串，赋值以后的字符名称可以用做数据地址、代码地址或者直接当做一个立即数使用。这里使用的"字符串"不是标号，不用":"来做分隔符。若加上":"，则反而会被汇编程序认为错误。

【例 3-47】解释下面的程序。

```
XYM1    EQU    R6
XYM2    EQU 10H
XYM3    EQU    08ABH
MOV     A,XYM1
MOV     A,XYM2
LCALL   XYM3
```

这里将 XYM1 等值为汇编符号 R6。在指令中，XYM1 就可以取代 R6 来使用；XYM2 赋值以后当做直接地址 10H 使用，而 XYM3 被赋值为 16 位地址 08ABH，是一个子程序的入口。注意：使用 EQU 伪指令时必须先赋值后再使用。

6. 位地址定义命令 BIT

格式：

字符串　BIT　位地址

BIT 伪指令的功能是将位地址赋予所规定的字符名称。

【例 3-48】解释下面的程序。

```
A1   BIT   P1.0
A2   BIT   P1.1
```

这样就把两个位地址分别赋给两个位变量 A1 和 A2。在编程中，A1、A2 可当做位地址 P1.0、P1.1 来使用。

必须指出，并非所有汇编程序都有这条伪指令，若不具备 BIT 命令时，则可以用 EQU 命令来定义位地址变量，但这时所赋的值应该是具体的位地址值。

7. DATA 伪指令

格式：

  名字 DATA 直接字节地址

DATA 伪指令给一个 8 位内部 RAM 单元起一个名字，名字必须是字母开头，且先前未定义过，同一个单元地址可以有多个名字。

【例 3-49】解释下面的程序。

  ERROR DATA 80H

内部 RAM 地址 80H 的名字为 ERROR。

8. XDATA 伪指令

格式：

  名字 XDATA 直接字节地址

XDATA 伪指令给一个 8 位外部 RAM 单元起一个名字，名字的规定同上。

【例 3-50】解释下面的程序。

  P8255A XDATA 08000H

外部 RAM 地址 8000H 的名字为 P8255A。

9. 预留存储器空间伪指令 DS

格式：

  [标号:] DS 表达式

该指令从当前地址开始，预留若干个字节程序空间以备存放数据。保留的字节单元由表达式的值决定。

【例 3-51】解释下面的程序。

  ORG 1000H
  DS 20H
  DB 30H,8FH

汇编后，从 1000H 开始，预留 20H（32）个内存单元，然后从 1020H 开始，按照 DB 指令赋值，即(1020H)=30H，(1021H)=8FH。

3.5 MCS-51 汇编语言程序设计

在程序设计中，将会遇到简单的和复杂的程序，但不论程序如何复杂，都可以看成是一个个基本程序结构的组合。这些基本结构包括顺序结构、分支结构、循环结构和子程序结构。在本节中，通过举例来说明汇编语言的程序设计方法，使读者进一步熟悉 MCS-51 的指令系统，掌握汇编语言的程序设计。

3.5.1 顺序结构程序设计

顺序结构程序是指一种无分支的直线程序，即程序的执行是按程序计数器 PC 自动加 1 的顺序执行。这类程序往往用来解决一些简单的算术及逻辑运算问题，主要用数据传送指令和数据运算类指令实现。

【例 3-52】将内部 RAM 40H、41H、42H 三个单元中的无符号数相加，其和存入 R0（高位）及 R1（低位）。

分析：三个单字节数相加，其和可能超过 1 个字节，要按双字节处理。
（1）其流程图如图 3-9 所示。
（2）根据流程图，编写源程序如下。

```
MOV    A,40H       ;取 40H 单元值
ADD    A,41H       ;A←(40H)+(41H)，并影响 CY
MOV    R1,A        ;暂存于 R1 中
CLR    A           ;A 清零
ADDC   A,#00H      ;CY 送入 R0
MOV    R0,A
MOV    A,42H       ;取 42H 单元值
ADD    A,R1        ;加上次和数低位，并影响 CY
MOV    R1,A        ;和存入 R1
CLR    A           ;A 清零
ADDC   A,R0        ;上次产生的高位加本次进位
MOV    R0,A        ;高位和数存入 R0
```

3.5.2 分支程序设计

分支程序是利用条件转移指令，使程序执行某一指令后，根据条件（即上面运算的情况）是否满足来改变程序执行的次序。在设计分支程序时，关键是如何判断分支的条件。在 MCS-51 指令系统中，可以直接用于判断分支条件的指令有累加器判零条件转移指令 JZ(JNZ)、比较条件转移指令 CJNZ 和位条件转移指令 JC(JNC)、JB(JNB)、JBC 等。通过这些指令，就可以完成各种各样的条件判断，如正负判断、溢出判断、大小判断等。注意，执行一条判断指令时，只能形成两路分支。若要形成多路分支，就要形成多次判断。

【例 3-53】单分支程序：假设内部 RAM 40H 与 41H 单元中有两个无符号数，现要求找出其中的较大者，并将其存入 40H 单元中，较小者存入 41H 单元。
（1）单分支程序流程图如图 3-10 所示。
（2）源程序如下。

```
        MOV    A,40H
        CLR    C
        SUBB   A,41H
        JNC    EXIT
        MOV    A,40H
        XCH    A,41H
        MOV    40H,A
EXIT:   SJMP   EXIT
```

【例 3-54】三分支程序：设变量 X 存于内部 RAM 20H 单元，函数值 Y 存于 21H 单元，试按照下式要求对 Y 赋值。

$$Y = \begin{cases} x+3 & x>0 \\ 20 & x=0 \\ x & x<0 \end{cases}$$

（1）三分支程序流程图如图 3-11 所示。

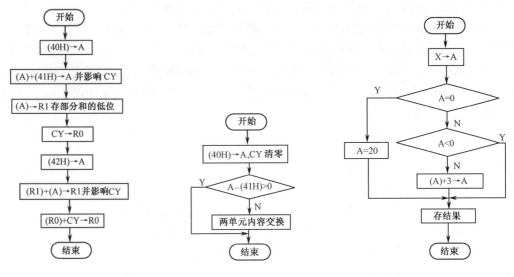

图 3-9 单字节加法流程图　　图 3-10 单分支程序流程图　　图 3-11 三分支程序流程图

（2）源程序如下：

```
        MOV    A,20H        ;取数
        JZ     ZERO         ;A 为 0，转 ZERO
        JB     ACC.7,STORE  ;A 为负数，转 STORE
        ADD    A,#3         ;A 为正数，则加 3
        SJMP   STORE
ZERO:   MOV    A,#20
STORE:  MOV    21H,A
```

3.5.3　循环程序设计

1. 单重循环程序结构

循环程序是常用的一种程序结构形式。在程序设计时，往往会遇到同样的一个程序段要重复多次，虽然可以重复使用同样的指令来完成，但若采用循环结构，则该程序结构只要使用一次，由计算机根据条件，控制重复执行该程序段的次数，这样便可以大大地简化程序结构，减少程序占用的存储单元数。

循环程序一般由如下四部分组成。

（1）初始化部分：用来设置循环初值，包括预置变量、计数器和数据指针初值，为实现循环做准备。

（2）循环处理部分：要求重复执行的程序段，是程序的主体，称为循环体。循环体既可以是单个指令，也可以是复杂的程序段，通过它可完成对数据进行实际处理的任务。

（3）循环控制部分：控制循环次数，为进行下一次循环而修改计数器和指针的值，并检查该循环是否已执行了足够的次数。也就是说，该部分用条件转移来控制循环次数和判断循环是否结束。

（4）循环结束部分：分析和存放结果。

计算机对第一部分和第四部分只执行一次，而对第二部分和第三部分则可执行多次，一般称之为循环体。典型的循环结构流程如图 3-12 所示，或将处理部分和控制部分的位置对调，如图 3-13 所示。前者所示处理部分至少要执行一次，而后者所示处理部分可以根本不执行。在进行循环程序设计时，应根据实际情况而采用适当的结构形式。

从以上 4 个部分来看，循环控制部分是循环程序设计的主体中关键的环节。常用的循环控制方法有计数器控制和条件标志控制两种。用计数器控制循环时，循环次数是已知的，可在循环初始部分将次数置入计数器中，每循环一次计数器减 1，当计数器的内容减到零时，循环结束，常用 DJNZ 指令实现；相反，有些循环程序中无法事先知道循环次数，而只知道循环有关的条件，这时只能根据给定的条件标志来判断循环是否继续，一般可参照分支程序设计方法中的条件来判别指令实现。

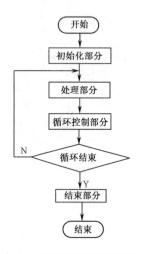

图 3-12　循环程序流程图形式一

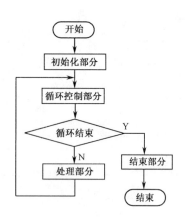

图 3-13　循环程序流程图形式二

【例 3-55】用计数器控制的单重循环：从 22H 单元开始存放一数据块，其长度存放在 20H 单元，编写一个数据块求和程序，要求将和存入 21H 单元（假设和不超过 255）。

（1）用计数器控制的单重循环程序流程图如图 3-14 所示。

（2）源程序如下：

```
        CLR   A
        MOV   R7,20H
        MOV   R0,#22H
LOOP:   ADD   A,@R0
        INC   R0
        DJNZ  R7,LOOP
        MOV   21H,A
```

【例 3-56】条件控制的单重循环：设有一字符串存放在内部 RAM 21H 开始的单元中，并以"$"作为结束标志，现要求计算该字符串的长度，并将其长度存放在 20H 单元。

（1）条件控制的单重循环程序流程图如图 3-15 所示。

（2）源程序如下：

```
        MOV   A,#1
        MOV   R0,#21H
LOOP:   CJNZ  @R0,#24H,NEXT   ;与"$"比较（$的ASCII为24H）
        SJMP  EXIT             ;找到"$"结束
NEXT:   INC   A                ;不为"$"，则计数器加1
        INC   R0               ;修改地址指针
        SJMP  LOOP
EXIT:   MOV   20H,A            ;存结果
```

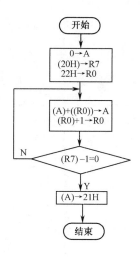
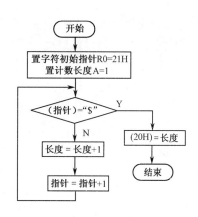

图 3-14 用计数器控制的单重循环程序流程图　　　图 3-15 条件控制的单重循环流程图

2. 多重循环程序结构

在如图 3-12 和图 3-13 所示的结构中，循环体中不再包含循环的程序称单重循环；若循环体中还包括有循环，则称为循环嵌套，或称多重循环。

在多重循环中，不允许循环体互相交叉，也不允许从外循环跳入内循环，否则将出错。

【例 3-57】试用软件设计一个延时程序，延时时间约为 50ms。设晶体振荡频率为 12MHz。

解：延时时间与指令执行时间有很大关系，在使用 12MHz 时，一个机器周期为 1μs，执行一条 DJNZ 指令的时间为 2μs，可用多重循环方法写出如下的延时程序。

```
DEL:    MOV    R7,#200      ;执行次数为1，单周期指令
DEL1:   MOV    R6,#123      ;执行次数为200，单周期指令
        NOP                 ;执行次数为200，单周期指令
DEL2:   DJNZ   R6,DEL2      ;执行次数为123×200，双周期指令
        DJNZ   R7,DEL1      ;执行次数为200，双周期指令
```

实际延时时间 $t=1\times1+200\times1+200\times1+200\times123\times2+200\times2=50.001\text{ms}$。但要注意的是，采用软件延时程序时，不允许有中断，否则将严重影响其精确性。对于需要延时更长时间的场合，还可以采用三重循环。

3. 在循环程序设计中需要注意的几个问题

在循环程序设计中需要注意的几个问题如下：

（1）循环程序是一个有始有终的整体，它的执行是有条件的，所以要避免从循环体外部直接转到循环体内部。因为这样做没有经过设置初值，会引起程序的混乱。

（2）多重循环程序是从外层向内层一层层进入的，但在结束循环时是由里到外一层层退出的。所以，在循环嵌套程序中，不要在外层循环中用转移指令直接转到内层循环体中。

（3）从循环体内可以直接转到循环体外或外层循环中，实现一个循环由多个条件控制结束的结构。

（4）在编写循环程序时，首先要确定程序的结构，把逻辑关系搞清楚。在一般情况下，一个循环体的设计可以从第一次执行情况着手，先画出复杂运算的程序框图，然后再加上修改判断和置初值部分，使其成为一个完整的循环程序。

3.5.4 子程序设计

循环程序设计可以减少编程工作量。但在实际问题中，可能会经常遇到初始数据、结果单元并未按一定的规律排列，而运算过程却完全相同，如一些数学函数的计算、二-十进制的转换、十-二进制的转换等，在程序中可能多次遇到，编出来的程序段也完全相同。为了避免重复，节省内存空间，人们常常把这些程序作为一种独立的、标准化的通用程序段，放在程序存储器的特定区域，供需要时调用。这些独立的程序段称为"子程序"。在设计某些程序时可以根据需要由专门的指令来调用子程序，称为"子程序调用"；当子程序执行完后，再由专门指令返回到原来的程序，并把结果带回，称为"子程序返回"。

一般把调用子程序的程序称为主程序。在子程序执行过程中，还可以出现再次调用其他子程序的情况。这种现象称为"子程序嵌套"。图 3-16 为一个两层嵌套的子程序调用结构图，此时必须处理好子程序的调用与返回的关系，处理好有关信息的保护与恢复工作。

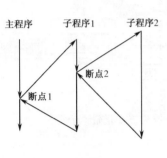

图 3-16 子程序嵌套

主程序可在不同的位置通过调用指令 ACALL 或 LCALL 多次调用子程序，通过子程序中最后一条指令 RET 返回到主程序中的断点地址，继续执行主程序。所谓断点地址是子程序调用指令的下一条指令的地址，设子程序调用指令的地址为 PC，则断点地址为 PC+2（对应的 ACALL 指令是双字节指令）或 PC+3（对应的 LCALL 指令是三字节指令），显然与调用指令的字节数有关。

1. 子程序调用过程中参数的传递

为了使子程序具有通用性，子程序处理过程中用到的数据都由主程序提供，子程序的某些执行结果也应送回到主程序。这就存在着主程序和子程序之间的参数传递问题。参数传递通常采用以下几种方法。

（1）寄存器或累加器传送：数据通过工作寄存器 R0～R7 或累加器 A 来传送。在调用子程序之前，数据先送入寄存器或累加器，子程序执行以后，结果仍由寄存器或累加器送回。这是一种最常使用的方法。其优点是程序简单、速度快。其缺点是传递的参数不能太多。

（2）指针寄存器传送：数据一般存放在数据存储器中，可用指针来指示数据的位置，这样可大大节省传送数据的工作量，并可实现变长度运算。若数据在内部 RAM 中，则可用 R0、R1 做指针；参数在外部 RAM 或程序存储器中，则可用 DPTR 做指针。参数传递时只通过 R0、R1、DPTR 传送数据所存放的地址，调用结束后，传送回来的也只是存放数据的指针寄存器所指的数据地址。

（3）堆栈传送：可以用堆栈来向子程序传递参数和从堆栈获取结果。调用子程序前，先把要传送的参数用 PUSH 压入堆栈。进入子程序后，可用堆栈指针间接访问堆栈中的参数，同时可把结果送回堆栈中。返回主程序后，可用 POP 指令得到这些结果。必须注意，在调用子程序时，断点也会压入堆栈，占用两个单元，在子程序中弹出参数时，不要把断点地址也弹出。此外，在返回主程序时，要把堆栈指针指向断点地址，以便能正确返回。

2. 调用子程序时的现场保护问题

在子程序执行时，可能要使用累加器 A 和某些工作寄存器 R0、R1、DPTR 等，而在调用子程序前，这些寄存器中可能存放有主程序的中间结果，它们在子程序返回后仍需使用。这样就需要在进入子程序时，将要使用的累加器和某些工作寄存器的内容转移到安全区域并保存起来，即

"现场保护"。当子程序执行完即将返回主程序之前,再将这些内容弹出,送回到累加器和原来的工作寄存器中,即"恢复现场"。

保护现场和恢复现场通常使用堆栈操作,由于堆栈操作是 FILO "先进后出",因此先进入堆栈的参数应该后弹出,才能保证恢复原来的状态。下面的一个例子即可说明这种子程序结构。

至于具体的子程序是否要进行现场保护及对哪些对象保护应视具体情况而定。

【例 3-58】参数传递采用累加器 A:设有一个从 21H 开始存放的数据块,每个单元中均有一个十六进制数(0~F),数据块长度存放在 20H,编程将它们转化为相应的 ASCII 码值,并存放在 41H 开始的单元中。

解:根据 ASCII 码表,"0~9"的 ASCII 码为 30H~39H,即 0~9 只要加上 30H 就可得到相应的 ASCII 值,而"A~F"的 ASCII 码为 41H~46H,即 A~F 只要加上 37H 也可得到相应的 ASCII 码值。

(1)参数传递采用累加器的程序流程图如图 3-17 所示。

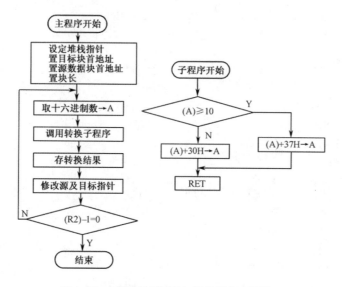

图 3-17 参数传递采用累加器的程序流程图

(2)源程序如下:

```
            ORG   0030H              ;主程序
    MAIN:   MOV   SP,#60H            ;设定堆栈指针
            MOV   R1,#41H            ;置目标首地址
            MOV   R0,#21H            ;置源数据首地址
            MOV   R2,20H             ;置数据块长
    LOOP:   MOV   A,@R0              ;取待转换数
            LCALL ZHCX               ;调用转换子程序
            MOV   @R1,A              ;存结果
```

```
            INC     R0              ;修改源指针
            INC     R1              ;修改源目标指针
            DJNZ    R2, LOOP        ;(R2)-1≠0,则继续转换
            SJMP    $               ;踏步等待
            ORG     6000H           ;十六进制转 ASCII 码子程序
   ZHCX:    CJNE    A,#0AH,NEXT     ;十六进制数与 10 比较
   NEXT:    JC      ASC1            ;若(A)< 10,则转 ASC1
            ADD     A,#37H          ;若(A)≥10,则加 37H
            SJMP    ASC2
   ASC1:    ADD     A,#30H          ;(A)+30H→A
   ASC2:    RET                     ;返回主程序
```

子程序的作用是将二进制数转换为相应的 ASCII 码。主程序只有一个参数被送入子程序进行处理,即待转换十六进制数。此参数称为入口参数,同时也只有一个出口参数,即转换了的 ASCII 码,被送回主程序。入口参数和出口参数都是通过累加器 A 传送的。这个程序中,没有必要保护现场,但是每一次调用子程序返回后,就把返回的参数 A 存到目标单元中,以便累加器 A 参加下一次调用子程序操作。

【例 3-59】参数传递通过堆栈:在 20H 单元存有两个十六进制数,试将它们分别转换成 ASCII 码,存入 30H 和 31H 单元。

解:由于要进行两次转换,故可用子程序来完成,参数传递用堆栈来完成。

```
            ORG     0030H           ;主程序
   MAIN:    MOV     SP,#60H         ;设定堆栈指针
            PUSH    20H             ;将十六进制数压入堆栈
            LCALL   CASC            ;调用转换子程序
            POP     30H             ;返回参数送 30H 单元
            MOV     A,20H           ;20H 单元内容送 A
            SWAP    A               ;高、低 4 位交换
            PUSH    ACC             ;将第 2 个十六进制数压入堆栈
            ACALL   CASC            ;再次调用
            POP     31H             ;存第 2 个 ASCII 码
            SJMP    $               ;踏步等待
            ORG     3000H           ;堆栈传送子程序
   CASC:    DEC     SP              ;修改 SP 到参数位置
            DEC     SP
            POP     ACC             ;弹出参数到 A
            ANL     A,#0FH          ;屏蔽高 4 位
            CJNE    A,#0AH, NEXT    ;十六进制数转换为 ASCII 码
   NEXT:    JC      XY10
            ADD     A,#37H
            SJMP    EXIT
   XY10:    ADD     A,#30H
   EXIT:    PUSH    ACC             ;参数入栈
            INC     SP              ;修改 SP 到返回地址
            INC     SP
            RET                     ;返回主程序
```

主程序通过堆栈将要转换的十六进制数传送到子程序,并将子程序转换的结果再通过堆栈送回到主程序。用这种方式,只要在调用前将入口参数压入堆栈,在调用后把返回参数弹出堆栈即

可。子程序开始的两条 DEC 指令和结束时的两条 INC 指令是为了将 SP 的位置调整到合适的位置,以免将返回地址作为参数弹出,否则会返回到错误的位置。

【例 3-60】 参数传递通过指针寄存器:计算两个多字节压缩 BCD 码减法。设被减数与减数分别存放在以 30H 和 20H 开始的单元中,字节数在 40H 单元(设字节数不大于 16),要求运算结果存放在以 20H 开始的单元中。

解:由于无十进制减法指令和十进制减法调整指令,故在进行十进制减法运算时,只能先求减数的十进制补码,将减法变为加法,再用十进制调整指令来调整运算结果,结果为十进制补码。如(CY)=1,表示够减无借位,值为正;如(CY)=0,表示不够减,值为负。

```
            ORG   0030H              ;主程序
   MAIN:    MOV   SP,#60H
            MOV   R0,#20H            ;置减数地址指针
            MOV   R1,#30H            ;置被减数地址指针
            MOV   R7,40H             ;置字节数
            LCALL BCDS               ;调用子程序
            SJMP  $
            ORG   6000H              ;多字节 BCD 码减法子程序
   BCDS:    CLR   C
   LOOP:    MOV   A,#9AH
            SUBB  A,@R0              ;取减数对 100 的补码
            ADD   A,@R1              ;被减数+减数的补码,用加法完成减法运算
            DA    A                  ;十进制调整
            MOV   @R0,A              ;保存结果
            INC   R0                 ;修改减数指针
            INC   R1                 ;修改被减数指针
            CPL   C                  ;进位与实际情况相反,进位标志要取反
            DJNZ  R7,LOOP
            RET
```

主程序中通过指针寄存器 R0、R1 将减数与被减数送入子程序中进行处理,结果在子程序中直接保存,所以没有必要再传回主程序。

习题 3

1. 简述 MCS-51 的寻址方式及各寻址方式所涉及的寻址空间。
2. 若要完成以下的数据传送,应如何用 MCS-51 的指令来实现?
   (1) R2 的内容传送到 R0。
   (2) 将 R0 的内容传送到外部 RAM 30H 单元中。
   (3) 内部 RAM 30H 单元的内容传送到外部 RAM 20H 单元。
   (4) 外部 RAM 1000H 单元的内容传送到内部 RAM 20H 单元。
   (5) ROM 3000H 单元的内容传送到 R1。
   (6) ROM 2000H 单元的内容传送到内部 RAM 30H 单元。
   (7) ROM 2000H 单元的内容传送到外部 RAM 20H 单元。
3. 指出下列指令的源操作数的寻址方式及连续执行后的结果。
   已知:(R0)=20H,且(20H)=0AH,(A)=1AH,(CY)=1,(27H)=0FFH,求:
   (1) DEC   @R0;

（2）ADDC　A,@R0；
（3）ANL　A,27H；
（4）MOV　A,#27H；
（5）CLR　27H.0。

4. 编写实现表达式 P1.0=P1.1×P1.2+ACC.7×C+$\overline{PSW \cdot 0}$ 的程序。

5. 设初始值为(A)=50H，(R1)=70H，(70H)=35H，(43H)=08H，在执行完下面的程序段后，A、R1、70H 单元、43H 单元的内容各为多少？

```
MOV    35H,A
MOV    A,@R1
MOV    @R1,43H
MOV    43H,35H
MOV    R1,#78H
```

6. 执行以下程序段后，A 和 B 的内容各为多少？

```
MOV    SP,#3AH
MOV    A,#20H
MOV    B,#30H
PUSH   ACC
PUSH   B
POP    ACC
POP    B
```

7. 内部存储单元 30H 中有一个 ASCII 码，试编程给该数的最高位加上奇偶校验。

8. 写出完成下列操作的指令：
（1）累加器 A 的高 4 位清"0"，其余位不变；
（2）累加器 A 的低 4 位置"1"，其余位不变；
（3）累加器 A 的高 4 位取反，其余位不变；
（4）累加器 A 的内容全部取反。

9. 用移位指令实现累加器 A 的内容乘以 10 的操作。

10. 将内部 RAM 单元 20H 开始的两个单元中存放的双字节十六进制数和内部 RAM 30H 单元开始的两个单元中存放的十六进制数相减，结果存放在 30H 开始的单元中。

11. 已知共阳极 8 段 LED 数码管的显示数字的字形码如下：

0	1	2	3	4	5	6	7	8	9
C0H	F9H	A4H	B0H	99H	92H	82H	F8H	80H	90H

若累加器 A 中的内容为 00H～09H 中的一个数，请用查表指令得到相应字形的字形码。

12. 内部 RAM 的 30H 单元开始存放着一组无符号数，其个数存放在 21H 单元中。试编写一个从小到大的排序程序，排序后的数存放在以 30H 为起始地址的内部 RAM 中。

13. 设计一个循环灯系统，单片机的 P1 口并行输出，驱动 8 个发光二极管。试编写程序，使这些发光二极管每次只点亮一个，循环左移，一个接一个地亮，循环不止。

14. 某控制系统采样得到的 5 个值分别存放在 21H～25H 的单元中，求其平均值，并将其存入 20H 单元。

15. 试编程求出片外 RAM 从 2000H 开始的连续 20 个单元的平均值，并将结果存入内部 RAM 20H 单元。

16. 试编写延时 1min 的子程序，设晶振频率为 12MHz。

17. 在内部 RAM 31H~40H 中存有 10 个压缩 BCD 码，编程将它们转化为 ASCII 码，存入 41H 开始的单元中。

18. 设在 40H~43H 单元中有 4 个 BCD 码数，将它们转换为二进制数，结果存放在寄存器 R3R2。

19. 已知两个 8 位无符号数 a、b，分别存放在 buf 和 buf+1 单元中，编程计算 5a+b，结果仍放入 buf 和 buf+1 单元。

20. 编写一查表子程序。设 40H 单元中的内容为 00~09 间的整数，求其平均值（BCD 码），并将其存入 41H 单元中。

21. 请采用逻辑运算指令用软件方法实现下列运算：

$$Y=X_0+X_0 \cdot X_1+X_0 \cdot X_1 \cdot X_2+X_3 \cdot X_4 \cdot X_5+X_6 \cdot X_7$$

设 X 为内部 RAM 30H 单元内容，运算结果 Y 值保存在 CY 中。

22. 某控制系统采样得到的 5 个值分别存放在 21H~25H 的单元中，求其平均值，并将其存入 20H 单元。

23. 试编程求出外部 RAM 从 2000H 开始的连续 20 个单元的平均值，并将结果存入内部 RAM 20H 单元。

24. 试编写延时 1min 的子程序，设晶振频率为 12MHz。

25. 在内部 RAM 31H~40H 中存有 10 个压缩 BCD 码，编程将它们转化为 ASCII 码，存入 41H 开始的单元中。

26. 设在 40H~43H 单元中有 4 个 BCD 码数，将它们转换为二进制数，结果存放在寄存器 R3R2。

27. 已知两个 8 位无符号数 a、b，分别存放在 buf 和 buf+1 单元中，编程计算 5a+b，结果仍放入 buf 和 buf+1 单元。

28. 编写一查表子程序。设 40H 单元中的内容为 00~09 间的整数，求其平均值（BCD 码），并将其存入 41H 单元中。

29. 请采用逻辑运算指令用软件方法实现下列运算：

$$Y=X_0+X_0 \cdot X_1+X_0 \cdot X_1 \cdot X_2+X_3 \cdot X_4 \cdot X_5+X_6 \cdot X_7$$

设 X 为内部 RAM 30H 单元内容，运算结果 Y 值保存在 CY 中。

第 4 章 C51 程序设计

4.1 Keil C51 编程语言

由于汇编语言程序的可读性和可移植性都较差,编写系统程序的周期长,而且调试和排错也比较困难,为了提高编程效率,改善程序的可读性和可移植性,最好采用高级语言编程。Keil C51 是美国 Keil Software 公司开发的 51 系列单片机 C 语言软件开发系统,C51 也是目前使用较广泛的单片机编程语言。应用 Keil C51 编程具有以下优点:

(1) 由 Keil C51 管理内部寄存器和存储器的分配,编程时,无须考虑不同存储器的寻址和数据类型等细节问题;

(2) 程序由若干个函数组成,在结构性、可读性、可维护性上具有明显的优势;

(3) Keil C51 软件提供丰富的库函数可直接引用,从而大大减少用户编程的工作量;具有功能强大的集成开发调试工具,全 Windows 界面,在开发大型软件时更能体现高级语言的优势;

(4) Keil C51 编译后生成目标代码的效率很高,生成的汇编代码很紧凑,容易理解。

4.1.1 Keil C51 的函数和程序结构

Keil C51 的程序结构和一般的 C 语言差不多,为一个个函数的集合,其中至少应包含一个主函数 main()。不管主函数 main()位于什么位置,单片机总是从 main()开始执行。函数之间可以互相调用,但 main()函数只能调用其他的功能函数,不能被其他函数调用。功能函数可以是 Keil C51 编译器提供的库函数,也可以是用户自定义的函数。

1. 函数的定义

不管是 main()主函数还是其他一般函数,都由"函数定义"和"函数体"两个部分构成。函数定义包括返回值类型、函数名(形式参数声明列表)等。函数体由一对大括号"{}"组成。函数体的内容由两类语句组成:一类为声明语句,用来对函数中将要用到的局部变量进行定义;另一类为执行语句,用来完成一系列功能或算法处理。所有函数在定义时都是相对独立的,一个函数中不能再定义其他函数。C 语言中的函数定义有三种形式:无参数函数、有参数函数、空函数。

(1) 无参数函数的定义形式

```
返回值类型    函数名()
{函数体语句}
```

(2) 有参数函数的定义形式

> 返回值类型　　函数名(类型　形式参数1, 类型　形式参数2……)
> {函数体语句}

(3) 空函数的定义形式

> 返回值类型　　函数名()
> {}

函数的返回值是通过函数体内一条"return(变量名);"语句获得的,指令 return 使函数立即结束并返回原调用函数,同时又将括号内指定变量的值传回原函数。一个函数可以有一个以上的 return,但由于被调用函数一次只能返回一个变量值,因此多于一个的 return 语句必须用在选择结构(if 或 switch/case)中。

函数返回值的类型应与函数定义的返回值类型相一致。C 语言中规定：凡不加函数返回类型说明的函数,都按整型(int)来处理。如果函数返回值的类型说明和 return 语句中的变量类型不一致,则以函数返回类型为标准,强制类型转换。有时为了明确函数不带返回值,可以将函数定义为"void"(无类型),如"void　函数名()"等。

2. 函数的调用

函数调用的一般形式：

> 函数名(实参列表)

如果调用的是无参数函数,则"实参列表"可以没有,但括号不能省略。如果实参列表包含多个实参,则各参数之间用逗号隔开,实参与形参按顺序一一对应,类型一致。

按函数调用在程序中出现的位置,可以有以下两种函数调用方式。

(1) 函数语句。函数调用作为一个语句出现,这时不要求函数返回值,只要求函数完成一定的操作,例如：

> delay(1000);　　//通过调用 delay(1000)函数来完成一定时间的延时

(2) 函数表达式。函数调用出现在一个表达式中,这时要求函数返回一个确定的值,以参加表达式的运算,例如：

> c=2*max(a,b);

3. 对被调用函数的声明和函数原型

执行函数调用时,需具备以下条件。

(1) 首先被调用的函数必须是已经存在的函数(库函数或用户自己定义的函数)。

(2) 如果调用的是库函数,一般应在文件开头用#include 命令将调用有关库函数所用到的信息"包含"到本文件中来。

(3) 如果调用的是自定义函数,而且该函数与调用它的函数在同一个文件中,一般还应该在主调用函数中对该函数作函数声明,即将有关信息通知编译系统。函数声明(也称函数原型)的形式如下：

> 返回值类型　　函数名(参数1 类型,参数2 类型……);
> 返回值类型　　函数名(类型　参数名1,类型　参数名2……);

当被调用函数的定义出现在主调用函数之前,或者在所有函数定义之前,在函数的外部已做了函数声明,则主调用函数可以不加函数声明。

因此,一个标准的 C51 的程序结构如下：

```
/* 程序的说明························*/
#include  <reg51.h>        //包含C51编译器提供的有关寄存器名说明的头文件
#include  "Key.h"          //包含用户自定义的头文件，对外部函数和变量进行声明

#define  uint  unsigned  int   //宏定义命令定义常量
……

数据类型1   全局变量名称1;   //全局变量声明
数据类型2   全局变量名称2;   //全局变量声明

函数类型   函数名1(类型  参数1, 类型  参数2……);   //功能函数1 原型声明
……
函数类型   函数名n(类型  参数1, 类型  参数2……);   //功能函数n 原型声明

main()       /* 主函数名称 */
{            /* 在{}内的是主函数体*/
数据类型1   局部变量名称1;   /* 局部变量声明 */
数据类型2   局部变量名称2;   /* 局部变量声明 */
   ……
   执行语句1
   ……
   执行语句n  }

返回值类型   函数名1(类型  参数1,类型  参数2……) /* 功能函数1 定义*/
{ 函数体 }                /* 在{}内的是功能函数1 的函数体*/
……
返回值类型   函数名n(类型  参数1,类型  参数2……) /* 功能函数n 定义 */
{ 函数体 }                /* 在{}内的是功能函数n 的函数体*/
```

C语言的语句规则如下：

（1）每个变量必须先说明后引用，变量名的大小写是有差别的。

（2）C语言程序一行可以书写多个语句，但每个语句必须以";"结尾，一个语句也可以多行书写。

（3）C语言的注释行可由"//"引起，注释段可由"/*……*/"括起。

（4）"{"必须成对，位置任意，可紧挨在函数名后，也可另起一行；多个花括号可同行书写，也可逐行书写，为了层次分明，增加可读性，同一层的"{"应对齐，并采用逐层缩进进行书写。

4.1.2 C51和标准C的函数差别

C51和标准C函数有以下差别：

（1）C51是针对51系列单片机的硬件，对标准C的一种补充。扩展功能大致可分为8类：存储模式、存储器类型、位变量、特殊功能寄存器、C51指针、中断函数的声明、寄存器组的定义、再入函数的声明等。C51编译器扩展的关键字见表4-1。

表 4-1 C51 编译器扩展的关键字

关键字	用 途	说 明
bit	位变量声明	声明一个位变量或位类型函数
sbit	位变量声明	声明一个可位寻址的位变量
sfr	特殊功能寄存器声明	声明一个特殊功能寄存器（8 位）
sfr16	特殊功能寄存器声明	声明一个特殊功能寄存器（16 位）
data	存储器类型声明	直接寻址内部的数据存储器
bdata	存储器类型声明	可位寻址的内部数据存储器
idata	存储器类型声明	间接寻址内部的数据存储器，使用@R0、R1 寻址
pdata	存储器类型声明	间接寻址外部 256B 的数据存储器，同上
xdata	存储器类型声明	间接寻址外部 64KB 的数据存储器，使用@DPTR 寻址
code	存储器类型声明	程序存储器，使用 MOVC 指令及相应的寻址方式
small	存储模式声明	变量定义在 data 区，速度最快，可存变量少
compact	存储模式声明	变量定义在 pdata 区，性能介于 small 与 large 之间
large	存储模式声明	变量定义在 xdata 区，可存变量多，速度较慢
interrupt	中断函数声明	定义一个中断函数
using	寄存器组定义	定义工作寄存器组
reentrant	再入函数声明	定义一个再入函数

（2）一般在一个函数几次不同的调用过程中，标准 C 会把函数的参数和所使用的局部变量入栈保护。为了节省堆栈空间，C51 的每一个函数被给定一个空间用于存放局部变量，函数内的局部变量都存放在这个空间的固定位置。当递归调用该函数时，系统只会把 PC、PSW 等重要内容压入堆栈，但是函数内的局部变量是不会压入堆栈的，从而导致局部变量被覆盖。可以用以下两种方法解决函数重入。

① 在函数前使用编译控制命令#pragma disable 声明，在函数执行时禁止所有中断；

② 将该函数说明为可重入的。说明如下：

  void 函数名(形式参数表) reentrant

C51 编译器为再入函数生成一个模拟栈，通过模拟栈来完成参数传递和存放局部变量。因此再入函数可被递归调用，无论何时，包括中断函数在内的任何函数都可调用再入函数。但是，对于再入函数有如下规定。

① 再入函数不能传送 bit 类型的参数，也不能定义一个局部位标量，不能包括位操作以及 51 系列单片机的位寻址区。

② 在同一个程序中可以定义和使用不同存储器模式的再入函数，任意模式的再入函数不能调用不同模式的再入函数，但可任意调用非再入函数。

③ 在参数的传递上，实际参数可以传递给间接调用的再入函数。无再入属性的间接调用函数不能包含调用参数，但是可以使用定义的全局变量来进行参数传递。

（3）在 C51 中，一个函数中的部分形参，有时还有部分局部变量会被分配到工作寄存器组当中。这就带来两个问题。首先，这就要求被调用函数以及主调用函数使用的必须是同一个寄存器组。其次，当中断发生时，C51 会把当前工作寄存器组入栈。如果中断服务函数和当前函数使用的不是同一个寄存器组，那么就可以省略这一步，以节省时间，实际上 C51 是可以这么做的。用 using 关键字指定一个函数使用的寄存器组定义如下：

  返回值类型 函数名(形参列表)using n
  {

```
            函数体
        }
```

其中，n 可以是 0～3，系统默认使用寄存器组 0，关键字 using 不允许用于外部函数。

4.2 C51 的数据类型、运算符、表达式

C51 的数据类型可分为基本数据类型和复杂数据类型。表 4-2 中列出了 C51 编译器所支持的基本数据类型。复杂数据类型由基本数据类型构造而成，有数组、结构、联合、枚举等，与 ANSIC C 相同。

表 4-2 Keil C51 编译器所支持的数据类型

数据类型	长度	值域
unsigned char	单字节	0～255
char	单字节	−128～+127
unsigned int	双字节	0～65 535
int	双字节	−32 768～+32 767
unsigned long	四字节	0～4 294 967 295
long	四字节	−2 147 483 648～+2 147 483 647
float	四字节	±1.175494E-38～±3.402823E+38
一般指针	3 字节	对象的地址为 0～65 535
bit	1 位	0 或 1
sfr	单字节	0～255
sfr16	双字节	0～65 535
sbit	1 位	0 或 1

4.2.1 C51 的基本数据类型

C51 基本数据类型中的 char、short、int、long、float 等与 ANSI C 相同。当占据的字节数大于 1 个字节时，数据的高位占据低地址，低位占据高地址，即从高到低依次存放，这里就不列出说明。而 bit、sbit、sfr 和 sfr16 是 C51 扩展的数据类型，说明如下：

（1）bit 型

bit 用于定义位标量，只有 1 位长度，不是 0 就是 1，不能定义位指针，也不能定义位数组。bit 型对象始终位于单片机内部可位寻址的存储空间（20H～2FH）。例如：

```
        static  bit  dir_bit;          //定义一个静态位标量 dir_bit
        extern  bit  lock_bit;         //定义一个外部位标量 lock_bit
        bit  bfunc(bit  b0,bit b1);    //声明一个具有两个位型参数，返回值为位型的函数
```

如果在函数中禁止使用中断（#pragma disable）或者函数中包含有明确的寄存器组切换（using n），则该函数不能返回位型值，否则在编译时会产生编译错误。

（2）sfr 和 sfr16 特殊功能寄存器型

sfr、sfr16 分别用于定义单片机内部 8 位、16 位的特殊功能寄存器。定义方法如下：

```
        sfr    特殊功能寄存器名=特殊功能寄存器地址常数;
        sfr16  特殊功能寄存器名=特殊功能寄存器地址常数;
```

例如：

```
sfr    P1 = 0x90;       //定义 P1 口，其地址 90H
sfr16  T2 = 0xCC;       //定义定时器 T2，T2L 的地址为 CCH，T2H 的地址为 CDH
```

sfr 关键字后面通常为特殊功能寄存器名，等号后面是该特殊功能寄存器所对应的地址，必须是位于 80H~FFH 的常数，不允许有带运算符的表达式，具体可查看表 2-4。sfr16 等号后面是 16 位特殊功能寄存器的低位地址，高位地址一定要位于物理低位地址之上。注意，sfr16 只能用于定义 51 系列中新增加的 16 位特殊功能寄存器，不能用于定时器 T0 的 TH0、TL0，T1 的 TH1、TL1 和数据指针 DPTR 的定义。

（3）sbit 可位寻址型

sbit 用于定义字节中的位变量，利用它可以访问片内 RAM 或特殊功能寄存器中可位寻址的位。访问特殊功能寄存器时，可以用以下的方法定义：

① sbit 位变量名=位地址，如

```
sbit P1_1 = 0x91;
```

把位的绝对地址赋给位变量。同 sfr 一样，sbit 的位地址必须位于 80H~FFH 之间。

② sbit 位变量名=特殊功能寄存器名^位位置，如

```
sfr P1 =0x90;       //先定义一个特殊功能寄存器名，再定义位变量名的位置
sbit P1_1=P1^1;
```

③ sbit 位变量名=字节地址^位的位置，如

```
sbit P1_1 =0x90^1;
```

第③种方法与第②相类似，只是用地址来代替特殊功能寄存器名，这样在以后的程序语句中就可以用 P1_1 来对 P1.1 引脚进行读/写操作了。通常，特殊功能寄存器及其中的可寻址位命名已包含在 C51 系统提供的库文件"reg51.h"中，用"#include <reg51.h>"加载该库文件，就可直接引用；但是 P0、P1、P2、P3 口的可寻址位未定义，必须由用户用 sbit 来定义。此外，在直接引用时，特殊功能寄存器的名称或其中可寻址的位名称必须大写。当访问变量中的指定位时，可参阅 4.2.2 节中 bdata 段变量的定义。

4.2.2　C51 变量、常量、指针

1. 变量的定义

变量是一种在程序执行过程中不断变化的量，C51 定义一个变量的格式如下：

```
[存储种类]  数据类型  [存储器类型]  变量名表 [_at_  常量表达式]
```

在定义格式中除了数据类型和变量名表是必要的，其他都是可选项。存储种类有四种：自动（auto）、外部（extern）、静态（static）和寄存器（register），默认类型为自动（auto）。auto 型变量属于动态局部变量，函数调用结束就释放存储空间，每调用一次赋一次初值；而 static 变量属于静态局部变量，在整个程序运行期间不释放，多次调用也只需赋一次初值；寄存器变量存放于 CPU 内部的寄存器，使程序的运行速度加快；只有 auto 型变量和形式参数能定义为寄存器型变量。静态全局变量的作用域为从变量定义开始，到本程序文件的末尾，可在函数外部定义，也可通过 extern 来声明。对一个变量只能声明一个存储类别。

使用关键字"_at_　常量表达式"，C51 可以为变量指定存储地址，否则按所选的存储器类型或编译的模式来分配地址。需要注意的是，关键字"_at_"只能修饰全局变量。

(1) 存储器类型

C51 扩展的存储器类型可分为 data、bdata、idata、pdata、xdata、code 六个区域，见表 4-1。说明在 C51 中定义一个变量，虽然不需要指定它的位置，但是必须确定变量在哪个寻址空间。这是因为当 C51 编译器把 "int i=1;" 编译成汇编语言时，不同的寻址空间，采用的指令与寻址方式不同，有 MOV、MOVX 指令，还有直接、间接等多种寻址方式。

① data 区：data 区的变量存放在内部 RAM，采用 MOV 指令和直接寻址来访问变量，故寻址是最快的，所以应该把使用频率高的变量定义在 data 区。例如：

```
unsigned char data system_status=0;
```

因为 C51 使用默认的寄存器组来传递参数，而位于 80H~FFH 的高 128 个字节 RAM 区则在 52 芯片中才可用，且只能用间接寻址，因此 51 系列内部的 data 区只有 120 个字节可用，而 data 区除了包含程序变量外，还包含了堆栈和寄存器组，当内部堆栈溢出时，程序会莫名其妙的复位，因此要预留足够大的堆栈空间，data 区只能存有限个变量。

② bdata 区：bdata 区的变量存放在单片机内部的可位寻址区，可用 sbit 声明字节中的位变量。这对状态变量来说是十分有用的，因为它需要单独地使用变量的某一位。下面定义了两个状态变量，分别位于 data 和 bdata 区，通过三种方式访问状态变量的特定位 D3（由于返回值的类型为 bit 型，汇编代码中最后返回的是标志位 CY 的值），注意它们的区别。

```
unsigned char data byte_status=0x43;   //定义一个位于 data 区状态变量
unsigned char bdata bit_status=0x43;   //定义一个位于 bdata 区状态变量
sbit status_3=bit_status^3;            //定义了一个位变量，为 bit_status 的第 3 位
```

方法一：bit use_bit_status(void) {return(bit)(status_3);}，目标代码如下。

```
0000 A200        MOV    C,status_3
0002 22          RET
```

方法二：bit use_bitnum_status(void){return(bit)(bit_status^3);}，目标代码如下。

```
0000 E500        MOV    A,bit_status
0002 6403        XRL    A,#03H
0004 24FF        ADD    A,#0FFH
0006 22          RET
```

方法三：bit use_byte_status(void){return byte_status&0x08;}，目标代码如下。

```
0000 E500        MOV    A,byte_status
0002 A2E2        MOV    C,ACC.3
0004 22          RET
```

第一种方式和第二种方式将状态变量都定义在 bdata 区，但第一种通过定义位变量，第二种采用偏移量来寻址特定位，第三种方式将状态变量定义在 data 区。通过代码对比可知：对位变量进行寻址产生的汇编代码比检测定义在 data 段的状态字节位所产生的汇编代码要好，而采用偏移量寻址定义在 bdata 段中的状态字节的位，编译后的代码是错误的。因此在处理 bdata 区的特定位时，需定义位变量。

③ idata 区：idata 区的变量存放在内部 RAM，使用 R0、R1 间接寻址。和外部存储器寻址比较，它的指令执行周期和代码长度都比较短。例如：

```
unsigned char idata system_status=0;
float idata outp_value;
```

④ pdata 和 xdata 区：pdata 和 xdata 区的变量存在外部的数据存储器，访问该区的变量需要

两个机器周期。pdata 区只有 256B，使用"MOVX @Ri"寻址；而 xdata 区可达 64KB，使用"MOVX @DPTR"寻址，因此对 pdata 区的寻址比对 xdata 区快。

【例 4-1】 采样 P1、P2 口的值，并将其存在变量 inp_reg1 和 inp_reg2 中。

```
#include   <reg51.h>
unsigned   char   pdata   inp_reg1;
unsigned   char   xdata   inp_reg2;
void main(void)
{P1=0xff, P2=0xff;          //定义 P1、P2 为输入口
 inp_reg1=P1;
 inp_reg2=P3;
 }
```

在上例中，存放 P1 口的采样值速度较快，应尽量把外部数据存储在 pdata 段中。

外部数据存储器中除了包含存储器外，还包含 I/O 口。对外部 I/O 口或 RAM 固定地址的访问还可用以下两种绝对地址的访问方式。

【例 4-2】 写数据 0xFF 到外部数据存储器 0x00F0 单元。

第一种：

```
#include   <absacc.h>       //加载 C51 编译器提供的绝对地址访问宏定义 XBYTE 的头文件
XBYTE[0x00F0]=0xFF;         //使用宏定义 XBYTE[固定地址]对 0x00F0 单元进行写操作
```

第二种：

```
char   xdata   porta   _at_   0x00F0; //将全局变量 potra 定义在外部 0x00F0 单元
porta=0xFF;
```

⑤ code 区：存放在 code 区中的数据在程序编译时初始化，因此，只能存放常量、数据表、跳转向量和状态表。

（2）编译模式

定义变量时，如果省略存储器类型，则系统按 C51 编译器的编译模式 Small、Compact 或 Large 来决定变量、函数参数等的存储区域。

① Small 小模式：在这种模式下，data 段是所有内部变量和全局变量的默认存储段，所有参数传递都发生在 data 段中。如果有函数被声明为再入函数，编译器会在内部 RAM 中为它们分配空间。这种模式的优势就是数据的存取速度很快，但只有 120 个字节的存储空间可供存放变量、堆栈使用（至少有 8 个字节被寄存器组使用）。

② Compact 压缩存储模式：在这种模式下，变量将被分配在外部 pdata 段中，寻址通过"MOVX @Ri"形式进行，由 P2 口输出高位地址，堆栈位于内部 RAM。

③ Large 大存储模式：在这种模式下，所有变量被分配在外部 xdata 段中，寻址通过"MOVX @DPTR"形式进行，访问速度最慢。Keil C51 尽量使用内部寄存器组进行参数传递，在寄存器组中可以传递参数的数量和压缩存储模式一样。再入函数的模拟栈将在 xdata 中。所以要仔细考虑变量应存储的位置，使数据的存储速度得到优化。

2. 常量的定义

常量是在程序运行过程中不能改变值的量，如固定的数据表、字库等。C51 有以下几种定义方法。

（1）用宏定义语句定义常量

```
#define   False   0;          //定义 False 为 0, True 为 1
```

```
#define  True  1;
```

在程序中用到 False，编译时自动用 0 替换，同理 True 替换为 1。

（2）用 const 和 code 来定义常量

```
unsigned  int  code  a=100;          //用存储类型 code 把 a 定义在程序存储器中并赋值
const  unsigned  int  c=100;         //用 const 定义 c 为无符号 int 常量并赋值
unsigned  char  code  x[]={0x00,0x01,0x02,0x03,0x04,0x05,0x06}
```

a、c、数组 x 的值都保存在程序存储器中，在运行中是不允许被修改的，如果对常量 a、c 赋值之后，再次应用类似 "a=110;c++" 这样的赋值语句，编译时将会出错。

3. 指针

指针是一个包含地址的变量，可对它所指向的变量进行寻址，就像在汇编中用 @R0 和 @DPTR 进行寻址一样。使用指针可以很容易地从一个变量移到下一个变量，故特别适合对大量变量进行操作的场合。C51 指针变量的定义形式如下：

数据类型　[存储器类型]　*标识符；

其中，"标识符"是所定义的指针变量名。"数据类型"说明指向何种类型的变量。"存储器类型"是 C51 编译器扩展的可选项。带有此项，指针被定义为基于存储器的具体指针；反之则被定义为通用指针。

当存储器类型为 data、idata、pdata，具体指针的长度为 1 个字节，使用 8 位的指针 R0 或 R1；当存储器类型为 code、xdata 时，具体指针的长度为两个字节，使用 16 位的指针 DPTR 或 PC；而通用指针在内存中占用 3 个字节，第 1 个字节存放该指针存储器类型的编码，如下所示：

存储器类型	idata	xdata	pdata	data	code
编码值	1	2	3	4	5

第二字节和第三字节分别存放该指针偏移量的高 8 位和低 8 位地址。例如，将 xdata 区的地址 0x1234 作为通用指针，将占据 3 个字节，如下所示：

地址	+0	+1	+2
内容	0x02	0x12	0x34

采用强制类型转换可以使指针变量获取绝对地址，如

```
char  xdata  *pa                     //定义基于 xdata 的具体指针
int   *intpa                         //定义一般指针
pa=(char xdata *)0xB000              //pa 指向 xdata 区的地址为 B000H 的单元
intpa=(int *)0x21234L                //intpa 指向 xdata 区的地址为 1234H 的单元
```

【例 4-3】将字符串 "Test output" 逐一送到地址为 0000H 输出口。

```
#include  <absacc.h>
char  * generic_ptr;                 //定义通用指针
char  data * xd_ptr;                 //定义基于 data 区的具体指针
char  mystring[]="Test output";
main()
    { generic_ptr=mystring;
        while(*generic_ptr) { XBYTE[0x0000]=*generic_ptr; generic_ptr++;}
        xd_ptr=mystring;
        while (*xd_ptr) { XBYTE[0x0000]=*xd_ptr;xd_ptr++;}
    }
```

在【例 4-3】中，使用通用指针 generic_ptr 的第一个循环需要 378 个处理周期，使用具体指针 xd_ptr 只需要 151 个处理周期，因此一般都不使用通用指针。

4.2.3 C51 的复杂数据类型

1. 数组类型

数组是一组同类型的有序数据的集合，数组中的各个元素可以用数组名和下标来唯一确定。一维数组只有一个下标，多维数组有一两个以上的下标。在 C51 中，数组必须先定义，然后才能使用。一维数组的定义形式如下。

> 数据类型 [存储器类型] 数组名[常量表达式]

其中，"数据类型"说明数组中各元素的类型，"数组名"整个数组的标识符，"常量表达式"说明了该数组所含元素的个数，必须用"[ ]"括起来，不能为变量。

> unsigned　int　data　xx[15];
> unsigned　int　idata　yy[20];

定义多维数组时，只要在数组名后面增加相应维数的常量表达式即可。二维数组的定义形式如下。

> 数据类型 [存储器类型] 数组名[常量表达式1] [常量表达式2]

需要指出的是，因 C 语言中数组的下标是从 0 开始的，在引用数值数组时，只能逐个引用数组中的各个元素，而不能一次引用整个数组；但如果是字符数组则可以一次引用整个数组。

2. 结构

结构是一种构造类型的数据，它将不同类型的数据变量有序地组合在一起，形成一种数据的集合体，整个集合体使用一个单独的结构变量名。使用结构在程序中有利于对一些复杂而又具有内在联系的数据进行有效的管理。集合体内的各个数据变量称为结构成员。由于结构可由不同类型的数据成员组成，故定义时需对各个成员进行类型说明，形成"结构元素表"。

（1）结构变量的定义

结构变量的定义有三种方法。

① 先定义结构类型，再定义结构变量名。

> struct　结构名
> 　　{结构元素表};
> struct 结构名 结构变量名1,结构变量名2,……,结构变量名n;

② 定义结构类型的同时定义结构变量名。

> struct　结构名
> {结构元素表}结构变量名1,结构变量名2,……,结构变量名n;

③ 直接定义结构变量。

> struct {结构元素表}结构变量名1,结构变量名2,……,结构变量名n;

（2）结构变量的引用

结构变量的引用是通过对结构成员的赋值、存取、运算来实现的。结构成员引用的一般格式如下。

> 结构变量名.结构成员

例如，描述一天的时间时，需要定义时、分、秒三个变量，还要定义一个天的变量。通过使

用结构,可以把这四个变量定义在一起,给它们一个共同的名字。如下所示:

```
struct time_str
{ unsigned char hour,min,sec;
   unsigned int days;
}time_of_day;              //定义一个类型名为 time_str 的结构和一个结构变量 time_of_day。
Struct   time_str   oldtime,newtime;       //定义了 oldtime、newtime 两个新的结构变量
```

在 C51 中,结构被提供了连续的存储空间,成员名用来对结构内部进行寻址,因此结构 time_str 占据了连续 5 个字节的空间,见表 4-3,空间内变量的顺序和定义时一样。

结构成员的引用如下:

```
time_of_day.hour=XBYTE[HOURS];
time_of_day.days=XBYTE[DAYS];
```

结构变量可以很容易地复制:

```
oldtime=time_of_day;   //其等效于 oldtime.hour=newtime.hour;……oldtime.days=newtime.days;
```

3. 联合

联合和结构很相似,也是由一组相关的变量构成的构造类型的数据。但联合的成员只能有一个起作用,它们分时地使用同一个内存空间,大大地提高了内存的利用率。联合的成员可以是任何有效类型,包括 C 语言本身拥有的类型和用户定义的类型,如结构和联合。联合类型变量的定义格式:

```
union  联合类型名
{成员表列}变量表列;
```

例如:

```
union time_type
{unsigned long secs_in_year;   //用一个长整形 secs_in_year 来存放从这年开始到现在的时间
struct time_str time;   //用 time_str 结构来存储从这年开始到现在的时间
}mytime;                //定义了一个 time_type 联合类型和 mytime 联合变量
```

不管联合包含什么,可在任何时候引用它的成员。其引用方法与结构相同,如

```
mytime.secs_in_year=JUNEIST;
mytime.time.hour=5;
```

联合的成员具有相同的首地址,因此,联合空间大小等于联合中最大的成员所需的空间,time_type 联合的结构见表 4-4,占据的空间为 5 个字节。

表 4-3 time_str 结构类型的存储

偏移量	成员名	字节数
0	hour	1
1	min	1
2	sec	1
3	days	2

表 4-4 time_type 联合类型的存储

偏移量	成员名	字节数
0	secs_in_year	4
0	time	5

当联合的成员为 secs_in_year 时,第 5 个字节没有使用。联合经常被用来提供同一个数据的不同的表达方式。例如,假设有一个长整型变量用来存放 4 个寄存器的值,如果希望对这些数据有两种表达方法,可以在联合中定义一个长整型变量,同时再定义一个字节数组。

```
union status_type{
    unsigned char status[4];
    unsigned long status_val;
}io_status;
io_status.status_val=0x12345678;
if(io_status.status[2]&0x10)
{… }
```

4. 枚举类型

（1）枚举定义

枚举数据类型是变量可取的所有整型常量的集合。枚举定义时列出这些常量值。枚举类型的定义、变量说明语句的一般格式：

  enum 枚举名{枚举值列表} 变量列表;

也可以分成两句完成。

  enum 枚举名{枚举值列表};
  enum 枚举名 变量列表;

（2）枚举取值

枚举列表中，每一个符号项代表一个整数值。在默认情况下，第一个符号项取值为 0，第二个符号项取值为 1，……，依次类推。此外，也可以通过初始化，指定某项的符号值。某项符号初始化后，该项后续各项符号值随之依次递增。例如：

  enum direction{up, down, left=5, right}i; i=down;

该枚举类型可取的数据为 up、down、left、right，C 编译器将符号 up 赋值为 0，down 赋值为 1，left 赋值为 5，right 赋值为 6，i 赋值为 1。

4.2.4 C51 的运算符和表达式

C51 的运算符和表达式与 ANSI C 相同。

1. 赋值运算符和赋值表达式

用赋值运算符 "=" 将一个变量与一个表达式连接起来的式子为赋值表达式。在表达式后面加 ";" 便构成了赋值语句。

```
a=0xFF;            //将常数十六进制数 FF 赋予变量 a
b=c=33;            //赋值表达式的值为 33，变量 b、c 的值均为 33
d=(e=4)+(c=6);     //表达式的值为 10，e 为 4，c 为 6，d 为 10
f= a+b;            //将变量 a+b 的值赋予变量 f
```

由上面的例子可以知道：赋值运算符按照"从右到左"的结合原则，先计算出"="右边的表达式的值，然后将得到的值赋给左边的变量，同时该值也是此赋值表达式的值；而且右边的表达式中还可以包含赋值表达式。

2. 算术运算符和算术表达式

C51 中的算术运算符有+（加或取正值）、–（减或取负值）、*（乘）、/（除）、%（取余），其中只有取正值和取负值运算符是单目运算符，其他都是双目运算符。用算术运算符和括号将运算对象连接起来、符合 C 语法规则的式子称为算术表达式。例如：

  a+b*(10-a), (x+9)/(y-a)

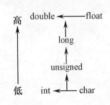

图 4-1 自动类型转换规则

C 语言规定了运算符的优先级（即先乘除后加减）和结合性（在优先级相同时，结合方向为"自左至右"），同样可用括号"()"来改变优先级。当两侧数据类型不一致时，由 C 编译程序自动转化或由强制类型运算符强制转化为同一类型，然后再进行运算。自动转换按从低到高的规则进行，如图 4-1 所示。char 可向 int 或 unsigned int 转化，强制类型转化的格式如下：

　　(类型名)(表达式)

例如：

　　(double)a   //将 a 强制转换成 double 型
　　(int)(x+y)   //将 x+y 强制转换成 int

除法运算符和一般的算术运算规则有所不同：两浮点数相除，其结果为浮点数，如 10.0/20.0 所得值为 0.5；而两个整数相除时，所得值是整数，如 7/3 的值为 2。

另外，C 语言中还有以下自增、自减运算符。

++i、——i（在使用 i 之前，先使 i 的值加（减）1）

i++、i——（在使用 i 之后，使 i 的值加（减）1）

若 i=3，执行"j=i++;"和"k=++i;"两句语句的结果为 j=3、k=5。自增、自减运算符只能用于变量，不能用于常量或表达式，且结合方向为"自右至左"。执行"m=—i++;"，则 m=—3、i=4。

3．关系运算符和关系表达式

在 C 语言中有六种关系运算符：>（大于）、<（小于）、>=（大于等于）、<=（小于等于）、==（等于）、!=（不等于），前四个具有相同的优先级，后两个也具有相同的优先级，但是前四个的优先级比后两个高。关系运算符的优先级低于算术运算符，但高于赋值运算符。

用关系运算符将两个表达式连接起来的式子就是关系表达式。关系表达式通常是用来判别某个条件是否满足。关系运算的结果只有 0 和 1 两种，也就是逻辑的真与假。当指定的条件满足时结果为 1，不满足时结果为 0，如

　　I<J, I==J, J+I>J,(a=3)>(b=5)

4．逻辑运算符和逻辑表达式

关系运算符所能反映的是两个表达式之间的大小、等于关系，其结果只有 0 和 1 两种，也就是逻辑量。逻辑运算符则用于对逻辑量进行运算，用逻辑运算符将关系表达式或逻辑量连接起来就是逻辑表达式。

逻辑表达式的一般形式如下：

① 逻辑与：条件式1&&条件式2

② 逻辑或：条件式1|| 条件式2

③ 逻辑非：!条件式

逻辑与，就是当条件式 1 "与"条件式 2 都为真时，结果为真（非 0 值），否则为假（0 值）。逻辑或，当两个条件式中只要有一个为真时，结果就为真，只有当两个条件式都为假时，结果才为假。逻辑非则是把条件式取反，也就是说当条件式为真时，结果为假，条件式为假时，结果为真。

同样逻辑运算符也有优先级别，!（逻辑非）→&&（逻辑与）→||（逻辑或），逻辑非的优先级最高。

5. 位运算符

MCS-51 的汇编语言具有较强的位处理能力，但是 C 语言也能对运算对象进行按位操作，从而使 C 语言也具有一定的对硬件直接进行操作的能力。位运算符的作用是按位对变量进行运算，但是并不改变参与运算的变量的值。如果需改变变量的值，则要利用相应的赋值运算。另外，不能对浮点型数据进行位运算。C 中共有 6 种位运算符：~（按位取反）、<<（左移）、>>（右移）、&（按位与）、^（按位异或）、|（按位或）。

位运算符也有优先级，从高到低依次是~（按位取反）→<<（左移）→>>（右移）→&（按位与）→^（按位异或）→|（按位或）。表 4-5 是位逻辑运算符的真值表。

表 4-5 位逻辑运算符的真值表

X	Y	~X	~Y	X&Y（与）	X|Y（或）	X^Y（异或）
0	0	1	1	0	0	0
0	1	1	0	0	1	1
1	0	0	1	0	1	1
1	1	0	0	1	1	0

&：只有两个二进制位都为 1 时，结果为 1，否则为 0。

|：两个二进制位中只要有一个为 1 时，结果就为 1；都为 0 时，结果才为 0。

^：两个二进制位相同时，结果为 0，相异时，结果为 1。

~：用来对一个二进制位取反，即将 0 变为 1，1 变为 0。

<<：用来将一个数的各二进制位全部左移若干位，右面补 0，高位左移后溢出舍弃不起作用。如 a=a<<2，若 a=15（a 为 8 位，char 型），即 a=00001111B，左移 2 位后，a=00111100。左移 1 位相当于该数乘以 2（不包括溢出），左移 n 位相当于该数乘以 2^n。

>>：用来将一个数的各二进制位全部右移若干位，无符号数高位补 0，低位右移后溢出舍弃不起作用。如 a=a>>2，若 a=15（a 为 8 位，char 型），即 a=00001111B，右移两位后，a=00000011。

6. 复合赋值运算符

复合赋值运算符就是在赋值运算符 "=" 的前面加上其他运算符。以下是 C 语言中的复合赋值运算符。

+=（加法赋值）、>>=（右移位赋值）、-=（减法赋值）、&=（逻辑与赋值）、*=（乘法赋值）、|=（逻辑或赋值）、/=（除法赋值）、^=（逻辑异或赋值）、%=（取模赋值）、—=（逻辑非赋值）、<<=（左移位赋值）。

其含义就是变量与表达式先进行运算符所要求的运算，再把运算结果赋值给参与运算的变量。其实这是 C 语言中一种简化程序的一种方法，凡是双目运算都可以用复合赋值运算符去简化表达。例如：

a+=56 等价于 a=a+56

y/=x+9 等价于 y=y/(x+9)

明显采用复合赋值运算符会降低程序的可读性，但这样却可以使程序代码简单化，并能提高编译的效率。

7. 逗号运算符

在 C 语言中逗号可以将两个或多个表达式连接起来，形成逗号表达式。

表达式 1,表达式 2,表达式 3,……,表达式 n

在程序运行时，按从左到右的顺序计算出各个表达式的值，而整个逗号表达式的值等于最右边表达式的值，就是"表达式 n"的值。在实际的应用中，使用逗号表达式的目的只是为了分别得到各个表达式的值，而并不一定要得到和使用整个逗号表达式的值。另外，并不是在程序中出现的逗号，都是逗号运算符。例如，函数中的参数、同类型变量的定义中的逗号只是用做间隔符，而不是逗号运算符。

8. 条件运算符

"?"条件运算符是一个三目运算符，把三个表达式连接构成一个条件表达式。条件表达式的一般形式：

```
逻辑表达式? 表达式1:表达式2
```

条件运算符就是根据逻辑表达式的值选择条件表达式的值。当逻辑表达式的值为真时（非 0 值）时，条件表达式的值为表达式 1 的值；当逻辑表达式的值为假（0）时，条件表达式的值为表达式 2 的值。要注意的是，在条件表达式中，逻辑表达式的类型可以与表达式 1 和表达式 2 的类型不一样，如

```
min = (a<b)?a:b    //当 a<b 时，min=a，否则 min=b。
```

9. 指针和地址运算符

在 C 语言中提供了两个专门用于指针和地址的运算符：*（取内容）、&（取地址）。取内容和地址的一般形式分别为：

```
变量=*指针变量
指针变量=&目标变量
```

*运算是将指针变量所指向的目标变量的值赋给左边的变量，&运算是将目标变量的地址赋给左边的指针变量。要注意的是，指针变量中只能存放地址（也就是指针型数据），一般情况下不要将非指针类型的数据赋值给一个指针变量。

4.3 C51 的程序流控制语句

C51 的程序流程控制语句与 ANSIC C 相同，C 语言是一种结构化的程序设计语言，提供了相当丰富的程序控制语句，而表达式语句是最基本的一种语句。在 C 语言中，表达式后面加入分号";"就构成了表达式语句。在 C 语言中还有一个特殊的表达式语句，称为空语句，它仅仅是由一个分号";"组成。空语句的作用是使语法正确，没有实际的运行效果。空语句通常有以下两种用法。

（1）while、for 型循环语句后面加一个分号，形成一个不执行任何操作的空循环体，如

```
for (;a<50000;a++);
```

第一个分号也应该算是空语句，它会使 a 赋值为 0（但如在 for 循环前 a 已赋值，则 a 的初值为 a 的当前值），最后一个分号则形成了一个空循环体，类似于单片机中的 NOP 指令，循环执行 NOP 指令 50 000 次，用做延时用。

（2）在程序中为有关语句提供标号，使相关语句能跳转到所指定的位置。常常用在 goto 语句中，如

```
loop;
    ……
    goto  loop
```

C51 程序流控制语句包括 if 选择语句、switch-case 多分支选择语句及 while 循环语句等。

1. if 选择语句

if 选择语句有以下 4 种应用形式：

（1）形式一

```
if(条件表达式)    {语句行;}
```

如果条件表达式的值为真，则执行{}中的语句行，否则跳过{}而执行下面的其他语句。

（2）形式二

```
if(条件表达式)    {程序体1;}
    else         {程序体2;}
```

如果条件表达式的值为真，则执行程序体 1 中的语句行，跳过 else 后面的程序体 2，否则跳过程序体 1 执行程序体 2 中的语句行。

（3）形式三

```
if(表达式1){语句1}
    else  if(表达式2){语句2}
    else  if(表达式3){语句3}
    ……
    else  if(表达式n){语句n}
    else  语句m
```

如果表达式 1 成立，则执行语句 1；表达式 1 不成立，但表达式 2 成立，则执行语句 2；表达式 1、2 不成立，但表达式 3 成立，则执行语句 3；……表达式 1～n 都不成立，则执行语句 m。

（4）if 语句的嵌套

在 if 语句中又包含一个或多个 if 语句，称为 if 语句的嵌套，如下所示。

```
if (表达式1)
    if(表达式2)    {语句1;}
    else          {语句2;}
else
    if(表达式3)    {语句1;}
    else          {语句2;}
```

此时应注意 if 与 else 的配对关系，从最内层开始，else 总是与它上面最近的（未曾配对的）if 配对。如果 if 与 else 的数目不一致，也可加花括号来确定配对关系，如

```
if (表达式1)
    { if(表达式2)    语句1;}
    else            {语句2;}
```

表达式 1、2 均成立时，则执行语句 1；表达式 1 不成立时，执行语句 2。

2. switch-case 选择语句

switch-case 选择语句的一般形式如下。

```
switch(表达式)
case  常量表达式1:语句1;[break;]
case  常量表达式2:语句2;[break;]
     ⋮
```

```
        case  常量表达式 n:语句 n;[break;]
default:语句 n+1;
```

当 switch 表达式中的值与某一个 case 后面的常量表达式的值相等时，就执行此 case 后面的语句；若与所有的 case 后面的常量表达式都不匹配时，就执行 default 后面的语句。执行完一个 case 后面的语句后，控制流程转移到下一个 case 后面的语句继续执行，不再判断。因此，若希望在执行完一个 case 分支后，使流程跳出 switch 结构，即终止 switch 语句的执行，可以在 case 分支的语句后加 break 语句来达到此目的。

3. while 循环语句

在 C 语言中用来实现循环的语句有以下两种。

（1）形式一

```
while(条件表达式)   {循环体}
```

当条件表达式为真时，执行循环体内的动作，结束再返回到条件表达式重新测试，直到条件表达式为假，跳出循环，执行下一句语句。

（2）形式二

```
do {循环体}
while(条件表达式);
```

先执行循环体，再测试条件表达式，若为真，则继续执行循环体，直到条件表达式为假，跳出循环，执行下一句语句。

4. for 循环语句

```
for(表达式 1;表达式 2;表达式 3){循环体}
```

先求解表达式 1，再判断表达式 2 的真假；若为真，则执行循环体内的动作，然后求解表达式 3，再返回重新判断表达式 2；若为假，则跳出循环，执行 for 语句后面的下一句语句。

4.4 编译预处理命令

4.4.1 宏定义

宏定义的一般格式：

```
#define  宏名  字符串
```

以一个宏名来代表一个字符串，这个字符串可以是常数、表达式或含有参数的表达式或空串。当在程序中任何地方使用宏名时，编译器都将以所代表的字符串来替换。当需要改变宏时，只要修改宏定义处。在程序中如果多次使用宏，会占用较多的内存，但执行速度较快。用宏来替代程序中经常使用的复杂语句，可缩短程序，且有更好的可读性和可维护性。例如：

```
#define  led_on() {led_state=LED_ON;XBYTE[LED_CNTRL]=0x01;}
#define  led_off() {led_state=LED_OFF;XBYTE[LED_CNTRL]=0x00;}
#define  checkvalue(val) ((val < MINVAL || val > MAXVAL)? 0:1 )
```

4.4.2 条件编译

一般情况下对 C 语言程序进行编译时，所有的程序行都参加编译，但是有时希望对其中的一部分内容只在满足一定条件时才进行编译，这就是条件编译。条件编译可以根据实际情况，选择不同的编译范围，从而产生不同的代码。条件编译的格式如下。

(1) 格式一

```
#if 表达式    语句行;      //如果表达式成立，则编译#if 后的语句行
#else       语句行;        //否则编译#else 后的语句行，至#endif
#endif                    //结束条件编译
```

(2) 格式二

```
#ifdef   宏名     //如果宏名已被定义过，则编译下面的语句行
语句行;
#endif
```

(3) 格式三

```
#ifndef  宏名     //如果宏名未被定义过，则编译下面的语句行
语句行;
#endif
```

例如：在调试程序时，常常希望输出一些所需的信息，而在调试完成后不再输出这些信息，可以在源程序中插入以下的条件编译段。

```
# ifdef  DEBUG
    printf("x=%d,y=%d,z=%d\n",x,y,z);
#endif
```

如果在它的前面有命令行 "#define DEBUG"，则在程序运行时输出 x、y、z 的值，帮助调试分析。调试结束时只需将这个 define 命令行删去即可。

4.4.3 文件包含

文件包含命令的功能是用指定文件的全部内容替换该预处理行。其格式为

```
#include  <文件名>
```

或

```
#include"文件名"
```

格式中使用引号与尖括号的意思是不一样的。使用"文件名"时，首先搜索工程文件所在目录，然后再搜索编译器头文件所在目录。而使用<文件名>时，搜索顺序刚好相反。假设有两个文件名一样的头文件 hardware.h，但内容却是不一样的。文件Ⅰ保存在编译器指定的头文件目录下，文件Ⅱ保存在当前工程的目录下，如果使用 "#include <hardware.h>"，则引用到的是文件Ⅰ。如果使用 "#include "hardware.h""，则引用的是文件Ⅱ。

在进行较大规模程序设计时，可以将组成系统的各个功能函数分散到多个.c 的程序文件中，分别编写和调试，再建立公共引用头文件，将需要引用的库头文件、标准寄存器定义头文件、自定义的头文件、全局变量等均包含在内，供每个文件引用。同时每个.c 文件又对应一个.h 头文件，包含了函数声明、宏定义、结构体类型定义和全局变量定义；然后通过 "#include" 命令，将它们的头文件嵌入到一个需调用的程序文件中去。为了避免重复引用而导致的编译错误，hardware.c 文件的头文件 hardware.h 如下所示。

```
#ifndef  _HARDWARE_H__   //
#define  _HARDWARE_H__
代码部分；   //hardware.c 文件中的函数声明、变量声明、常数定义、宏定义等
#endif
```

这样写的意思就是，如果没有定义__HARDWARE_H__，则定义__HARDWARE_H__，并编译下面的代码部分，直到遇到#endif。这样，当重复引用时，由于__HARDWARE_H__已经被定义，则下面的代码部分就不会被编译了，这样就避免了重复定义。

在其他文件需调用 hardware.c 中的功能函数时，只需用#include "hardware.h"加载函数的头文件，就可避免先调用，后定义的错误。

4.4.4 数据类型的重新定义

在 C 语言中可以用类型定义来重新命名一个给定的数据类型。数据类型重新定义的格式如下：

typedef　已有的数据类型名　新的数据类型名;

例如：

```
typedef  struct  time_str
{unsigned char hour,min,sec;
unsigned int days;
}time_type       // 给结构 time_str 一个新的名字 time_type
time_type  time,*time_ptr,time_array[10]   // 以 time_type 作为变量的数据类型
typedef  unsigned char   ubyte   //用 ubyte 代替 unsigned  char 数据类型
```

使用类型定义可使代码的可读性加强，并缩短 C 程序变量定义中的类型说明。

4.5　C51 的编程技巧

通常，在 C51 编程中，应注意使用下述技巧。

（1）采用短变量。对 8 位的单片机来说，变量使用 int 类型是一种极大的浪费。应该仔细考虑所声明的变量值可能的范围，然后选择合适的变量类型。很明显，经常使用的变量应该是 unsigned char，只占用 1 个字节。

（2）使用无符号类型 unsigned。由于 8051 不支持符号运算，因此定义变量时，除了根据变量长度来选择变量类型外，还要考虑变量是否会用于负数的场合。如果不需要负数，应把变量都定义成无符号类型的。

（3）使用位变量。对于某些标志位，应使用位变量而不是 unsigned char。这将节省内存空间，而且位变量在 RAM 中，访问它们只需要 1 个处理周期。

（4）为变量分配内部存储区。按下面的顺序使用存储器：data、idata、pdata、xdata，从而将局部变量和全局变量定义在所要的存储区中，可缩短程序代码，同时使程序的速度得到提高。

（5）使用基于存储器的指针。为使代码紧凑，在程序中使用指针时，除了指定指针的类型，还应确定它们指向哪个区域（如 xdata 区），就是使用基于存储器的指针。

（6）使用调令。对于一些简单的操作，如变量循环位移，编译器提供了一些调令供用户使用。许多调令直接对应着汇编指令。

和单字节循环位移指令 RL A 和 RR A 相对应的调令是_crol_和_cror_，与 JBC 相对应的调令为_testbit_：如果测试位置 1 将返回 1，并将测试位清 0，否则将返回 0。这条调令在检查标志位时十分有用，同时使 C 的代码更具有可读性。

【例 4-4】在 51 单片机中，串口中断由发送中断标志 TI=1 或接收中断标志 RI=1 引发，两者共用一个中断入口地址和一个中断号，故在中断服务程序中必须判是发送或接收中断，且中断标志 TI 或 RI 必须在中断响应后由软件清 0，这时用_testbit_(TI)就很有效。

```
例 4-2 #include   <reg51.h>
         #include   <instrins.h>
         sbit   P1_0=P1^0;
         void serial_intr(void) interrupt   4
                         {   if(_testbit_(TI))// 是发送中断
                             {P1_0=1;      // 翻转 P1.0
                              _nop_();         // 等待 1 个指令周期
                              P1_0=0;
                              ……
                             }
                         if(_testbit_(RI))//是接收中断
                             {test=_cror_(SBUF,1);// 将 SBUF 中的数据循环右移 1 位
                              ……}
                         }
```

（7）注意使用 C 语言所提供的四种编译预处理命令，可以给编程带来许多方便。

4.6 Keil C51 库函数原型列表

  C51 编译器提供了丰富的库函数，使用库函数提高了编程的效率，用户可以根据需要随时调用。每个库函数在相应的头文件中都给出了函数的原型，使用时只需在源程序的开头用编译预处理命令"#include"将相关的头文件包含进来即可。下面就一些常用的 C51 库函数分类做一些介绍。

1. CTYPE.H 字符函数库

  bit isalnum(char c)：检查字符是否为英文字母或数字，是则返回 1，否则返回 0。

  bit isalpha(char c)：检查字符是否为英文字母，是则返回 1，否则返回 0。

  bit iscntrl(char c)：检查字符是否为控制字符（ASCII 码的 00H～1FH、7FH），是则返回 1，否则返回 0。

  bit isdigit(char c)：检查字符是否为数字，是则返回 1，否则返回 0。

  bit isgraph(char c)：检查字符是否为可打印字符（21H～7EH），是则返回 1，否则返回 0。

  bit isprint(char c)：与 isgraph 功能相近，只是还接受空格符。

  bit islower(char c)：检查字符是否为小写英文字母，是则返回 1，否则返回 0。

  bit isupper(char c)：检查字符是否大写英文字母，是则返回 1，否则返回 0。

  bit ispunct(char c)：检查字符是否为标点、空格、或格式字符，是则返回 1，否则返回 0。

  bit isspace(char c)：检查字符是否为下列之一：空格、制表符、回车、换行、垂直制表符和送纸。如果为真，则返回 1，否则返回 0。

  bit isxdigit(char c)：检查字符是否为十六进制数字字符，是则返回 1，否则返回 0。

  char toascii(char c)：将任何整型数缩小到有效的 ASCII 码范围内，即将变量与 7FH 相与，从而去掉第 7 位以上的所有数位。

  char toint(char c)：将 ASCII 码字符的 0～9、A～F（大小写无关）转换成的十六进制数字。

  char tolower(char c)：将大写字母转换成小写字母，如果字母不在 'A' ～ 'Z' 范围，则不做转换，直接返回该字符。

  char toupper(char c)：将小写字母转换成大写字母，如果字母不在 'a' ～ 'z' 范围，则不做转换，直接返回该字符。

2. INTRINS.H 内部函数

unsigned char _crol_(unsigned char val, unsigned char n)、unsigned int _irol_(unsigned int val, unsigned char n)、unsigned long _lrol_(unsigned long val, unsigned char n)：将变量 val 循环左移 n 位，与 8051 单片机的 RLA 指令相关。上述函数的不同之处在于参数和返回值的类型不同。

unsigned char_cror_(unsigned char val, unsigned char n)、unsigned int_iror_(unsigned int val, unsigned char n)、unsigned long _lror_(unsigned long val, unsigned char n)：将变量 val 循环右移 n 位，与 8051 单片机的"RR A"指令相关。上述函数的不同之处在于参数和返回值的类型不同。

void _nop_(void)：产生一个 AT89S51 单片机的 NOP 指令，延时 1 个机器周期。bit _testbit_(bit b)：产生一个 AT89S51 单片机的 JBC 指令，该函数对字节中的一位进行测试。如果该位置位，则函数返回 1，同时将该位复位为 0，否则返回 0。

3. STDIO.H 输入/输出流函数

通过 8051 的串口或用户定义的 I/O 口读写数据，默认为 AT89S51 串口，如要修改，比如改为 LCD 显示，可修改 lib 目录中的 getkey.c 及 putchar.c 源文件，然后在库中替换它们即可。

char getkey(void)：从 8051 的串口读入一个字符，然后等待字符输入。这个函数是改变整个输入端口机制时应作修改的唯一函数。

char putchar(char c)：通过 8051 串行口输出字符。与函数 getkey 一样，这是改变整个输出机制所需修改的唯一函数。

char getchar(void)：使用 getkey 从串行口读入字符，并将读入的字符马上传给 putchar 函数输出，其他与 getkey 函数相同。

char *gets(char * string, int len)：通过 getchar 从串行口读入一个长度为 len 的字符串并存入由 'string' 指向的数组。输入一旦检测到换行符就结束字符输入，成功返回传入的参数指针，失败返回 NULL。

int puts(const char * string)：将字符串和换行符写入串行口，错误时返回 EOF，否则返回一个非负数。

int scanf(const char * fmtstr.[, argument]…)：在格式控制符的作用下，利用 getchar 函数从串行口读入数据，每遇到一个格式控制符，就将它按顺序存入由参数指针指向的存储单元。

int printf(const char*,…)：该函数格式化字符串，并把它们输出到标准输出设备。对 PC 来说标准输出设备就是显示设备，对 8051 来说是串行口。printf 函数是通过不断的调用 putchar 函数来输出字符串的，若重新定义 putchar 函数就可以改变 printf 函数的输出功能。

int sprintf(char * s, const char *fmtstr[;argument])：与 printf 功能相似，但数据不是输出到串行口，而是通过一个指针 s，送入可寻址的内存缓冲区，并以 ASCII 码的形式存储。

int sscanf(char *s, const char * fmtstr[, argument])：与 scanf 的输入方式相似，但字符串的输入不是通过串行口，而是通过另一个以空结束的指针。

char ungetchar(char c)：将输入的字符送回输入缓冲区，下次使用 getchar 时可获得该字符，成功时返回 'char'，失败时返回 EOF，不能用 ungetchar 处理多个字符。

4. STDLIB.H 标准函数库

float atof(void * string)：将字符串转换成浮点数值并返回它，字符串必须包含与浮点数规定相符的数。

int atoi(void * string)：将字符串转换成整型并返回它，字符串必须包含与整型规定相符的数。

long atoll(void * string)：将字符串转换成长整型并返回它，字符串必须包含与长整型规定相符的数。

void free(void xdata *p)：释放由 malloc 函数分配的存储空间。

void init_mempool(void xdata *p, unsigned int size)：清零由 malloc 函数分配的存储空间。

void *malloc(unsigned int size)：返回一个大小为 size 个字节的连续内存空间的指针。若返回值为 NULL，则无足够的内存空间可用。

5．STRING.H 字符串处理函数

字符串函数通常接收串指针作为输入值，一个字符串应包括两个或多个字符，字符串的结尾以空字符表示。

void *memccpy(void *s1,void *s2,char c,int len)：复制 s2 中的 len 个字符到 s1 中，复制完成，则返回值为 NULL；复制到字符 C 结束，则返回 s1 中下一个元素的指针。

void *memchr(void *buf,char c,int len)：在 buf 的头 len 个字符中查找字符 c，成功则返回指向字符 c 的指针，失败则返回 NULL。

char memcmp(void *buf1,void *buf2,int len)：逐个比较 buf1 和 buf2 中的字符，相等则返回 0，如果 buf1 大于或小于 buf2，则返回一个正数或负数。

void *memcpy(void *dest,void *src,int len)：复制 src 中的 len 个字符到 dest 中，返回指向 dest 中最后一个字符的指针。如果 src 与 dest 发生交叠，则结果不可预测。

void *memmove(void *dest, void *src, int len)：工作方式同 memcpy，但复制区域可以交叠。

6．绝对地址访问 absacc.h

该文件中实际只定义了几个宏，以确定各存储空间的绝对地址。

（1）#define   CBYTE   ((unsigned char *)0x50000L)
　　#define   DBYTE   ((unsigned char *)0x40000L)
　　#define   PBYTE   ((unsigned char *)0x30000L)
　　#define   XBYTE   ((unsigned char *)0x20000L)

上述宏定义用来对 MCS-51 系列单片机的存储空间 code 区、data 区、pbyte 区、xdata 区进行绝对地址的字节访问。例如，对外部存储器 0x1000 单元的访问如下：

```
x=XBYTE[0x1000];
XBYTE[0x1000]=20;
```

（2）#define   CWORD   ((unsigned int *)0x50000L)
　　#define   DWORD   ((unsigned int *)0x40000L)
　　#define   PWORD   ((unsigned int *)0x30000L)
　　#define   XWORD   ((unsigned int *）0x20000L)

上述宏定义与前一个相类似，只是它们的访问类型为 unsigned int。

7．专用寄存器 REGxxx.h 文件

专用寄存器 REGxxx.h 文件中包括了 51 系列所有的 SFR 及其中可寻址位（除 P0～P3 口外）的定义。例如，8051 对应文件为 REG51.h，一般系统若包含该头文件，就可省去对特殊功能寄存器的 P1、P2 和可寻址位 EA 等的定义。

4.7 C51 编程实例

4.7.1 基本的输入/输出

【例 4-5】AT89S51 单片机的 P0、P1、P2、P3 口具有输入缓冲/输出锁存功能，可直接与简单的输入/输出设备直接相接（如开关、LED 发光二极管）。在图 4-2 中，P3 口作为输入口，连接了 8 个开关，开关拨向左侧，为低电平，拨向右侧，为高电平；P1 口作为输出口，连接了 8 个发光二极管，输出低电平时，点亮发光管，输出高电平时，发光管不亮。连续运行下述程序，则发光二极管将显示开关状态。

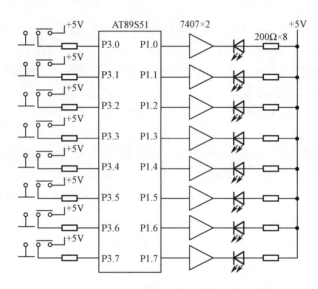

图 4-2 简单的输入/输出接口电路图

```
#include   <reg51.h>
main()
{ P3=0xff;         //定义 P3 口为输入口
while（1）
P1=P3;}
```

当 P3.0 为低电平时，点亮 1 个 LED；当 P3.1 为低电平时，点亮两个 LED。其程序如下：

```
#include   <reg51.h>
sbit   P3_0=P3^0;
sbit   P3_1=P3^1;
main()
{  P3=0xff;                    //定义 P3 口为输入口
   while(1)
   { if(!P3_0)P1=0xfe;         //点亮一个 LED
     else   if(!P3_1)P1=0xfc;} //点亮两个 LED
}
```

4.7.2 C51 软件延时

下面介绍三种 C51 中常用的软件延时方法。

1. 使用_NOP_()语句实现短暂软件延时

使用_NOP_()语句，可以定义一系列不同的延时函数，如 Delay10us()、Delay25us()、Delay40us()等存放在一个自定义的 C 文件中，需要时在主程序中直接调用。如延时 10μs 的延时函数可编写如下：

```
void Delay10us()
{
    _NOP_();
    _NOP_();
    _NOP_();
    _NOP_();
    _NOP_();
    _NOP_();
}
```

Delay10us()函数中共用了 6 个_NOP_()语句，若单片机主频为 12MHz，则每个语句执行时间为 1μs。主函数调用 Delay10us()时，先执行一个 LCALL 指令（2μs），然后执行 6 个_NOP_()语句（6μs），最后执行了一个 RET 指令（2μs），所以执行上述函数时共需要 10μs。

2. 用 for 循环语句实现软件延时

使用"for (i=0;i<DlyT;i++);"循环语句实现软件延时，其中 i 为 unsigned char 变量。在 Keil c 中选择 build target，然后单击 start/stop debug session 按钮进入程序调试窗口，最后打开 Disassembly window，找出与这部分循环结构相对应的汇编代码，如下所示：

```
C:0x000F  E4    CLR   A            //1T
C:0x0010  FE    MOV   R6,A         //1T
C:0x0011  EE    MOV   A,R6         //1T
C:0x0012  C3    CLR   C            //1T
C:0x0013  9F    SUBB  A,DlyT       //1T
C:0x0014  5003  JNC   C:0019       //2T，退出 for 循环
C:0x0016  0E    INC   R6           //1T
C:0x0017  80F8  SJMP  C:0011       //2T
```

可以看出，0x000F～0x0017 一共 8 条语句，并不是每条语句都执行 DlyT 次。核心循环只有 0x0011～0x0017 共 6 条语句，总共 8 个机器周期，第 1 次循环先执行 "CLR A" 和 "MOV R6,A" 两条语句，需要两个机器周期，每循环 1 次需要 8 个机器周期，但最后 1 次循环需要 5 个机器周期。故这种循环语句延时为：(2+DlyT×8+5)个机器周期，当系统采用 12MHz 时，精度为 7μs。

3. 使用 while 语句实现软件延时

当采用"while (DlyT--);"循环语句实现软件延时，DlyT 的值存放在 R7 中，相对应的汇编代码如下：

```
C:0x000F  AE07  MOV   R6,R7        //1T
C:0x0011  1F    DEC   R7           //1T
C:0x0012  EE    MOV   A,R6         //1T
C:0x0013  70FA  JNZ   C:000F       //2T
```

这种循环语句的执行时间为(DlyT+1)×5 个机器周期。

若采用改为"while (--DlyT);"循环语句实现软件延时,经过反汇编后得到如下代码:

```
C:0x0014    DFFE    DJNZ    R7,C:0014         //2T
```

可以看出,这时代码只有 1 句,共占用两个机器周期,循环体耗时 DlyT×2 个机器周期。但这时应该注意,DlyT 初始值不能为 0。

【例 4-6】 下面的一段程序的功能是,利用延时程序实现每隔一段时间多点亮一个 LED,即先点亮一个,后点亮两个,再点亮三个,……,直到点亮八个后,又重新开始。

```c
#include   <reg51.h>
main()
{   unsigned char   data x=0xfe;
    unsigned int i,j;
    while   (1)
    { P1=x;                           //点亮 P1 口所接的 LED
      for (i=0;i<10;i++)              //用双重循环实现延时
        for  (j=0;j<1000;j++);
      x=x<<1;
      if (x= =0)x=0xfe;
    }
}
```

习题 4

1. 按下列给定的存储类型和数据类型,写出下列变量的定义形式:
(1) up、down,16 位无符号整数,使用内部数据存储器存储。
(2) flag1、flag2,8 位无符号整数,使用内部位寻址区存储。
(3) x、y、16 位无符号整数,使用外部数据存储器存储。
(4) 10 个字符的字符串常量 "abcdefghjk"。

2. 判断下列表达式或逻辑表达式的运算结果(1 或 0)。
(1) 10= =9+1
(2) 0&&0
(3) 10&&8
(4) 8||0
(5) !(3+2)
(6) 设 x=10,y=9,x>88&&y<=x

3. 对图 4-2 所示线路,利用定时器 T0 中断函数,实现每隔 1s 读取开关的状态,并将结果送到发光二极管显示出来。

4. 已知内部 RAM 中有以 array 为首地址的数据区,依次存放单字节数组长度及数组内容。编写程序实现求这组数据的和,并将和紧接数据区存放。

5. 有 5 个双字节数存放在外部 RAM 以 array 为首的单元中,求它们的平均值,并将结果存放在 average 单元中。

6. 使用 Disassembly window,i 为 unsigned int 变量时,推导 "for (i=0;i<DlyT;i++);" 循环语句实现软件延时的延时时间的计算公式。

第 5 章

AT89S51 中断系统

5.1 中断概述

在单片机控制系统中,常常需要 CPU 与 I/O 设备之间进行传送数据。由于二者速度不匹配,常采用查询和中断两种数据传送方式。用查询方式进行数据交换时,CPU 首先查询外设的状态,只有在外设处于准备就绪的状态时才传输数据,若未准备好,CPU 就处于等待,直到外设就绪。查询方式的优点是较好地协调了二者的速度差异,但 CPU 利用率较低,长期地处于等待,因此不适用于实时性较高的系统。

中断是指在计算机执行程序的过程中,由 I/O 设备等服务对象向 CPU 发出中断请求信号,要求 CPU 暂时中断执行当前程序,而转去执行中断程序为 I/O 设备服务,待中断服务程序执行完毕后,再返回来继续执行原来被中断的程序。中断方式的优点是 CPU 与外设并行工作,大大地提高了 CPU 的利用率和实时处理能力,如图 5-1 所示。

计算机系统中的中断系统常由硬件控制逻辑和中断服务程序构成。中断系统通常具有下述功能。

(1) 能实现中断响应及中断的返回。当 CPU 收到中断申请后,能根据具体情况决定是否响应中断,如果没有更重要的中断请求,且 CPU 允许外设中断(即 CPU 开中断),则在执行完当前指令后响应这一请求。响应过程包括保护断点处地址(即程序中断处的地址)及保护当前程序的运行状态(当前寄存器、标志位状态等),即"保护现场";执行相应的中断服务程序;当 CPU 执行完中断服务程序后,还必须恢复原寄存器的内容及原程序中断处的地址,即要"恢复现场"和"恢复断点",才能回到原来被中断的程序处继续执行。

(2) 能实现中断优先级(权)排队。当控制系统中有多个中断源同时发出中断申请时,能确定哪个中断的优先级(权)最高,中断能先被响应,只有优先级高的中断处理完毕后才能响应优先级低的中断。

(3) 实现中断嵌套。当 CPU 正在处理某个中断时,若出现了更高级的新的中断请求,则 CPU 应能中断正在进行的中断处理,转去处理某个更高级的中断。这种挂起正在处理的中断,转去响应更高级别的中断的情况被称为中断嵌套,如图 5-2 所示。

(4) 中断屏蔽。在某些情况下,CPU 不能对中断请求信号做出响应或处理,这就是中断屏蔽。屏蔽情况由 CPU 中断允许寄存器 IE 来确定是屏蔽所有中断还是某个外设的中断。

从 CPU 中止当前程序而转向另一程序这点看,中断过程很像子程序,区别在于:中断的触发信号来自外设中断请求信号,其发生的时间是随机的,而子程序调用是调用指令引发的,无随机性,由软件设定。

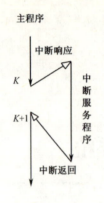
图 5-1 中断过程示意图

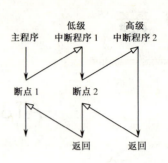
图 5-2 中断嵌套

5.2 AT89S51 中断系统

AT89S51 中断系统内部结构如图 5-3 所示。AT89S51 有 6 个中断源 5 个中断号，根据实际需要，通过 IE 寄存器可程控每个中断源的中断允许/屏蔽、CPU 的中断允许/屏蔽，也可通过 IP 寄存器程控每个中断源为高级或低级中断，实现两级中断嵌套。

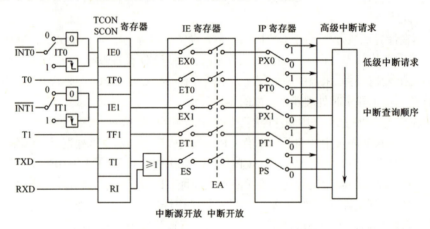

图 5-3 AT89S51 中断系统内部结构

5.2.1 AT89S51 中断源

从图 5-3 中可看出，AT89S51 单片机有 6 个中断源：由 P3.2 和 P3.3 引脚输入的外部中断 0（$\overline{INT0}$）和外部中断 1（$\overline{INT1}$）；定时器 T0 和定时器 T1 溢出中断；串行口发送中断 TXD 和接收中断 RXD（通过"或"逻辑后看做 1 个中断源，合称串行口中断，也称有 5 个中断源）。它们的中断标志 IE0、TF0、IE1、TF1、TI、RI 存放在 TCON、SCON 寄存器中。

1. 外部中断

外部中断请求信号输入脚有两个：$\overline{INT0}$ 和 $\overline{INT1}$，中断有电平触发和边沿触发两种形式，由特殊功能寄存器 TCON 中的 IT0、IT1 位控制。TCON 既与中断控制有关，又与定时器控制有关（请参阅第 6 章）。

特殊功能寄存器 TCON 的地址为 88H，可位寻址，每一位有相应的位地址，其格式如下：

TCON（88H）	D7	D6	D5	D4	D3	D2	D1	D0
位地址	8FH	8EH	8DH	8CH	8BH	8AH	89H	88H
功能	TF1	TR1	TF0	TR0	IE1	IT1	IE0	IT0

其中，IT0、IT1、IE0、IE1 为有关中断的控制位，其余为定时器控制位。

（1）当 IT0=0（IT1=0）时，$\overline{INT0}$（$\overline{INT1}$）为低电平触发方式。CPU 在每个机器周期的 S5P2 期间对 $\overline{INT0}$（$\overline{INT1}$）采样，一旦在 P3.2（P3.3）引脚上检测到低电平时，则认为有中断请求，使 IE0（IE1）置"1"，向 CPU 申请中断。

（2）当 IT0=1（IT1=1）时，$\overline{INT0}$（$\overline{INT1}$）为下降边沿触发方式，CPU 在每个机器周期的 S5P2 期间采样 $\overline{INT0}$（$\overline{INT1}$），当在前一周期检测到高电平，后一周期检测到低电平时，则认为有中断请求，使 IE0（IE1）置"1"，向 CPU 申请中断。在边沿触发方式中，为保证 CPU 在两个机器周期内检测到由高到低的负跳变，高电平与低电平的持续时间不得少于 1 个机器周期的时间。

（3）IE0（IE1）：$\overline{INT0}$（$\overline{INT1}$）的中断请求标志。CPU 响应中断后，由"硬件"自动将 IE0（IE1）标志清"0"。

51 系列各中断源的中断服务程序入口地址及各中断请求标志清除状态见表 5-1。

表 5-1 中断服务程序入口地址及中断响应后中断标志清除状态

中 断 源	中断源编号（C51 中使用）	中断请求标志	是否硬件自动消除	中断入口地址
外部中断 0	0	IE0	是（边沿触发）	0003H
			否（电平触发）	
定时器 T0	1	TF0	是	000BH
外部中断 1	2	IE1	是（边沿触发）	0013H
			否（电平触发）	
定时器 1	3	TF1	是	001BH
串行口	4	RI、TI	否	0023H
定时器 2	5	TF2、EXF2	否	002BH

2. 定时器 T0、T1 和 T2 溢出中断标志 TF0～TF2

当定时器 T0、T1 发生计数溢出时，由硬件将 TF0、TF1 置"1"，向 CPU 申请中断，CPU 响应中断后，由"硬件"自动清"0"。AT89S52/53 增加了一个定时器 T2，由 T2 的溢出中断标志为 TF2 和边沿检测中断标志 EXF2 逻辑相"或"后产生，详细请参阅第 6 章。

3. 串行口中断

串行口的发送（TXD）和接收（RXD）中断标志 TI 和 RI，存放在特殊功能寄存器 SCON 中的 D1 和 D0 位，其他 6 位 D7～D2 与串行通信有关，将在第 7 章中详细分析。

特殊功能寄存器 SCON 的地址为 98H，可位寻址，每一位有相应的位地址，其格式如下：

SCON（98H）	D7	D6	D5	D4	D3	D2	D1	D0
位地址	9FH	9EH	9DH	9CH	9BH	9AH	99H	98H
功能	SM0	SM1	SM2	REN	TB8	RB8	TI	RI

RI 为接收中断标志位，TI 为发送中断标志位。其工作过程简述如下（读者在学习第 7 章内容以后，再来学习这段内容，更容易理解）。

（1）发送中断 TI 标志。当 CPU 将一个数据写入发送缓冲器 SBUF 时，就启动发送。每发送完 1 帧数据，由"硬件"自动将 TI 置"1"，向 CPU 申请中断，启动 CPU 再次输出数据。值得注意的是，CPU 响应 TI 中断请求后，不会自动将 TI 清"0"，必须由用户在中断服务程序中用软件将 TI 清"0"。

（2）接收 RI 中断标志。在串行口允许接收时，即可串行接收数据。当一帧数据接收完成后，由"硬件"自动将 RI 置"1"，向 CPU 申请中断，从串口读入数据。同样，CPU 响应中断后，也要用软件将 RI 清"0"，以便接收新的数据。

串行中断请求由 TI 和 RI 的逻辑"或"后得到。也就是说，无论是发送中断标志还是接收中断标志，只要有一个为"1"，都会产生中断请求。所以把串行口的发送和接收中断统称为串行中断。有关串行中断的内容，将在第 7 章中详细描述。

5.2.2 AT89S51 中断控制

中断控制是指 AT89S51 提供给用户的中断控制手段，由中断允许控制寄存器 IE 和中断优先级控制寄存器 IP 组成。它们均是特殊功能寄存器，均可位寻址。

1. 中断允许控制 IE

用户通过设置中断允许寄存器 IE 来控制中断的允许/屏蔽（见图 5-3）。IE 地址为 A8H，可位寻址，每一位有相应的位地址。复位时，IE 被清"0"，即关闭所有中断。

特殊功能寄存器 IE 的格式如下：

IE（A8H）	D7	D6	D5	D4	D3	D2	D1	D0
位地址	AFH	AEH	ADH	ACH	ABH	AAH	A9H	A8H
功能	EA		*ET2	ES	ET1	EX1	ET0	EX0

EA：总中断允许控制。当 EA=1 时，CPU 允许所有中断，此时可通过各中断源的中断允许控制开/关来控制某个中断允许/禁止；当 EA=0 时，禁止所有中断。

ES：串行口中断的允许/禁止控制位。ES=1，允许中断；ES=0，禁止中断。

ET1：定时器 T1 溢出中断的允许/禁止控制位。ET1=1，允许中断；ET1=0，禁止中断。

EX1：外部 $\overline{INT1}$ 的中断允许/禁止控制位。EX1=1，允许中断；EX1=0，禁止中断。

ET0：定时器 T0 溢出中断允许/禁止控制位。ET0=1，允许中断；ET0=0，禁止中断。

EX0：外部 $\overline{INT0}$ 的中断允许/禁止控制位。EX0=1，允许中断；EX0=0，禁止中断。

*ET2（仅 AT89S52/53 有）：定时器 T2 中断允许/禁止控制位。ET2=1 允许中断；ET2=0，禁止中断，内容详见 6.3 节。

2. 中断优先级 IP 及中断嵌套

上述 6 个中断源同时发出中断请求时，其优先权从高到低依次是外部中断 0、定时器 T0、外部中断 1、定时器 T1、串行口中断、定时器 T2，见表 5-2。

表 5-2 同级中断源的中断优先权结构

中　断　源	级内中断优先权
IE0（外部中断 0）	最高优先权
TF0（定时器 T0 溢出中断）	↓
IE1（外部中断 1）	↓
TF1（定时器 T1 溢出中断）	↓
RI+TI（串行口中断）	↓
*TF2+EXF2（定时器 T2 中断）	最低优先权

中断优先级寄存器 IP 可编程设定各中断源为高级或低级中断，实现高级中断低级的两级中断嵌套，注意：中断一旦发生，同级之间不能中断嵌套。IP 地址为 B8H，可位寻址，每一位有相应的位地址，格式如下：

IP（B8H）	D7	D6	D5	D4	D3	D2	D1	D0
位地址	BFH	BEH	BDH	BCH	BBH	BAH	B9H	B8H
功能			*PT2	PS	PT1	PX1	PT0	PX0

PT1：定时器 T1 中断优先级控制位。PT1=1 为高优先级；PT1=0 为低优先级。
PX1：外部中断 $\overline{INT1}$ 中断优先级控制位。PX1=1 为高优先级；PX1=0 为低优先级。
PT0：定时器 T0 中断优先级控制位。PT0=1 为高优先级；PT0=0 为低优先级。
PX0：外部中断 $\overline{INT0}$ 中断优先级控制位。PX0=1 为高优先级；PX0=0 为低优先级。
PS：串行口中断优先级控制位。PS=1，为高优先级；PS=0 为低优先级。
*PT2：定时器 T2 中断优先级控制位。PT2=1 为高优先级，PT2=0 为低优先级。

5.2.3 中断响应

1．中断响应的条件

CPU 在每一机器周期的 S5P2 状态顺序查询每一个中断源，到机器周期的 S6 状态时，便将有效的中断请求按优先级（权）次序排好。当有下列三种情况之一发生时，不会响应中断请求，在下一机器周期重新开始查询；否则，CPU 响应中断。

（1）CPU 正在响应同级或更高优先级的中断。
（2）当前指令未执行完。
（3）正执行的是"RETI"中断返回指令或访问特殊功能寄存器 IE 或 IP 的指令（执行这些指令后至少再执行一条指令后才会响应中断）。

2．中断响应的过程

CPU 响应中断执行过程如下。
（1）当前指令完毕后，置位优先级状态寄存器，以阻止同级和低级中断。
（2）保存断点处的地址，将当前程序计数器 PC 压入堆栈，
（3）转至对应的中断服务程序入口地址，执行中断服务程序，结束时由 RETI 从堆栈弹出断点地址送给 PC，返回主程序。

3．外部中断响应时间

下面以边沿触发的外部中断 $\overline{INT0}$ 为例，来说明 CPU 响应中断的时间。外部中断请求输入引脚 $\overline{INT0}$ 的电平在每个机器周期的 S5P2 状态被采样。如果上次检测为 1，在下一个机器周期的 S5P2 检测为 0，则中断请求有效，置 IE0 为"1"，因此请求中断信号的低电平至少应维持一个机器周期。若符合响应中断的条件，则 CPU 响应中断，在下一个机器周期执行一个硬件长调用指令，转入中断服务程序。长调用指令执行时间是两个机器周期。因此，从外部中断请求有效到开始到执行中断服务程序的第一条指令，这中间至少需要 3 个完整的机器周期。

如果中断请求不满足前面所述中断响应的 3 个条件而被阻止，则中断响应时间将延长。例如，已有一个相同优先级或更高优先级的中断正在处理之中，则附加的等待时间显然取决这个正在处理的中断服务程序的长度。

如果正在执行的是 RETI、访问 IE 或 IP 指令，则必须在执行完下一指令后才能响应中断。

此时，附加的等待时间最多不会超过 5 个机器周期（用一个机器周期完成当前执行的指令，再加上完成下一条指令时间，最多为 4 个机器周期，如乘法指令）。

由上可见，在一个单一中断系统中，AT89S51 CPU 响应外部中断时间需要 3～8 个机器周期。

4. 中断请求的撤除

CPU 响应某一中断后，在中断返回前，该中断请求应该撤除；否则，会重复引起中断而发生错误。

对于定时器 T0 和 T1 的溢出中断及边沿触发方式的外部中断，CPU 响应中断后，便由中断系统的"硬件"自动清除相关的中断请求标志，用户无须采取其他措施。

但对电平触发方式的外部中断，情况则不同。光靠清除中断标志，并不能彻底解决中断请求的撤除问题。因为尽管中断请求标志位撤除了，但是中断请求的有效低电平仍然存在，在下一个机器周期采样中断请求时，又会使 IE0 或 IE1 重新置"1"。为此，要想彻底解决中断请求的撤除，必须在中断响应后把外部输入端信号从低电平强制改为高电平，这一点请读者在应用时务必注意。

对于串行口中断，CPU 响应中断后，硬件不能清除它们的中断标志，必须在中断服务程序中用软件清除中断标志，AT89S52 的 T2 定时中断标志必须由软件清零，详见 6.3 节。

5.3 中断系统的编程

为实现中断而设计的有关程序称为中断程序。中断程序由中断初始化程序和中断服务程序两部分组成。中断初始化程序用于实现对中断的控制，系统复位后，定时器控制寄存器 TCON、中断允许寄存器 IE 及中断优先级寄存器 IP 等均复位为 00H，需要根据中断控制的要求，在中断初始化程序中对这些寄存器编程。中断服务程序用于完成中断源所要求的各种操作。

从程序所处位置来看，中断初始化程序在主程序中，作为主程序的一部分和主程序一起运行，中断服务程序为一独立的模块，只有在中断发生时，CPU 才执行，中断服务完毕之后，CPU 自动返回，继续执行主程序。

5.3.1 中断服务程序的结构

每个中断源都有各自的中断服务程序，是根据中断源请求处理的要求而设计的专门程序。通常，在中断服务程序的开头，首先要保存有关的寄存器内容（保护现场），然后是中断处理，在完成中断源要求的处理工作后，还要恢复中断前所保护的寄存器内容（恢复现场），并由中断返回指令 RETI 结束中断程序，将中断响应时放入堆栈的主程序的断点地址由堆栈弹出送给程序计数器 PC，使 CPU 从断点处继续执行被中断的主程序，中断服务程序处理流程如图 5-4 所示。

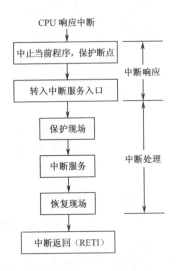

图 5-4　中断服务程序流程图

5.3.2　C51 中断函数

C51 中断函数的定义如下：

```
void 函数名(void)   interrupt   n   using   m
{
```

中断函数内容
　}

　　修饰符 interrupt n 表明该中断服务程序所对应中断源的中断号，中断号 n 和中断入口地址取决于单片机的型号，编译器从 8n+3 处产生中断向量。51 系列单片机常用中断源的中断号和中断向量见表 5-1。using m 是一个可选项，用于指定中断函数所使用的寄存器组。如果不用该选项，则由编译器为中断函数选择一个寄存器组做绝对寄存器组访问。指定工作寄存器组的优点是：中断响应时，默认的工作寄存器组就不会被推入堆栈，这将节省很多时间，因为入栈和出栈都需要两个机器周期。缺点是所有被中断调用的函数都必须使用同一个寄存器组，否则参数传递会发生错误。

　　关键字 interrupt 不允许用于外部函数，它对中断函数的目标代码有如下影响。
　（1）进入中断函数时，特殊功能寄存器 ACC、B、DPH、DPL、PSW 将被入栈保护；
　（2）如果不使用寄存器组切换，则将中断函数中所用到的全部工作寄存器入栈保护；
　（3）函数返回之前，所有的寄存器内容出栈；
　（4）中断函数由 51 系列单片机指令 RETI 结束。
　　在编写 C51 中断函数时应遵循以下规则。
　（1）中断函数不能进行参数传递。如果中断函数中包含任何参数声明都将导致编译出错。
　（2）中断函数没有返回值。因此应将中断函数定义为 void 型，以明确说明没有返回值。
　（3）在任何情况下，都不能调用中断函数，否则会产生编译错误。因为中断函数的返回是由单片机指令 RETI 完成的，RETI 指令会影响 51 单片机的硬件中断系统。如果在没有实际中断请求的情况下直接调用中断函数，RETI 指令的操作结果会产生一个致命的错误。
　（4）如果中断函数中用到浮点运算，必须保存浮点寄存器的状态，当没有其他程序执行浮点运算时可以不保存。C51 编译器的数学函数库 math.h 中，提供了保存浮点寄存器状态的库函数 pfsave 和恢复浮点寄存器状态的库函数 fprestore。
　（5）由于中断产生的随机性，中断函数对其他函数的调用可能形成违规调用，需要时可将被中断函数所调用的其他函数定义为再入函数。
　（6）中断函数要精简，避免因执行时间过长引起的中断逻辑错误。

5.3.3 中断应用举例

　　【例 5-1】利用定时器 T0，每隔 50ms 产生一次中断，显示中断发生次数的程序如下：

```
#include   <reg51.h>
#include   <stdio.h>
#define  RELOADVALH  0x3C
#define  RELOADVALL  0xB0
 extern  unsigned  int  tick_count;
void  main()                    //主函数
{
   SCON=0x52;     //设定串口工作于方式 1
   TMOD=0x21;     //设定 T1、T0 工作方式 2、1，T1 为串口的波特率发生器，T0 产生 50ms 中断
   TH1=0xf3, TL1=0xf3;        //设定 T1 时间常数
   TR1=1;         //启动 T1，T1 为 printf 函数所必需的串口产生波特率
   TH0=RELOADVALH;      // 设定 T0 时间常数，50ms 后溢出
   TL0=RELOADVALL;
   TR0=1;         //启动 T0
```

```
        IE=0x82;         //开放 CPU、T0 中断
    }
    void  timer0(void)  interrupt  1  using  1    //定时器 T0 中断服务程序
    {   TR0=0;                          //停止 T0
        TH0=RELOADVALH;                 // 重置 T0 时间常数
        TL0=RELOADVALL;
        TR0=1;                          // 启动 T0
        tick_count++;                   // 时间计数器加 1
    printf("tick_count=%05u \n", tick_count);
    }
```

Keil C51 提供的输入/输出库函数是通过 8051 的串行口来实现输入/输出的，因此在调用库函数 scanf 与 printf 之前，必须先对 51 单片机的串行口进行初始化。但是对于单片机应用系统来说，由于具体要求不同，应用系统的输入/输出方式多种多样，不可一律采用串行口作输入/输出。因此应根据实际需要，由研制人员自己来编写满足特定需要的输入/输出函数，这一点是十分重要的。具体地参见 4.6 节中的 STDIO.H 输入/输出库函数。

【**例 5-2**】在图 5-5 中，正常情况下 P1 口所接的发光管依次循环点亮（每次只有一个亮）。当 S0 按下时，产生 $\overline{INT0}$ 中断，此时 8 只发光管"全亮—全暗"交替出现 8 次，然后恢复正常。

图 5-5 中，当按键断开时，INT0 引脚呈现高电平；当按键闭合时，INT0 引脚呈现低电平，因此每一次按键都会触发 INT0 中断。但该中断请求要被 CPU 接受并处理，则 INT0 中断必须开放，即必须设置 EA 和 EX0 控制位。除此以外，由于键是机械元件，键的闭合和断开瞬间都会有抖动现象，使 INT0 引脚上的电平出现瞬时变化，错误的触发中断，解决的方法有两种：一种是利用图 5-5 中的 RC 电路硬件去抖动，另一种是利用软件 delay 延时的方法去抖动，见【例 5-3】。

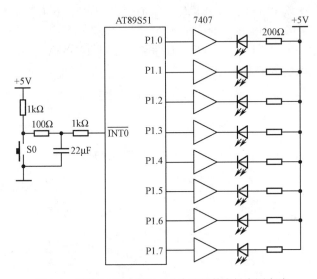

图 5-5 按键 INT0 中断的 RC 电路硬件去抖应用电路

C51 程序如下所示：

```
#include    <reg51.h>
#include    <intrins.h>
unsigned char   a=0, x=0xfe;
bit   flag=0
void    delay() //延时函数
    { unsigned char   i,j;
```

```
            for (i=0;i<100;i++)
                for(j=0;j<100;j++);
    }
main()  //主程序
{   EX0=1;//开 INT0 中断
    EA=1;//开 CPU 中断
    IT0=0;//设定 INT0 低电平触发
    while(1)
      { if (flag)
        {for (;a<8;a++)    //重复执行 8 次
          {P1 =0;//点亮所有的 LED
            delay();
            P1=0xff; //熄灭所有的 LED
            delay();}
        flag=0;a=0;EX0=1;// 再次开放外部中断 INT0 }
        else    { P1=x;
                  delay();
                  x=_crol(x,1)_;
                  }
        }
    }
void  int0()  interrupt 0  using  1 //选择工作寄存器 1 的 INT0 中断函数
  { flag=1; EX0=0; //暂时不允许 INT0 中断 }
```

【例 5-3】如图 5-6 所示，P0 口连接了 8 个发光二极管，INT1 引脚上接了一个按键，要求每次按键均能改变发光二极管的亮灭。

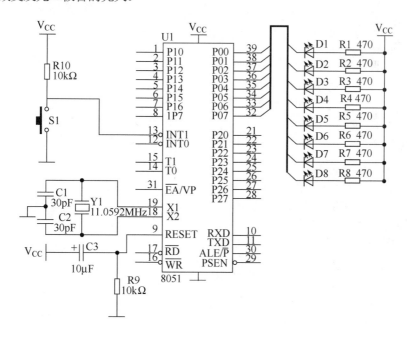

图 5-6 按键 INT1 中断的软件延时去抖应用电路

此例采用软件延时去抖，不管 INT1 中断采用的是边沿或是电平检测，必须做到一次按键只被处理一次，这点可以通过等待并判断按键松开之后再对发光二极管操作来实现。

```c
#include <reg51.h>
#define LED P0
sbit KEY=P3^3;
bit flag=0;
void int1(void);
void delay(unsigned char n);
main()
{  IT1=1; //设置边沿触发方式
   EA=1;
   EX1=1;
   LED=0xff; //所有发光二极管灭
   while(1)
     {
      if( flag ) //有外部中断的按键
        { delay(100); //延迟一段时间，判断是否为抖动
         if( !KEY ) //还有按键，说明不是抖动
           { while( !KEY ); //等待按键松开
             LED=~LED; //改变发光二极管的亮灭
           }
         flag=0; //上次外部中断已经处理完毕，所以清除该变量
         EX1=1; //再次开放外部中断
        }
     }
}
void int0(void)  interrupt  0 //中断服务程序
{ flag=1; //设置中断标志变量为真，表明有按键闭合
  EX1=0; //暂时不允许再次产生外部中断
}
void delay(unsigned char n) //延时子函数;
  { unsigned char a;
    for(a=0;a<n;a++);
  }
```

编写中断服务程序时，应避免使中断时间过长的操作，如果本例中断服务程序编成如下形式。

```c
void int1(void)  interrupt  2 //中断服务程序
{ delay(100); //延迟一段时间，判断是否为抖动
  if( KEY==0 ) //还有按键，说明不是抖动
    { while( !KEY ); //等待按键松开
      LED=~LED; //改变发光二极管的亮灭
    }
}
```

由于中断函数里有去除按键抖动以及等待按键松开的处理，当按键时间过长时，程序会陷入执行语句 while(!KEY)不得退出，有可能造成程序逻辑错误。例如，如果此时系统中同时使用串口中断收发数据，会使串口中断请求得不到CPU及时响应，造成串口数据收发错误。

5.4 外部中断源的扩展

AT89S51 单片机系统仅提供了两个外中断输入端（$\overline{INT0}$、$\overline{INT1}$），而实际应用系统中往往会出现两个以上的外部中断输入，因此必须对外中断源进行扩展。其方法主要有四种：一是采用定时器 T0、T1 扩展；二是采用中断与查询相结合的方法扩展；三是采用串行口的中断扩展；四用优先权编码器扩展。由于篇幅有限，以下介绍第一、第二种常用的方法。

5.4.1 用定时器 T0、T1 作为外部中断扩展

【例 5-4】 采用定时器 T0 的外部计数输入脚 P3.4 作为外中断源输入脚。定时器 T0 工作在 8 位的计数方式，初值为 0FFH，当连接在 P3.4 上的外部输入脉冲发生负跳变时，定时器 T0 加 1 溢出，TF0 置"1"，向 CPU 发出中断申请。同时，TH0 的内容送 TL0，即恢复计数初值 0FFH。这样，P3.4 引脚上输入脉冲的每次负跳变都将使 TF0 置"1"，向 CPU 发出中断请求，引脚 P3.4 相当于边沿触发的外中断源输入线。同理，定时器 T1 的 P3.5 引脚也可作外中断源输入线。其主程序中中断部分初始化如下：

```c
#include <reg51.h>
main()  //主程序中中断初始化程序部分：
{ ……
    TMOD=0x06; //定义 T0 方式 2，即自动恢复初值，计数方式
    TH0=0xff;  //设置 T0 计数初值为满量程
    TL0=0xff;  //设置 T0 计数初值为满量程
    TR0=1;   //启动计数器 T0
    EA=1;    // CPU 中断开放
    ET0=1;   //允许 T0 中断
    ……
}
void T0( ) interrupt 1 using 1 //选择工作寄存器 1 的 T0 中断函数
{……} //系统扩充的外中断源所引发的中断处理程序
```

5.4.2 用中断与查询相结合的方法扩展外部中断

【例 5-5】 图 5-7 中的 4 个外部扩展中断源通过"线与"的方法连至 $\overline{INT1}$ 的输入引脚 P3.3，无论哪个外设提出中断请求，都会使 $\overline{INT1}$ 引脚电平变低，从而通过 $\overline{INT1}$ 向 CPU 发出中断请求。CPU 执行中断服务程序时，依次查询 P1 口的中断源的输入端状态，然后转入相应的处理程序执行。4 个扩展的中断源的优先级顺序由软件查询顺序决定，即最先查询的优先级最高，最后查询的优先级最低。

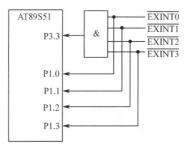

图 5-7 外部中断源扩展

```c
#include   <reg51.h>
sbit   P1_0=P1^0;
sbit   P1_1=P1^1;
sbit   P1_2=P1^2;
sbit   P1_3=P1^3;
main()   //主程序中断初始化部分
{  ……
    EX1=1; //开 INT1 中断
    EA=1; //开 CPU 中断
    IT1=0; //设定 INT0 低电平触发
    P1=0x0f; //定义 P1.0~P1.3 为输入方式 ……
}

void   int1( )    interrupt    2    using    1 //选择工作寄存器 1 的 INT1 中断函数
 { if (!P1_0) {……  } //调用 EXINT0 处理程序
    else if (!P1_1) { ……  } //调用 EXINT1 处理程序
      else if (!P1_2) {……  } //调用 EXINT2 处理程序
        else if (!P1_3) {……  } //调用 EXINT3 处理程序
 }
```

习题 5

1．试述单片机的中断响应过程。

2．AT89S51 系列单片机有几个中断源？各中断标志是如何产生的？如何清除各中断标志？CPU 响应中断时，它们的中断矢量地址分别为多少？

3．AT89S51 系列单片机的中断系统分为几个优先级？如何设定各中断源的优先级？

4．AT89S51 中断响应时间是否固定？为什么？

5．AT89S51 中若要扩充 6 个外部中断源，则可采用哪些方法？如何确定它们的优先级？

6．若在图 5-5 中，在 $\overline{\text{INT1}}$ 端加一个按钮开关 S1，将 $\overline{\text{INT1}}$ 设置为高优先级，$\overline{\text{INT0}}$ 为低优先级。S0 的功能同前，但按下 S1 时，一次点亮 4 个 LED（前 4 个），然后点亮另 4 个 LED（后 4 个），重复 8 次后返回主程序。主程序的功能是使 P1 口所接的发光二极管依次循环点亮，每次有两个亮（相邻两个 LED），请编程实现上述功能。

第 6 章

AT89S51/S52 单片机的定时器/计数器

在单片机应用技术中,往往需要定时检测某个参数或进行某种定时控制,这固然可以利用软件延时来实现,但这样做大大地降低了 CPU 的效率。同时,有些应用系统还要求通过对某种事件的计数结果来进行控制。因此,几乎所有单片机内部都配置了硬件定时器/计数器来完成这种定时或计数操作,这无疑简化了系统的设计。

AT89S51 系列单片机有两个 16 位定时器/计数器 T0 和 T1,还有 1 个 WDT;AT89S52/53 单片机增加了 1 个 16 位定时器/计数器 T2。通过本章的学习,可了解和掌握定时器/计数器的组成结构、工作原理、工作方式设置及定时器/计数器的基本应用方法。

6.1 定时器的内部结构

定时器 T0、T1 各由两个 8 位的初值寄存器 TH0、TL0 和 TH1、TL1 构成,如图 6-1 所示。方式寄存器 TMOD 用于设置两个定时器的工作方式。控制状态寄存器 TCON 用于控制两个定时器的开/关和反映定时器的溢出状态。每一个定时器实质上是一个可编控的加法计数器,通过内总线与 CPU 相连,由 CPU 初始化编程设置定时器的初值、工作方式、启动、停止;此后,定时器就按设定的工作方式,从初值开始加"1"计数,不再占有 CPU 时间,只有在定时器溢出时,置位溢出标志,并向 CPU 申请中断。CPU 查询溢出标志或利用中断进入后续处理。由此可见,定时器是单片机中工作效率高且应用灵活的部件。

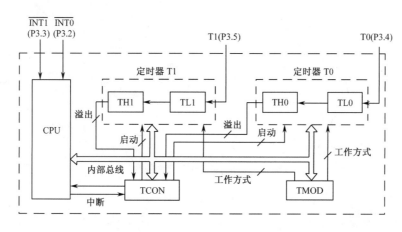

图 6-1 51 系列单片机定时器 T0、T1 内部结构框图

6.1.1 方式寄存器 TMOD

特殊功能寄存器 TMOD 的字节地址为 89H，用于设定定时器 T0、T1 的工作方式，不能位寻址，只能通过字节指令进行设置。复位时，TMOD 所有位均为 "0"。其格式如下：

TMOD（89H）	D7	D6	D5	D4	D3	D2	D1	D0
功能	GATE	C/$\overline{T}$	M1	M0	GATE	C/$\overline{T}$	M1	M0
	←―― 定 时 器 T1 ――→				←―― 定 时 器 T0 ――→			

TMOD 的高 4 位和低 4 位分别为 T0、T1 的工作方式字段，含义完全相同。M1 和 M0 方式选择位对应关系见表 6-1，其余各位的作用如图 6-2 所示。

表 6-1 M1 和 M0 方式选择位对应关系

M1	M0	工作方式	功 能 说 明
0	0	方式 0	13 位计数器
0	1	方式 1	16 位计数器
1	0	方式 2	自动再装入计数初值，8 位计数器
1	1	方式 3	定时器 T0：分成两个 8 位计数器。定时器 T1：停止计数

当 C/$\overline{T}$=1 时，定时器工作在计数方式，对外部输入脉冲从初值开始计数（下降沿触发）。在每一个机器周期的 S5P2 期间（见第 2 章时序部分），采样引脚输入电平。若前一个机器周期采样值为 "1"，后一个机器周期采样值为 "0"，则计数器加 1。由于它需要两个机器周期（24 个时钟周期）来识别一个 "1" 到 "0" 的跳变信号，所以最高的计数频率为时钟频率的 1/24。对外部输入信号脉冲的占空比没有特别的限制，但必须保证输入信号电平在它发生跳变前至少被采样一次，因此输入信号的电平至少应在一个完整的机器周期中保持不变。P3.4、P3.5 分别用作 T0、T1 的外部时钟信号输入引脚；

当 C/$\overline{T}$=0 时，定时器工作在定时方式。加 1 计数器对单片机振荡器时钟频率 f_0 的 12 分频信号（即机器周期）从初值开始计数，直到溢出。因此，定时器的定时时间不仅与加 1 计数器的初值（计数器中的起始值 THx、TLx）有关，而且还与系统振荡器时钟频率 f_0 有关。因此定时和计数方式实质上是一样的，只是时钟源不一样。

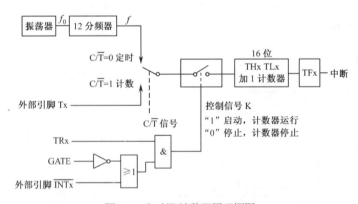

图 6-2 定时器/计数器原理框图

控制信号 K=TRx·($\overline{INTx}$+$\overline{GATE}$)，当 GATE=0 时，K=TRx，TRx=1，允许计数器对时钟信号加 1 计数；TRx=0 禁止计数。当 GATE=1 时，K=TRx·$\overline{INTx}$，由 $\overline{INTx}$ 引脚输入电平和 TRx 位的状态同时控制定时器的开/关。仅当 TRx=1，且引脚 $\overline{INTx}$=1 时，才允许定时器计数；否则停止计数。

6.1.2 控制寄存器 TCON

TCON 的字节地址为 88H，可位寻址，用来存放定时器的溢出标志 TF0、TF1 和定时器的启、停控制位 TR0、TR1。复位时，TCON 的所有位均为"0"。其格式如下：

TCON（88H）	D7	D6	D5	D4	D3	D2	D1	D0
位地址	8FH	8EH	8DH	8CH	8BH	8AH	89H	88H
功能	TF1	TR1	TF0	TR0	IE1	IT1	IE0	IT0

TCON 的高 4 位存放定时器的运行控制位和溢出标志位。低 4 位存放外部中断的触发方式控制位和锁存外部中断请求源，与外部中断有关，与定时器无关，已在第 5 章叙述。

（1）TFx：定时器 Tx 溢出标志。定时器的核心为加法计数器，当发生计数溢出时，由硬件将此位置"1"。TFx 可以由程序查询，此时必须由软件清零；TFx 也是定时中断的请求源，当 CPU 响应中断、进入中断服务程序后，由单片机内部的"硬件"自动将 TFx 清"0"。

（2）TRx：定时器 Tx 运行控制位，通过软件置"1"或清"0"。TRx 为"1"启动计数，为"0"停止计数。

6.1.3 定时器的工作方式

51 单片机的定时器 T0 有 4 种工作方式，即方式 0、方式 1、方式 2 及方式 3。定时器 T1 只有 3 种工作方式，即方式 0、方式 1 及方式 2。本节对各种工作方式下的定时器结构及功能加以详细讨论，在讲解时以 T0 为例来进行描述。

1. 方式 0 和方式 1

当 TMOD 中的 M1、M0 为 00 或 01 时，定时器被选为工作方式 0 或 1。方式 0 由 TH 的 8 位和 TL 的低 5 位构成 13 位计数器，TL 的高 3 位是不定的；方式 1 由 TH 的 8 位和 TL 的 8 位构成 16 位计数器。方式 0 和方式 1 的基本原理相同，以下以 T0 方式 0 为例进行说明。

如图 6-3 所示，当 T0 启动后，从 TH0 和 TL0 中存储的初值开始进行加"1"计数，TL0 计数溢出时向 TH0 进位，而 TH0 计数溢出时置 T0 溢出中断标志位 TF0 为"1"，请求中断。因此，可通过查询 TF0 是否置"1"或通过考察 CPU 是否响应定时中断来判断定时器 T0 是否溢出。此后，如对 T0 不重新赋初值，则 T0 从 0 开始重新计数。

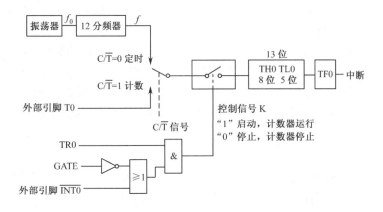

图 6-3　T0 方式 0 逻辑结构

当 C/T̄=0 时，为定时工作方式，计数器对机器周期脉冲计数。其定时时间为

$$(2^N - 初值) \times 时钟周期 \times 12 （方式 0，N=13；方式 1，N=16）$$

若晶振频率为 12MHz，N=13（方式 0），则最长的定时时间为

$$(2^{13} - 0) \times (1/12) \times 12\mu s = 8.191ms$$

C/T̄ 和 K 的作用如前已述，这里不再赘述。以上分析同样适合于定时器 T1。

2. 方式 2

当 M1、M0 两位为 10 时，定时器被选为工作方式 2，为 8 位计数器，其逻辑结构如图 6-4 所示。TL0 作为 8 位计数器，TH0 作为重置初值的缓冲器，在程序初始化时，由软件赋予 TH0 和 TL0 同样的初值，一旦计数器溢出便置位 TF0，同时自动将 TH0 中的初值再装入 TL0，从而进入新一轮的计数，如此循环不止，而 TH0 中的初值始终不变。其一次定时时间为

$$(2^8 - 初值) \times 时钟周期 \times 12$$

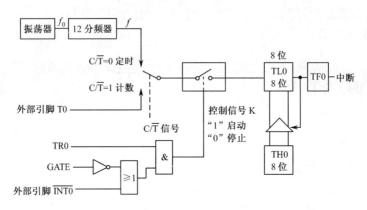

图 6-4 T0 方式 2 逻辑结构

方式 0 和方式 1 每次计数器溢出后，从 0 开始计数。若要进行新一轮循环重复计数，就得在中断程序中重新装入计数初值。这样一来不仅编程麻烦，而且影响定时时间的精确度。而方式 2 具有初值自动装入的功能，可以避免在程序中因重新装入初值而产生的时间误差，适用于需要产生高精度的定时时间的应用场合，常用做串行口波特率发生器。

3. 方式 3

当 M1、M0 两位为 11 时，选择了只有定时器 T0 才有的工作方式 3，此时 T0 被拆成两个独立的 8 位计数器 TL0 和 TH0，逻辑结构如图 6-5 所示。

在图 6-5 中，TL0 占用定时器 T0 的全部控制资源 C/T̄、GATE、TR0、ĪNT0，和 T0 的溢出标志 TF0 和 T0 中断源。它可以工作在定时和计数两种方式，是 8 位的方式 0 或 1。

而 TH0 被固定为一个 8 位定时工作方式，占用了定时器 T1 的控制位 TR1、溢出标志位 TF1，同时也占用了 T1 中断源。由此可见，在方式 3 下，TH0 只能用做定时工作方式，不能对外部脉冲进行计数，这一点请读者要注意。

必须指出，当定时器 T0 用做方式 3 时，定时器 T1 仍可设置为方式 0、方式 1 或方式 2。但由于 TR1、TF1 及 T1 的中断源已被 TH0 占用，此时定时器 T1 仅由控制位 C/T̄ 选择计数的时钟源，当计数器计数满溢出时，产生的信号只能送往内部的串行口，作为串行通信的收发时钟，即用做串行口波特率发生器。如果企图将定时器 T1 置为方式 3，则它将停止计数，其效果与置 TR1=0 相同，即关闭定时器。

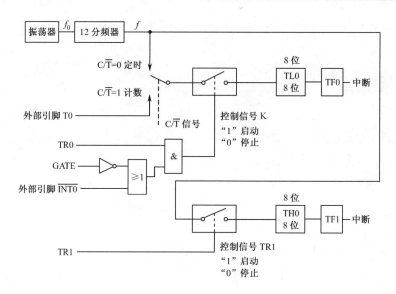

图 6-5　T0 方式 3 逻辑结构

6.2 定时器应用举例

在利用 51 单片机内部的定时器进行定时或计数之前，首先要通过软件对它进行初始化。初始化包括下述几个步骤。

（1）确定工作方式字：对 TMOD 寄存器正确赋值。

（2）确定定时器初值：并直接将初值写入寄存器 THx、TLx。

由于计数器采用加法计数，通过溢出产生中断标志，因此不能直接输入所需的"计数值"，而是要从计数器的最大值减去"计数值"才是应置入 THx、TLx 的初值。

设计数器的最大值为 M，在不同的工作方式中，M 可以为 2^{13}（方式 0）、2^{16}（方式 1）、2^8（方式 2、3），则置入的初值 N 可这样来计算，即

计数方式：$N=M-$"计数值"　　定时方式：$N=M-$（"定时时间"$/T$）　　$T=12/f_0$

其中，T 为机器周期，是单片机时钟脉冲周期的 12 倍。

（3）若定时器工作在中断方式，则对寄存器 IE 置初值，开放定时器中断和 CPU 中断。

（4）启动定时器：对寄存器 TCON 中的 TR1 或 TR0 置"1"。置"1"后，计数器即按规定的工作方式和初值开始计数。

6.2.1 定时控制、脉宽检测

【例 6-1】利用 T0 方式 0 产生 1ms 的定时，在 P1.0 引脚上输出周期为 2ms 的方波。设单片机晶振频率 f_{osc}=12MHz。

要在 P1.0 输出周期为 2ms 的方波，需要使 P1.0 每隔 1ms 取反一次输出即可。

（1）确定工作方式字：T0 为方式 0，定时工作状态，GATE=0，不受 $\overline{INT0}$ 控制，T1 不用全部取"0"值，故 TMOD=00H。

（2）计算 1ms 定时初值 N：方式 0 为 13 位计数方式，取 $M=2^{13}$。

机器周期 $T=(1/f_{osc})\times 12=[1/(12\times 10^6)]\times 12=1\mu s$。

计算初值 $N=2^{13}-1\times 10^3/T=2^{13}-1\times 10^3/1=8192-1000=7192$

(3) 采用查询 TF0 的状态来控制 P1.0 输出,不能自动对 TF0 清零,故用了 _testbit_(TF0)。其程序如下:

```
#include   <reg51.h>
#include   <intrins.h>
sbit    P1_0=P1^0;
main()
  {TMOD=0x00; //设置 T0 工作于定时方式 0
  TL0=7192%256, TH0=7192/256; //设置 T0 的计数初值
  TR0=1; //开启 T0 计数器
  P1_0=1; //将 P1_0 置 "1"
  while (1)
    {
    while (!_testbit_(TF0));        //等待 T0 溢出
    TL0=7192%256, TH0=7192/256; //重置 T0 的计数初值
    P1_0=!P1_0;   //对 P1.0 取反
    }
  }
```

【例 6-2】将【例 6-1】中输出方波的周期改为 1s,设单片机晶振频率仍为 12MHz。

周期为 1s 的方波要求定时值为 500ms,在时钟为 12MHz 的情况下,即使采用定时器工作方式 1(16 位计数器,最大定时时间为 65.536ms),500ms 也超过了最大定时值 65.536ms。若采用降低单片机时钟频率来延长定时时间,则会降低 CPU 的运行速度,而且定时误差也会加大,故不是最好的方法。下面介绍一种利用定时器定时和软件计数来延长定时时间的方法。

要获得 500ms 的定时,可让定时器 T0 工作于方式 1,定时时间为 50ms。另设一个变量,作为溢出事件计数器,初值为 10。当 50ms 定时时间到,置位溢出标志 TF0,查询 TF0,使变量减 1。这样,当变量为 0 时,就获得 500ms 的定时。

定时器 T0 工作于方式 1,时钟频率 f=12MHz,50ms 定时所需的计数初值为

$$N=2^{16}-50\times10^3/1=65536-500000 = 15536$$

用 C51 所设计的程序如下:

```
#include   <reg51.h>
#include   <intrins.h>
unsigned char count=10;
sbit P1_0=P1^0;
main()
  {TMOD=0x01; //设置 T0 工作于定时方式 1
  TL0=15536%256, TH0=15536/256; //设置 T0 的计数初值
  TR0=1; //开启 T0 计数器
  P1_0=1; //将 P1_0 置 "1"
  while (1)
    {
    while (!_testbit_(TF0));        //等待 T0 溢出
    TL0=15536%256,TH0=15536/256; //重置 T0 的计数初值
    count--;//统计溢出次数
    if  (count ==0)    {count=10; P1_0=!P1_0;}//对 P1.0 取反
    }
  }
```

当定时器工作于方式 0 和方式 1 时，计数器溢出后程序都要进行重装计数器初值。这样，在定时器溢出到重装初值、开始计数，总有一定的时间间隔，造成定时时间多了若干微秒。为了减少这种定时误差，就要对重装的计数初值做适当的调整。如果采用定时器工作方式 2（自动重装初值），则可避免上述问题，使定时比较精确，但方式 2 的计数长度（只有 2^8=256）受到很大的限制。

【例 6-3】让定时器 T0 工作于方式 2 产生 250μs 的定时，在 P1.0 引脚上输出周期为 500μs 的方波（要求保证定时精度）。设单片机晶振频率 f_{osc}=12MHz。

当 TMOD=02H，计算 250μs 定时初值 N：$N=2^8-250/T=2^8-250/1=256-250=6$
（方式 2 为 8 位计数方式，取 $M=2^8$，机器周期 $T=(1/f_{osc})×12=[1/(12×10^6)]×12=1μs$）

采用中断方式来控制 P1.0 输出，其 C51 语言程序如下所示：

```
#include    <reg51.h>
#include    <intrins.h>
sbit P1_0=P1^0;
main()
    {TMOD=0x02;  //设置 T0 工作于定时方式 2
    TL0=6,TH0=6; //设置 T0 计数初值
    TR0=1;       //开启 T0 计数器
    EA=1,ET0=1;  //开启 T0、CPU 中断
    while (1);   //等待 T0 中断
    }
void    time0() interrupt 1  //T0 中断函数
    { P1_0=!P1_0;  }
```

在【例 6-1】、【例 6-2】中采用了查询方式，程序简单。但在定时器 T0 整个计数过程中，CPU 要不断地查询 T0 溢出标志 TF0 的状态，占用 CPU 的工作时间，以至 CPU 的效率不高。【例 6-3】采用了中断方式，提高了 CPU 的效率。

方式 3 只适用于定时器 T0，当 T0 工作于方式 3 时，TH0 和 TL0 相当于两个 8 位的定时器/计数器，如【例 6-4】所示。

【例 6-4】设有一个频率小于 500Hz 的低频脉冲，要求用单片机定时器 T0 实现：该信号每发生一次负跳变，P1.1 引脚就输出一个 500μs 的同步负脉冲，同时 P1.2 引脚就输出一个 1ms 的正脉冲。设单片机晶振频率 f_{osc}=6MHz。

分析题意可知，T0、P1.1、P1.2 的引脚信号波形如图 6-6 所示。

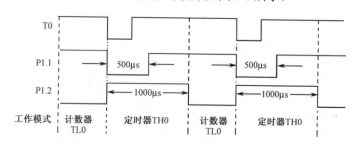

图 6-6　T0、P1.1、P1.2 的引脚信号波形图

为此可将低频脉冲加到单片机的 T0 引脚，T0 工作于方式 3，TL0 工作于计数器方式，TH0 工作于定时器方式，TMOD=07H。预置初值 TL0=0FFH，这样在 T0 端出现由"1"至"0"的负跳变时，TL0 将产生溢出中断。TH0 的 8 位定时方式由 TL0 中断触发，产生 500μs 的定时，

由于机器周期 $T=(12/f_{osc})=2\mu s$，初值 $N=2^8-500/T=6=TH0$，当 500μs 到时，将 P1.1 置 "1"；当第 2 次 500μs 到时，将 P1.2 清 "0"。

```c
#include  <reg51.h>
sbit  P1_1=P1^1;
sbit  P1_2=P1^2;
unsigned  data  char  x=2;
main()
    {TMOD=0x07;   //设置 T0 工作于方式 3，TL0 为计数方式，TH0 为定时方式
    TL0=0xFF;    //设置 TL0 的计数初值
    P1_2=0; P1_1=1;
    TR0=1;   //开启 TL0 计数器
    EA=1,ET0=1,ET1=1;   //开启 TL0、TH0、CPU 中断
    while(1);   //等待 TL0 中断
    }
void  time0()  interrupt 1      //TL0 中断函数
    {P1_1=0;P1_2=1;
    TL0=0xFF;TH0=6;     //设置 TL0、TH0 的计数初值
    TR1=1;              //开启 TH0 定时器
    }
void  time1()  interrupt 3      //TH0 中断函数
    {x--;
    TH0=06;             //设置 TH0 的计数初值
    if(x==1) P1_1=1;              //500μs 到置 P1.1
    else   {P1_2=0;x=2;TR1=0}     //1ms 到清 P1.2，关 TH0
    }
```

【例 6-5】利用定时器 T0 门控位 GATE，测试 $\overline{INT0}$（P3.2）引脚上出现的正脉冲的宽度。

根据要求分析：将定时器 T0 设定为定时工作方式 1、GATE 为 1。当 TR0=1 时，一旦 $\overline{INT0}$（P3.2）引脚出现高电平即开始计数，直到出现低电平为止，然后读取 TL0、TH0 中的计数值。由于定时器工作在定时方式，所以计数器计数的是机器周期的脉冲数，在程序中必须进行转换才能变成脉冲的宽度。外部正脉冲测试过程如图 6-7 所示。

图 6-7 外部正脉冲测试过程

```c
#include  <reg51.h>
sbit  P3_2=P3^2;
 char  pulsewide()
    { unsigned  int  data  x;
    TMOD=0x09;              //设置 T0 工作于定时器方式 1、GATE 置 1
    TL0=0,TH0=0;            //设置 T0 的计数初值为 0
    while （P3_2）;          //等待 INT0 变低
    TR0=1;                  //开启 T0 计数器
    while (!P3_2);          //等待 INT0 变高
    while (P3_2);           //等待 INT0 变低
    TR0=0;                  //关 T0 计数器
```

```
        x=TH0*256+TL0;          //计算脉冲数
        return (x)
    }
```

由于定时器方式 1 的 16 位计数长度有限，被测脉冲高电平宽度必须小于 65 536 个机器周期。

6.2.2 电压/频率转换

在工程实践中，常利用电压/频率（V/F）转换器，配合单片机定时器/计数器构成高分辨率、高精度、低成本的 A/D 转换器。其设计思想为：模拟量传感器输出的 mV 级的电压信号经运算放大器放大后，用 V/F 转换器转换成频率随电压变化的脉冲信号，然后利用单片机内部的计数器/定时器进行计数，再通过软件进行处理获得相应模拟量的数字量。

若令定时器 T0 工作于定时方式，用于产生计数的门限时间 t；再用定时器 T1 对输入的被测脉冲进行计数，即工作于计数方式 1，初值为 0，最大计数值为 65 536。当 V/F 转换器选定之后，其最大的模拟量所对应的最大输出频率值 f_{max} 已确定，则最大计数值为 $f_{max} \times t$，被测信号的电压值：

$$V_x = V_{max} \times (N_x/N_{max}) = V_{max} \times [N_x/(f_{max} \times t)]$$

式中，N_x 为 t 时间段内的实际计数值；V_{max} 为 V/F 转换器的最大量程。

V/F 转换器具有良好的精度、线性和积分输入的特点，其转换速率不低于双积分型 A/D 器件，与单片机接口具有以下优点。

（1）接口电路简单：每一路模拟信号只占用 1 位 I/O 线。

（2）输入方式灵活：既可以作为 I/O 输入，也可以作为中断方式输入，还可以作为计数器信号输入，从而满足各种不同系统的要求。

（3）具有较强的抗干扰性：由于 V/F 转换的过程是对输入信号不断积分的过程，因而对噪声有一定的平滑作用，同时其输出为数字量，便于采用光电隔离技术。

（4）易于远距离传输：V/F 输出的是一个串行信号，易于远距离传输，若与光导纤维技术相结合，可构成一个不受电磁干扰的远距离传输系统。

【例 6-6】在图 6-8 所示的电路中，设 V/F 转换器 AD654 输入的模拟电压为 0～1V，输出引脚 1 可输出 0～500kHz 的脉冲，其与单片机的定时器 T1 的输入脚相连，以便进行计数。定时器 T0 控制 T1 计数的时间 t=100ms，则脉冲信号的最大计数值 N_{max}=50000，所以 T1 应设定在方式 1（16 位）、计数模式。若主频为 6MHz，则定时时间 100ms 所对应的计数值为 50 000，T0 工作于定时方式 1，计数器初值 N=65536–50000=15536。其 C51 程序如下：

```
#include    <reg51.h>
#include    <intrins.h>
unsigned   int  data  n,v;
main()
    {   TMOD=0x51;                      //设置 T0 工作于定时方式 1，T1 工作于计数方式 1
        TL0=15536%256,TH0=15536/256;    //设置 T0、T1 的计数初值
        TH1=0,TL1=0;
        EA=1,ET0=1;                     //开启 T0、CPU 中断
        TR0=1,TR1=1;                    //开启 T0、T1 计数器
        while (1);                      //等待 100ms 到
    }
void   time0()   interrupt 1            //T0 中断函数
    { TR0=0,TR1=0;                      //关 T0、T1 计数器
      n=TH1*256+TL1;                    //读 T1 计数值
```

```
            v=1000*n/50000;                    //计算电压值,单位为 mV
            TL0=15536%256,TH0=15536/256;       //重置 T0、T1 计数初值
            TH1=0,TL1=0;
            TR0=1,TR1=1;                       //开启 T0、T1 计数器
        }
```

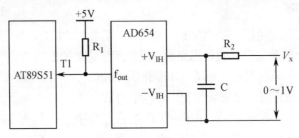

图 6-8 V/F 转换器 AD654 与单片机的接口

在过程控制中,常需要将模拟量传送到远方。若采用模拟量直接传送,必然会带来很大的干扰,而采用 V/F 转换器,并与 F/V 转换器相结合,很易构成价格低廉,具有高抗干扰的远距离数据传输系统,如图 6-9 所示。

图 6-9 V/F、F/V 远传系统

在图 6-9 中,被测信号经放大后,生成 0~10V 直流电压送给 V/F 转换器,变成 0~100kHz 的脉冲信号,经线驱动器放大后,通过双绞电缆线传送到目的地,再经线驱动器接收后,由 F/V 转换器变成电压信号,送给模拟仪表显示。虽然没有采用计算机,然后由于采用了数字传输技术,提高了系统的抗干扰能力,实现了远距离传送。

由于 F/V 转换器的输出信号相当于 1 位数字量,因此加一个光电隔离器就构成全浮空的 A/D 转换电路。若将模拟地与信号地分开,并采用不同的电源供电,将大大地提高系统抗噪能力。如图 6-10 所示,即为用单片机构成的具有高抗干扰能力的数据采集与控制系统。若将上述的传输线路改使用光导纤维,则可构成具有极强抗干扰能力的遥测、遥控系统。

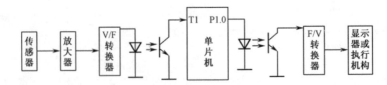

图 6-10 高抗干扰数据采集与控制系统

6.3 定时器/计数器 T2

在 AT89S52 子系列单片机中,增加了一个 16 位定时器/计数器 T2。定时器 T2 使 52 子系列的 P1.0、P1.1 具有了第二功能,分别是时钟信号输入脚 T2 和外部边沿信号输入脚 T2EX,同时也增加了一个中断源 T2 和中断入口地址 0002BH。

T2 的功能比 T0、T1 更强，在特殊功能寄存器中有 5 个与 T2 有关的寄存器，分别是 TH2、TL2、定时器 2 控制寄存器 T2CON、捕捉或初值寄存器 RCAP2L、RCAP2H。T2 与 T0、T1 有类似的功能，也可作为定时器/计数器使用，此时由 T2CON 中的 C/$\overline{T2}$ 位来控制。除此之外，T2 还可具有 16 位捕捉方式、16 位常数自动重装入方式和波特率发生器方式。

6.3.1 T2 的状态控制寄存器 T2CON

T2CON 为 T2 的状态控制寄存器，可位寻址，其位地址和格式如下所示：

T2CON（C8H）	D7	D6	D5	D4	D3	D2	D1	D0
位地址	CFH	CEH	CDH	CCH	CBH	CAH	C9H	C8H
功能	TF2	EXF2	RCLK	TCLK	EXEN2	TR2	C/$\overline{T2}$	CP/$\overline{RL2}$

其中，D7、D6 为状态位，其余为控制位，D0、D2、D4、D5 设定 T2 的三种工作方式，见表 6-2。

表 6-2 定时器 T2 方式选择

RCLK+TCLK	CP/$\overline{RL2}$	TR2	工 作 方 式
0	0	1	16 位常数自动再装入方式
0	1	1	16 位捕捉方式
1	x	1	串行口波特率发生器
x	x	0	停止计数

（1）溢出中断标志位 TF2：T2 计数器加法溢出时置 "1"，TF2 需由软件清 "0"，但当 RCLK=1 或 TCLK=1 时，T2 计数器加法溢出时，TF2 不会被置 "1"。

（2）外部中断标志 EXF2：当 EXEN2=1 时，在 T2EX 引脚（P1.1）上发生的负跳变使 EXF2 置位，若 T2 中断被允许，则 EXF2 将引发 T2 中断，但 EXF2 位也需由软件清 "0"。

（3）串行口接收时钟选择位 RCLK：当 RCLK=1 时，T2 溢出脉冲作为串行口方式 1 和方式 3 的接收时钟；当 RCLK=0 时，T1 的溢出脉冲作为串行口方式 1 和方式 3 的接收时钟。

（4）串行口发送时钟选择位 TCLK：当 TCLK=1 时，T2 溢出脉冲作为串行口方式 1 和方式 3 的发送时钟；当 TCLK=0 时，T1 的溢出脉冲作为串行口方式 1 和方式 3 的发送时钟。

（5）T2 外部允许位 EXEN2：当 EXEN2=1，在 T2EX 引脚（P1.1）上发生的负跳变会触发计数器 T2 与捕捉寄存器之间数据传送，并使 EXF2=1，引发 T2 中断；当 EXEN2=0 时，T2EX 引脚信号无作用。

（6）T2 的运行控制位 TR2：TR2=1 时，T2 开始计数；TR2=0 时，T2 禁止计数。

（7）定时器或计数器功能选择位 C/$\overline{T2}$：当 C/$\overline{T2}$=0 时，T2 为定时器（对时钟脉冲的 12 分频信号进行计数）；当 C/$\overline{T2}$=1 时，T2 为外部事件计数器，计数脉冲来自于 P1.0（下降沿触发）。

（8）捕捉或 16 位常数自动重装方式选择位 CP/$\overline{RL2}$：当 EXEN2=1 时，CP/$\overline{RL2}$=1 时，T2 工作于捕捉方式，在 T2EX 引脚（P1.1）上发生的负跳变将 T2 当前的计数值（TH2）（TL2）送捕捉寄存器 RCAP2H、RCAP2L；当 CP/$\overline{RL2}$=0 时，T2 工作于 16 位常数自动装入方式，在 T2EX 引脚（P1.1）上发生的负跳变引发常数（RCAP2H）（RCAP2L）自动装入寄存器 TH2、TL2。但当 TCLK 或 RCLK 为 1 时，CP/$\overline{RL2}$ 位被忽略，T2 总是工作在 16 位常数自动装入方式。

6.3.2 T2 的工作方式

1. 捕捉模式

当 CP/$\overline{RL2}$=1 时，T2 工作于捕捉方式，其结构原理如图 6-11 所示。此时，T2CON 中的

EXEN2 位控制 T2 捕捉动作的发生。

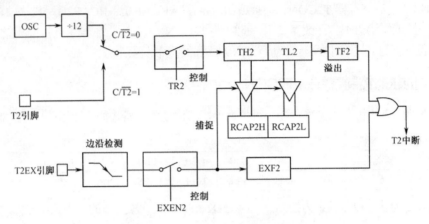

图 6-11 定时器 T2 捕捉模式结构图

当 EXEN2=0 时，不发生捕捉动作，T2 作为定时器/计数器使用。若 C/$\overline{T2}$=0 时，T2 为定时器；若 C/$\overline{T2}$=1 时，T2 为外部事件计数器（下降沿触发），当 T2 计数溢出时，将 TF2 标志置"1"，并发出中断请求。

当 EXEN2=1，T2 除上述功能外，还可实现捕捉功能，即当 T2EX 引脚（P1.1）上发生负跳变时，会把 T2 计数器中的当前值锁入捕捉寄存器 RCAP2H、RCAP2L 中，并将 T2CON 中的中断标志 EXF2 置"1"，向 CPU 发出 T2 中断请求。

T2 的 16 位捕捉方式主要用于测试外部事件的发生时间，如可用于测试输入脉冲的频率、周期等，此时 T2 的初值一般取 0，使 T2 循环地从 0 开始计数。

2. 16 位常数自动装入模式

当 CP/$\overline{RL2}$=0 时，T2 工作于 16 位常数自动装入方式，可编程为加 1 或减 1 计数两种方式，由特殊功能寄存器 T2MOD 的 DCEN（减 1 计数允许位）来选择的。当 DCEN=0 时，T2 设置为加 1 计数（复位时，DCEN 位置"0"）。如图 6-12 所示，在这种方式下，T2 初值的重新装载由 EXEN2 位控制：若 EXEN2=0，T2 为加 1 计数至 0FFFFH 溢出，置位 TF2 激活中断，同时把 16 位寄存器 RCAP2H 和 RCAP2L 中的值传给 T2 计数器，RCAP2H 和 RCAP2L 的值可由软件预置；若 EXEN2=1，T2 初值重新装载由溢出或 T2EX 引脚上从 1 至 0 的下降沿触发。T2EX 引脚上的下降沿同时使 EXF2 置位，如果中断允许，同样产生 T2 中断。

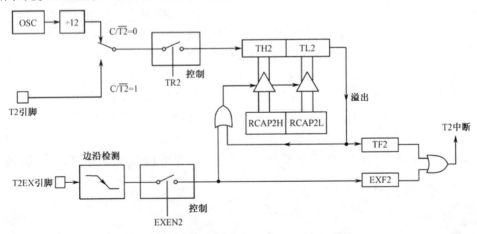

图 6-12 定时器 T2 常数自动装入模式结构图（DCEN=0）

当 DCEN=1 时，如图 6-13 所示，由 T2EX 引脚控制 T2 计数器方向：T2EX 引脚为逻辑"1"时，T2 加 1 计数，当计数 0FFFFH 向上溢出时，置位 TF2，同时把 16 位计数寄存器 RCAP2H 和 RCAP2L 重装载到 TH2 和 TL2 中；T2EX 引脚为逻辑"0"时，T2 减 1 计数，当 TH2 和 TL2 中的数值递减到 RCAP2H 和 RCAP2L 中的值时，计数器向下溢出，置位 TF2，同时将 0FFFFH 数值重新装入 TH2 和 TL2 中。当 T2 向上溢出或向下溢出时，均置位 TF2，由 TF2 产生中断，但 EXF2 总是取反，因此 EXF2 可用作计数器的第 17 位。

T2MOD 为 T2 模式控制寄存器，不可位寻址，其地址为 C9H，复位时最低两位为 00，格式如下所示：

T2MOD（C9H）	D7	D6	D5	D4	D3	D2	D1	D0
功能	—	—	—	—	—	—	T2OE	DCEN

T2OE：T2 输出允许位，当 T2OE=1 时，T2 产生的可编程的时钟信号由 P1.0 引脚输出。
DCEN：减 1 计数允许位，DCEN=1，允许 T2 减 1 计数。
—（T2MOD7～T2MOD2）：保留位，无定义，留作将来功能扩展使用。

T2 的 16 位常数自动装入方式的初值只需设定一次。在定时加 1 计数方式（$C/\overline{T2}=0$）时，若设定初值为 N，则定时时间精确地等于 $(2^{16}-N)\times 12/f_{osc}$。

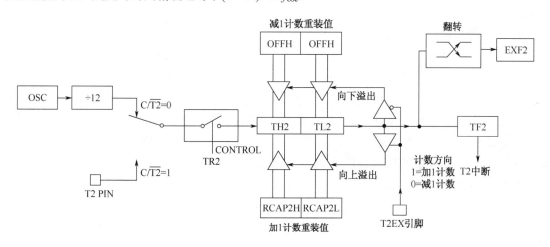

图 6-13　定时器 T2 常数自动装入模式结构图（DCEN=1）

3. 波特率发生器方式

当 T2CON 中的控制位 RCLK=1 或 TCLK=1 时，T2 作为串行口方式 1 和方式 3 的波特率发生器，和内部控制的 16 位常数自动装入方式相类似。不同的是当 $C/\overline{T2}=0$ 时，以振荡器的二分频信号作为 T2 的计数脉冲，当计数溢出时，将 RCAP2H 和 RCAP2L 中存放的计数初值重新装入 TH2 和 TL2 中，使 T2 从初值开始重新计数，但并不置 TF2 为"1"，也不向 CPU 发中断请求，因此可以不必禁止 T2 中断。由于在计数过程中（TR2=1 之后），不能对 TH2、TL2、RCAP2H 和 RCAP2L 进行写操作，因此初始化时，应对它们均设置初值后，才将 TR2 置"1"，启动计数。逻辑结构如图 6-14 所示。

RCAP2H 和 RCAP2L 中的常数由软件设定为 N 后，T2 的溢出率为

$$T2 \text{ 的溢出率}=(2^{16}-N)\times \text{振荡器频率}/2$$

其 16 分频后，作为串口收发时钟，因而串行口的方式 1 和方式 3 的波特率为

$$\text{方式 1 和方式 3 的波特率}=(2^{16}-N)\times \text{振荡器频率}/32$$

此时，若 EXEN2=1，当 T2EX 引脚（P1.1）上发生的负跳变时，置位 EXF2，向 CPU 请求 T2 中断，因此 T2EX 可以作为一个外部中断源使用。

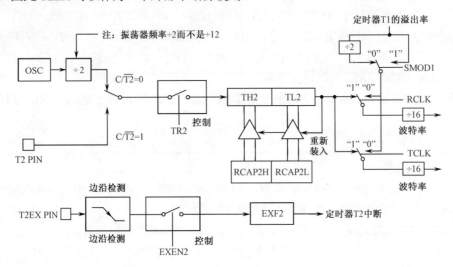

图 6-14 定时器 T2 的波特率发生器的结构

4. 可编程时钟信号输出方式

在波特率发生器方式，P1.0 引脚具有两个第二功能：一是当 C/$\overline{T2}$=1，T2 工作于计数方式时，P1.0 引脚可作为 T2 的外部计数信号输入；二是当 C/$\overline{T2}$=0，T2 工作于定时方式时，若 T2MOD 的 T2OE=1 时，T2 可以通过 P1.0 引脚输出一个占空比为 50%的可编程时钟信号，如图 6-15 所示。此时，TR2 用来启停 T2，输出时钟信号的频率取决于振荡器频率和 RCAP2H、RCAP2L 中的初值 N，为 $(2^{16}-N) \times$ 振荡器频率/4。同波特率发生器一样，T2 的溢出不会置位 TF2，也不会产生中断。这种方式可用于需同时提供波特率发生器和时钟发生器的场合，但二者因使用相同的时钟源和初值寄存器，而不相互独立。

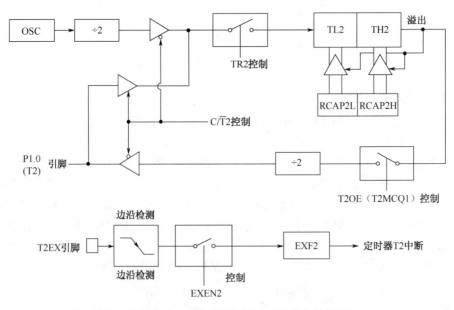

图 6-15 定时器 T2 的可编程时钟信号输出方式的结构

6.4 监视定时器

监视定时器 WDT（Watchdog Timer）俗称看门狗，是使用硬件方式将失控的单片机系统复位的有效手段之一，与定时器/计数器的结构和用法非常相似。

6.4.1 WDT 的原理

WDT 就是一个定时器，一般情况下用软件周期性地重装计数初值，使其不可能溢出。若软件出现异常，无法完成重装计数初值的操作，该定时器就会溢出，溢出就意味着系统出现了问题。在无人值守或外界无法检测故障时，应使系统及时恢复正常状态，最直接的方法就是硬件复位。把定时器的溢出信号输出与系统复位输入连接起来，即可达到将失控系统强制解脱出来的效果。就像正常情况下周期喂狗，狗不会因感觉到饿而叫。一旦狗叫起来，说明有足够长的时间没有喂它了，即系统出现了故障，所以把这种监视系统是否正常运行的定时器称作看门狗定时器。

6.4.2 AT89S51 内部的 WDT

AT89S51 内部的 WDT 由一个 14 位的计数器和 WDT 复位特殊功能寄存器 WDTRST 构成，外部复位时，WDT 默认为关闭状态。要使用 WDT，软件必须按顺序将 1EH 和 E1H 写入 WDTRST 寄存器。启动 WDT 后，只要振荡器运行，WDT 会在每个机器周期加 1，而且除硬件复位或 WDT 溢出复位外，无法关闭 WDT。WDT 的溢出时间仅取决于机器周期频率。当 WDT 溢出后，会在 RST 引脚输出高电平的复位脉冲，脉冲宽度为 98 个振荡周期。

在系统初始化的最后，若需启用 WDT，应执行以下语句：

```
WDTRST=0x1E;
WDTRST=0xE1;
```

在 WDT 运行后，必须在一定周期内再执行这种操作，以避免 WDT 计数溢出。14 位 WDT 计数器计数达到 3FFFH 后，WDT 将溢出并使单片机复位。这样，在 12MHz 振荡频率的情况下，这个周期约为 16ms。AT89S51 的 WDTRST 是只写的特殊功能寄存器，而 WDT 计数器既不可写又不可读。某些单片机的 WDT 定时时间也可以编程，使用起来更加灵活。

6.4.3 AT89S51 掉电和空闲状态时的 WDT

在掉电模式，晶体振荡停止，WDT 也停止，因此掉电模式下，用户不必复位 WDT。有两种方法可退出掉电模式：硬件复位或通过激活外部中断。用硬件复位退出掉电模式时，恢复 WDT 可像通常的上电复位一样。当用中断退出掉电模式则有所不同，中断低电平状态必须持续一定时间以使晶体振荡稳定，当中断电平变为高时中断服务程序已被执行。为防止中断持续为低时，中断退出掉电模式引发 WDT 复位操作，一方面应在中断引脚被拉高后才启动 WDT，另一方面在中断服务程序中必须复位 WDT。为保证 WDT 在退出掉电模式时极端情况下不溢出，最好在进入掉电模式前复位 WDT。

在进入空闲模式 IDL 前，特殊功能寄存器 AUXR 中的 WDT 空闲允许位 WDIDLE 的状态决定了 WDT 在 IDL 期间是否继续计数，当 WDIDLE=0 时，WDT 继续计数（系统默认状态）。为防止 WDT 复位 AT89S51，用户应创建一个定时器操作，其周期性地退出 IDL，复位 WDT，并重新进入空闲模式。当 WDIDLE=1 时，在 IDL 期间 WDT 将停止计数，直到退出 IDL 模式 WDT 才恢复计数。

6.4.4　WDT 的软件技术

根据 WDT 的工作原理可以看到，WDT 硬件电路需要软件配合才能将系统从"死机"状态恢复到正常状态，但是仅仅通过复位将单片机从"死机"恢复出来是不够的，应当保证在"死机"—复位—恢复的过程中，单片机系统的使用特性，即对外部的控制不受影响，而不是从零开始。只有做到了这一点，单片机系统才具有了"永不死机"的能力。可通过下述两种方法，配合相应的软件实现。

（1）软件识别上电开机或 WDT 复位开机

单片机内部 RAM 掉电后其中的内容不能保存，重新上电时存储的内容是随机的，初始上电后，将固定位置的几个字节 RAM 利用软件设置为一串特殊字符。当程序从 0 开始执行时，首先检查这几个单元是否为一串特殊字符，据此判别是上电开机还是 WDT 复位开机。

（2）复杂任务的 WDT 软件配合

复杂系统往往由多个相对独立的程序段组成，当 WDT 作用使单片机复位后，不仅需要识别 WDT 复位，而且需要明确系统在执行哪个程序段时出现"死机"，然后直接进入该程序段执行相应任务，避免了其他不必要的操作，提高了系统的恢复速度，这时可利用 1 字节的内部 RAM 记录当前执行的程序段号，当 WDT 复位后，可根据 RAM 中的程序段号直接进入出现"死机"的程序段，减小 WDT 复位给系统使用特性造成的影响。

设计一个基于单片机的应用系统，实现充分多的功能是简单的，重要和复杂的是系统是否具有很强的抗干扰能力，是否具有"永不死机"的能力。利用 WDT 硬件电路，配合严密周到的软件技术是目前实现这种能力唯一有效的方法。

习题 6

1．综述 AT89S51 系列单片机定时器 T0、T1 的结构与工作原理。

2．定时器 T0 已预置初值为 FFFFH，并选定用于方式 1、计数工作方式，问此时定时器 T0 的实际用途将可能是什么？

3．定时器 T0 如用于下列定时，晶振频率为 12MHz，试为定时器 T0 编制初始化程序。

（1）50ms。

（2）25ms。

4．定时器 T0 已预置初值 156，且选定用于方式 2、计数工作方式，现在 T0 引脚上输入周期固定为 1ms 的脉冲，问：

（1）分析此时定时器 T0 的实际用途可能是什么？

（2）在什么情况下，定时器 T0 溢出？

5．设晶振频率为 12MHz，定时器 T0 的初始化程序如下：

```
#include   <reg51.h>
#include   <intrins.h>
sbit   P1_0=P1^0;
main()
  {TMOD=0x01;
   TL0=0xD0, TH0=0x0D;
   TR0=1;
   P1_0=1;
   while (1)
```

```
        {
        while (!_testbit_(TF0));
        TL0=0xD0, TH0=0x0D;
        P1_0=!P1_0;
        }
```

问：(1) 该定时器工作于什么方式？

(2) 相应的定时时间或计数值是多少？

(3) 该程序实现什么功能？

6. 综述定时器T0、定时器T1各有哪几种工作方式？相应的方式特征与用法是什么？

7. 利用T0方式0产生2ms的定时，在P1.0引脚上输出周期为4ms的方波。设单片机晶振频率为12MHz。

8. 利用T0方式1产生50ms的定时，在P1.0引脚上输出周期为150ms的波形。其中，高电平为50ms，低电平为100ms。设单片机晶振频率为12MHz。

9. 利用定时器T0门控位GATE，测试$\overline{INT0}$（P3.2）引脚上出现的正脉冲的宽度，并将脉冲的宽度存放在变量wide中。设单片机晶振频率为12MHz。

第 7 章

AT89S51 的串行通信及其应用

7.1 概述

计算机与外界的信息交换称为通信,通常有并行和串行两种通信方法。并行通信时数据字节的各位同时传送,通过并行接口实现。51 单片机的 P0 口、P1 口、P2 口、P3 口就是并行输入、输出接口,可同时传送 8 位数据。

串行通信时数据按位通过一根线串行顺序传输,通过串行接口实现。串行口进行数据传输的主要缺点是传输速率比并行口要慢,但它能节省传输线,特别是当数据位数很多和远距离传输时,这一优点更加突出。串行通信只用很少几根信号线完成信号的传输,但必须依靠一定的通信协议(包括设备的选通、传输的启动、格式、结束)。

串行通信有两种基本的通信方式,即异步通信 ASYNC(Asynchronous Data Communication)和同步通信 SYNC(Synchronous Data Communication)。

7.1.1 串行通信的字符格式

1. 异步通信的数据传输

异步数据传输的特点是每个字符可以随机出现在数据流中,同一字符内是同步的,而字符间是异步的。收、发双方取得同步的方法,是在字符格式中设置起始位(低电平)和停止位(高电平)。在数据还没有发送前,传输线处于高电平,接收器检测到起始位,便知道字符到达,开始接收字符;接收器检测到停止位,便认为字符已结束。在异步传输时,同步时钟脉冲并不传输到接收方,收发双方按事先约定的波特率各自产生自己的收、发时钟,以字符为单位进行数据通信,字符与字符之间可以有间隔。这种方式的优点是数据传输的可靠性较高,能及时发现错误;缺点是通信效率比较低。典型的异步通信数据格式如图 7-1 所示。

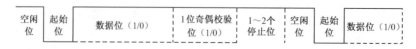

图 7-1 典型的异步通信数据格式

2. 同步通信的数据传输

同步传输是一种连续传输数据的方式,字符和字符之间没有间隙,每个字符没有起始位和停止位,仅在数据块开始时用同步字符通知接收器传输数据流的开始,在数据块之后加上校验字符,用于校验通信中的错误。同步字符是一个独特的比特组合,一方面通知接收方一个帧已经到达,但它同时还能确保接收方的采样速度和比特的到达速度保持一致，使收发双方进入同步。同步通信效率比较高，典型的数据格式如图 7-2 所示。

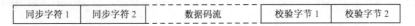

图 7-2　典型的同步数据格式

同步数据传输时，发送端和接收端必须使用同一时钟源才能保证它们之间的准确同步，因此发送方除了传输数据外，还要传输同步时钟信号，该信号可以被编码在同步字符中。同步数据传输的优点是数据传输速度高；缺点是硬件设备比较复杂，成本较高。

7.1.2　串行通信的数据通路形式

根据数据终端的接收和发送是否同时工作，串行通信又可以分为单工、半双工、全双工三种传输方式。这三种方式的示意图如图 7-3 所示。

（1）单工（Simplex）：单工传输方式仅能进行一个方向的传送，即发送方只能发送信息，接收方只能接收信息。如图 7-3（a）所示。

（2）半双工（Half-Duplex）：半双工传输方式两设备之间只有一根传输线，因此两个方向的数据传输不能同时进行，只能分时交替地进行双向数据传输，如图 7-3（b）所示。

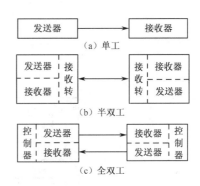

图 7-3　三种通信传输方式

（3）全双工（Full-Duplex）：全双工传输方式两设备之间有两条传输线，发送设备在发送的同时还可以接收对方送来的信息，如图 7-3（c）所示。

7.1.3　串行通信的传输速率

传输速率用于说明数据传输的快慢。在串行通信中，数据是按位进行传输的，因此传输速率用每秒传输二进制数据的位数来表示，称为波特率（baud rate）。

假如数据传输速率是 120 字符/秒，在异步方式下，由于每一个字符格式规定 1 位起始位和 1 位终止位（见图 7-1），所以一个 8 位的字符实际包含 10 位，则波特率为

$$10 \times 120 = 1200 \text{ 位/秒（b/s）}$$

而每个数据位的传输时间 T_d 即为波特率的倒数，即

$$T_d = \frac{1}{1200} \approx 0.833 \text{ms}$$

国际上还规定了一个标准波特率系列，为 110b/s、300b/s、600b/s、1200b/s、1800b/s、2400b/s、4800b/s、9600b/s、19 200b/s，标准波特率也是最常用的波特率。异步通信的传输速率一般在 110～19.2kb/s 之间，常用于计算机到终端、打印机、外部设备等之间的通信。而在同步方式下，只要有良好的电气接口，速率可达 500kb/s 以上，常用于实现高速通信。

波特率选定之后，对于设计者来说，要确定能满足波特率要求的发送和接收时钟频率。在同步通信中，收/发时钟的频率=波特率；在异步通信中，收/发时钟的频率=波特率×波特率因子 n。波特率因子 n 表示一位数据对应的时钟脉冲采样次数（n 可为 1、16、32、64）。

图 7-4 表示 $n=16$，采样起始位 "0" 的示意图，在每一个时钟脉冲的上升沿采样接收数据线，当发现了第一个 "0"（即起始位的开始），再连续采样 8 个 "0"，则确定它为起始位（不是干扰信

号），然后开始读出接收数据的位值。由于每个数据位时间 T_d 为外部时钟 T_c 的 16 倍，所以每隔 16 个外部时钟脉冲读一次数据位，如图 7-5 所示。从图中可以看出取样时间正好在数据位时间的中间时刻，这就避开了数据信号在上升或下降时可能产生的不稳定状态，保证了采样数值的正确。

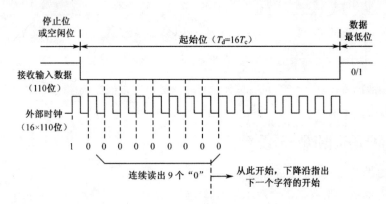

图 7-4　外部时钟与接收数据的起始位同步

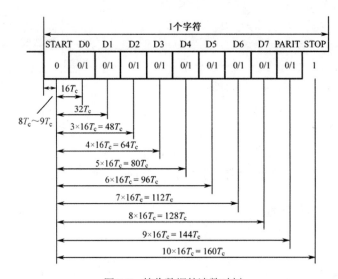

图 7-5　接收数据的读数时刻

串行通信接口发送的数据，实质上是由直流电平表示的信号。由于线路上的损耗，为了增加传输距离，通常需要加大输出电平的幅值（如 RS-232），但电平幅值的增加会影响数据的传输速率。而在输出电平幅值一定的情况下，数据传输的距离和数据传输的速率成反比。为了实现远距离传输数据，可以通过调制解调器（MODEM）把直流电平转换成交流信号，再通过通信线路进行传输。有兴趣的读者可以查阅有关调制解调器方面的资料。

7.1.4　串行通信的总线标准与接口

计算机之间进行数据通信，最简单、最常用的是异步串行通信方式。在设计通信接口时，必须根据需要选择标准接口，并考虑传输介质、电平转换等问题，以方便各种不同系统之间的互连及通信，目前最常用的串行通信标准接口有 RS-232C 和 RS-485、RS-422。

选择串行接口标准时，需注意以下两点。

（1）通信速度与通信距离：通常标准串行接口的电气特性，都有满足可靠传输的最大通信速度和传送距离指标，但这两个指标之间具有相关性，适当地降低通信速度，可以提高通信距离，反之亦然。例如，采用 RS-232C 进行单向数据传输，最大数据传输率为 20kb/s，最大传送距离为 15m，传输率降低为 9600b/s 时，最大的传输距离可达 75m。改用 RS-422 时，最大数据传输率为 10Mb/s，最大传送距离为 300m，适当降低数据传输速率，传送距离可达 1200m。

（2）抗干扰能力：在一些工业测控系统中，通信环境往往十分恶劣，因此在通信介质和接口标准选择时要充分注意其抗干扰能力，并采取必要的抗干扰措施。例如在长距离传输时，使用 RS-422 标准能有效地抑制共模信号干扰；在高噪声污染环境中，通过光电隔离提高通信系统的安全性，甚至使用光纤作为传输介质以减少噪声干扰等都是一些行之有效的方法。

下面分别介绍单片机应用环境中最常用的两种串行通信标准标准接口：RS-232C 接口和 RS-485 接口。

1. RS-232 标准串行总线接口及应用

RS-232C 是由美国电子工业协会 EIA 推荐的一种用于 DTE 之间或 DTE 和 DCE 之间串行物理接口标准。数据终端 DTE 是数据的源点或终点，如计算机；数据通信设备 DCE 是完成数据由源点到终点的传输器，如 MODEM。RS-232C 有 25 针和 9 针两种 D 型连接器，常用的 9 芯串口只有主信道，引脚功能见表 7-1。而 25 针增加了一个辅信道，很少使用。

表 7-1 RS-232C 的 9 芯串口引脚功能

引脚	名称	功能
1	DCD	MODEM 收到远程载波信号，向 DTE 发载波信号 DCD
2	RXD	接收数据线
3	TXD	发送数据线
4	DTR	DTE 准备就绪，发送 DTR 低电平信号给 MODEM
5	GND	信号地
6	DSR	DCE 准备就绪，发送 DSR 低电平信号给 DTE
7	RTS	DTE 在检测到 DSR 为低时，向 MODEM 发送低电平 RTS 信号，请求发送数据给远程 DTE
8	CTS	当 MODEM 检测到 RTS 有效时，根据目的地的号码向远程 MODEM 发出呼叫，远程 MODEM 收到此呼叫，发出回答载波信号，本地 MODEM 收到远程载波信号时，向远程 MODEM 发出原载波信号进行确认，同时发送 DCD、CTS 给 DTE，表示通信链路已经建立，可以通信
9	RI	MODEM 收到远方呼叫时，向 DTE 发出 RI 振铃，RI 结束，若 DTR 有效，向对方发应答信号

RS-232C 标准规定的数据传输速率为 50b/s、75b/s、100b/s、150b/s、300b/s、600b/s、1200b/s、2400b/s、4800b/s、9600b/s、19 200b/s。驱动器允许有 2500pF 的电容负载，通信距离受此电容的限制。例如，采用 150pF/m 的通信电缆时，最大通信距离为 15m；若每米电缆的电容量减小，通信距离将增加。传输距离受限制的另一原因是，RS-232 属单端信号传输，存在共地噪声，不能抑制共模干扰，因此一般用于 20m 以内的通信。

（1）串行通信中的数据流控制：当数据在两个串口之间传输时，由于收、发方的处理速度不同，或者接收端数据缓冲区已满，常常会出现丢失数据的现象，常采用硬件流控制和软件流控制两种方法来控制收、发。

硬件流控制常用的有 RTS/CTS（请求发送/清除发送）流控制和 DTR/DSR（数据终端就绪/数据设置就绪）流控制。用 RTS/CTS 流控制时，应将通信两端的 RTS、CTS 电缆线对应相连，数据终端设备 DTE 使用 RTS 来起始调制解调器或其他数据通信设备的数据流，而数据通信设备 DCE 则用 CTS 来启动和暂停来自计算机的数据流。当缓冲区内数据量达到高位时，DCE 将 CTS 线置成低电平（送逻辑 0），当 DTE 发送端的程序检测到 CTS 为低后，就停止发送数据；直到接收端缓冲区的数据量低于低位时，DCE 才将 CTS 置成高电平，允许发送端发送数据。

XON/XOFF 是一种软件流控制，接收设备或计算机使用特殊字符来控制发送设备或计算机传送的数据流。当接收缓冲器数据量超过 75%时，接收方发送一个 XOFF 控制字符（ASCII 码为 13H）告诉发送方停止传送；当接收缓冲器数据量低于 25%时，接收方发送一个 XON 字符（ASCII 码为 17H）来通知发送方恢复数据发送。

（2）RS-232C 的逻辑电平与电平转换电路：在 RS-232C 中任何一条信号线的电压均为负逻辑关系，即逻辑"1"电平规定为–3～–15V；逻辑"0"电平规定为+3～+15V。因此，RS-232C 是通过提高传输电压来延长传输距离。由于 RS-232C 规定的逻辑电平同 TTL 及 MOS 电平不一样，因此在与 TTL/CMOS 电路接口时必须经过电平转换。目前常用的是单电源供电的电平转换芯片，如 Maxim 公司的 MAX232，具有体积小，连接简便，而且抗静电能力强等特点，其内部结构如图 7-6 所示。

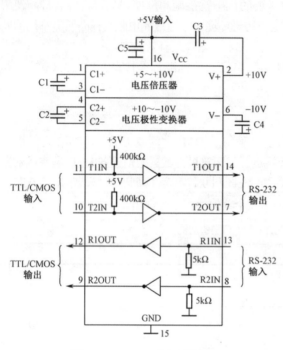

图 7-6 MAX232 内部结构图

图 7-6 中，电容 C1、C2、C3、C4 及 V+、V–是电源变换部分。在实际应用中，由于器件对电源噪声很敏感，所以 V_{CC} 需要加去耦电容 C5，其值为 0.1μF。电容 C1、C2、C3、C4 都选用电解电容，电容值为 22μF（耐压值高于 16V），可以提高抗干扰能力。连接时电容必须尽量靠近器件，注意极性。使用时要注意发送与接收引脚的对应，否则可能对器件或计算机串行口造成永久性损坏。

2. RS-422、RS-485 标准串行总线接口及应用

针对 RS-232 的不足，出现了新的串行数据接口标准 RS-422，如图 7-7 所示。它采用平衡驱动和差分接收的方法，从根本上消除了地波和共模电磁波的干扰。发送端相当于两个单端驱动器，发送同一个信号时，其中一个驱动器的输出永远是另一个驱动器的反相信号。两条

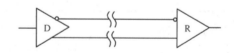

图 7-7 平衡驱动差分接收的 RS-422 串行总线接口

线上传送的信号电平为：当一条为逻辑"1"时，另一条为逻辑"0"。接收器接收差分输入电压，在干扰信号作为共模信号出现时，只要接收器有足够的抗共模电压工作范围，就能从地线的干扰中分离出有效信号，正确接收传送的信息，其最小可区分 200mV 的电位差值。由于平衡双绞线的长度与传输速率成反比，RS-422 在 1200m 距离内能把速率提高到 100kb/s；在较短距离内，其传输速率可高达 10Mb/s，实现了长距离、高速率下传输数据。

采用 RS-422 实现两点之间远程通信时，需要两对平衡差分电路形成全双工传输电路。由于 RS-422 采用高输入阻抗的接收器，其发送驱动器也比 RS-232 具有更强的驱动能力，故允许在相同传输线上连接多个接收节点，最多可接 10 个节点，即 1 个为主设备（Master），其余 10 个为从设备（Salve），从设备之间不能通信，所以 RS-422 支持一点对多点的双向通信。

在实际应用系统中，往往有多点互连而不是两点直连，而且大多数情况下，在任一时刻只有

一个主控模块（点）发送数据，其他模块（点）处在接收数据的状态，于是便产生了主从结构形式的 RS-485 标准。RS-485 只能按半双工方式工作，因此发送电路必须由使能信号加以控制，但只需要一对双绞线即可实现多点半双工通信，如图 7-8 所示。

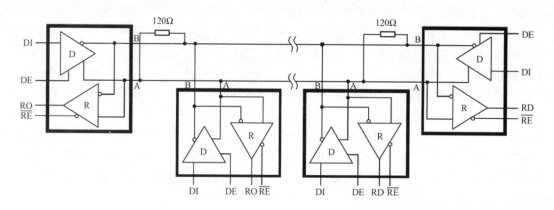

图 7-8　RS-485 二线制多点连接系统

MAX485 接口芯片是 Maxim 公司的一种 RS-485 芯片，由单+5V 电源供电，额定电流为 300μA，采用半双工通信方式，实现 TTL 电平到 RS-485 电平的转换，其引脚结构和点到点的连接如图 7-9 所示，Rt 为阻抗匹配电阻。从图中可以看出，MAX485 芯片的结构和引脚都非常简单，内部含有一个接收器和驱动器，RO 和 DI 端分别为接收器的输出和驱动器的输入端，$\overline{\text{RE}}$ 和 DE 端分别为接收和发送的使能端。当 $\overline{\text{RE}}$ 为逻辑"0"时，器件处于接收状态。当 DE 为逻辑"1"时，器件处于发送状态。因为 MAX485 工作在半双工状态，所以只需用单片机 I/O 口的一位即可实现控制。A 端和 B 端分别为接收或发送的差分信号端，RS-485 芯片接收器的检测灵敏度为 ±200mV，即差分输入端 $(V_A-V_B) \geq +200\text{mV}$ 时，输出逻辑"1"；$(V_A-V_B) \leq -200\text{mV}$ 时，输出逻辑"0"；当 A、B 端电位差的绝对值小于 200mV 时，输出为不确定，其真值表见表 7-2。

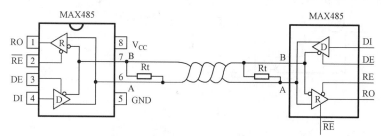

图 7-9　MAX485 的内部结构和点到点连接图

表 7-2　MAX485 发送和接收功能表

发　送					接　收			
输入信号			输出信号		输入信号			输出信号
$\overline{\text{RE}}$	DE	DI	B	A	$\overline{\text{RE}}$	DE	V_A-V_B	RO
×	1	1	0	1	0	0	≥+0.2V	1
×	1	0	1	0	0	0	≤-0.2V	0
0	0	×	高阻	×	0	0	输入开路	1
1	0	×	高阻	×	1	0	×	高阻

RS-485 比 RS-422 有改进，无论四线还是二线连接方式总线上最大可连接 32 个驱动器和收发器，接收器最小灵敏度可达±200mV，最大传输距离可以达到 1200m，最大传输速率可达

2.5Mb/s。由此可见,RS-485 协议正是针对远距离、高灵敏度、多点通信制定的标准。

单片机的串行口与 RS-485 的接口电路如图 7-10 所示。为使单片机不受传输通道的干扰影响,将 P3.0(RXD)、P3.1(TXD)、P1.0 通过光电隔离器件 TIL117 隔离后,再接到 485 接口芯片 MAX485,实现 TTL 电平与 485 电平之间的转换。

通过在 485 电路的 A 输出端加接上拉电阻 R7、B 输出端加接下拉电阻 R9,使 A 端电位高于 B 端电位,这样在 485 总线上所有发送器被禁止时,RXD 的电平呈现唯一的高电平,单片机就不会误接收逻辑"0"而接收乱字符。在应用系统中,由于通信载体是双绞线,阻抗为 120Ω 左右,所以线路设计时,在 RS-485 网络传输线的始端和末端各应接 1 只 120Ω 的匹配电阻(如图 7-10 中的 R8),以减少线路上传输信号的反射。考虑到工程现场各种干扰源的影响,在 485 总线的传输端应加保护措施,电路设计中采用稳压管 VD1、VD2 组成的吸收回路(也可以选用能够抗浪涌的 TVS 瞬态杂波抑制器件)或者直接选用能抗雷击的 485 芯片(如 SN75LBC184 等)。为防止总线中其他分机的通信受到影响(如某一台分机的 485 芯片被击穿短路),在 MAX485 信号输出端串联了两只 20Ω 的电阻 R10、R11。

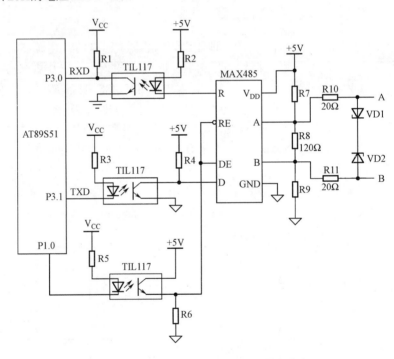

图 7-10 AT89S51 与 RS-485 的串口接口电路

7.2 51 单片机的串行通信接口

7.2.1 通用的异步接收/发送器 UART

在串行通信中,数据是一位一位按顺序进行传送的,而计算机内部的数据是并行同时传输的,因此要实现串行通信,就要有完成并→串或串→并变换的硬件电路。51 单片机串口有一个核心部件——通用的异步接收/发送器,简称 UART(Universal Asynohronous Receiver/Transmitter)实现此功能,其结构如图 7-11 所示。

接收数据时,串行数据由 RXD 端(Receive Data)经接收门进入移位寄存器,再经移位寄存器输出到接收缓冲器 SBUF,最后通过数据总线送到 CPU,是一个双缓冲结构,以避免接收过程中出现帧重叠错误;发送信息时,由于(CPU 主动)不会发生帧重叠错误,故 CPU 将数据送给发送缓冲器 SBUF 后,直接由控制器控制 SBUF 移位,经发送门输出至 TXD,为单缓冲结构。发送缓冲器与接收缓冲器在物理上是相互独立的,但在逻辑上二者共用一个地址 99H。对发送缓冲器只存在写操作,对接收缓冲器只能读操作。

接收和发送数据的速度由控制器发出的移位脉冲频率所控制,其与串行通信的波特率相一致,可由主机频率经过分频获得,也可由内部定时器 T1、T2 的溢出率经过分频后获得。当接收缓冲器满或发送缓冲器空,将置位于 RI(接收中断)或 TI(发送中断)标志,若串行口中断允许(ES=1),则向 CPU 产生串口中断,请求 CPU 进行接收或发送数据的操作。

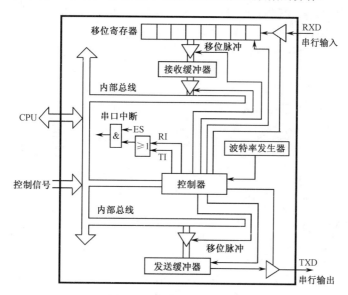

图 7-11 硬件 UART 结构图

7.2.2 串行口的控制寄存器

51 单片机标准的串行口有四种工作方式,用户可以通过对串行控制寄存器 SCON 编程来设定。此外,还有波特率控制寄存器 PCON,读者必须详细了解这些特殊功能寄存器,才能正确应用串行通信接口。

1. 串行口控制寄存器 SCON(复位值为 00H)

特殊功能寄存器 SCON 的地址为 98H,可位寻址,其格式如下:

SCON(98H)	D7	D6	D5	D4	D3	D2	D1	D0
位地址	9FH	9EH	9DH	9CH	9BH	9AH	99H	98H
功能	SM0	SM1	SM2	REN	TB8	RB8	TI	RI

SM0、SM1:串行口的方式选择位,见表 7-3。

表 7-3 串行口的方式

SM0	SM1	工作方式	功能说明
0	0	方式 0	移位寄存器方式(用于 I/O 扩展),波特率为 $f_{osc}/12$
0	1	方式 1	8 位 UART,波特率可变(由定时器 T1、T2 溢出率控制)
1	0	方式 2	9 位 UART,波特率为 $f_{osc}/64$ 或 $f_{osc}/32$
1	1	方式 3	9 位 UART,波特率可变(由定时器 T1、T2 溢出率控制)

SM2：方式 2 和方式 3 的多机通信控制位；在方式 0 中，SM2 应置为 "0"。

REN：允许/禁止串行接收控制位。置 "1" 时，允许接收；清 "0" 时，禁止接收。

TB8：在方式 2 和方式 3 中，发送的第 9 位数据，由软件置 "1" 或清 "0"。

RB8：在方式 2 和方式 3 中，接收到的第 9 位数据；在方式 1 时，RB8 是接收到的停止位；在方式 0，不使用 RB8。

TI：发送中断标志，由硬件置 "1"。在方式 0 时，串行发送到第 8 位结束时置 "1"；在其他方式时，串行口发送停止位时置 "1"。TI 必须由软件清 "0"。

RI：接收中断标志，由硬件置 "1"。当 SM2=0 时，方式 0 接收到第 8 位结束时置 "1"，方式 1、2、3 接收到有效的停止位时置 "1"；当 SM2=1 时，若串行口工作在方式 2 和方式 3，则接收到的第 9 位数据（RB8）为 "1" 时，才置 "1"；在方式 1 时，只有收到有效的停止位时才置 "1"。RI 必须由软件清 "0"。

2. 特殊功能寄存器 PCON

特殊功能寄存器 PCON 的地址为 87H，不可位寻址，其格式如下：

PCON（87H）	D7	D6	D5	D4	D3	D2	D1	D0
功能	SMOD							

PCON 的最高位是串行口波特率系数控制位 SMOD，当 SMOD 为 "1" 时使波特率加倍。PCON 的其他位详见 2.4 节，这里不再叙述。

7.2.3 串行接口的工作方式

51 单片机的串行通信接口有 4 种工作方式，它们由 SCON 中的 SM0、SM1 定义。下面从应用的角度，重点讨论各种工作方式的功能特性和工作原理。

1. 方式 0——移位寄存器方式

方式 0 通过外接一个移位寄存器扩展一个并行的输入/输出口。此时，数据由 RXD（P3.0）端串行地输入/输出，低位在前，高位在后，TXD（P3.1）端输出控制移位的时钟信号，其波特率固定为 $f_{osc}/12$。

（1）发送：方式 0 发送时，串行口上外接串入并出的 74LS164 移位寄存器，如图 7-12 所示。当 CPU 将数据写入到发送缓冲器 SBUF 时，在 TXD 移位脉冲信号控制下，数据开始从 RXD 端串行输出，当 8 位数据全部移出后，中断标志 TI 置 "1"，串行口停止移位，完成 1 个字节的输出。

（2）接收：方式 0 接收时，串行口上外接并行输入串行输出移位寄存器 74LS166，其接口如图 7-13 所示。在 TXD 移位脉冲信号控制下，RXD 引脚依次移入 8 位数据，写入接收缓冲器 SBUF，置中断标志 RI 为 "1"，串行口停止移位，完成 1 个字节的输入。

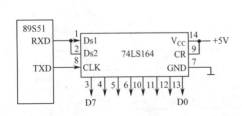

图 7-12 方式 0 发送接口图

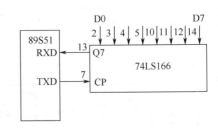

图 7-13 方式 0 接收接口图

必须注意：方式 0 工作时，必须使 SCON 控制字的 SM2 位（多机通信控制位）为"0"，从而不影响 TB8 和 RB8 位。以中断方式传输数据时，CPU 响应中断并不会自动清除 TI、RI 标志，所以在中断服务程序中，必须由软件将 TI、RI 清"0"。除此之外，在接收数据时，除了设置 SCON 控制字为方式 0 外，还应设置允许接收控制位 REN 为"1"。

2. 方式 1

方式 1 为 8 位异步通信接口，字符的 1 帧信息为 10 位，即 1 位起始位（0）、8 位数据（低位在前）及 1 位停止位（1），如图 7-14 所示。TXD 为发送端，RXD 为接收端，波特率由定时器 T1、T2 的溢出率来决定。

图 7-14 方式 1 数据格式

（1）发送：CPU 向发送缓冲器 SBUF 写入一个信息后，便启动串行口在 TXD 端输出帧信息，先发送起始位"0"，接着从低位开始依次输出 8 位数据，最后输出停止位。发送完一帧信息后，发送中断标志 TI 置"1"，向 CPU 请求中断。

（2）接收：当允许接收位 REN 置"1"后，接收器便以波特率的 16 倍（SMOD=1）或 32 倍（SMOD=0）速率采样 RXD 端电平，当采样到"1"到"0"的跳变时，启动接收器接收，并复位内部的 16 分频计数器，以实现同步。当 SMOD=1 时，计数器的 16 个状态把 1 位时间等分成 16 份，并在第 7、8、9 个计数状态时，采样 RXD 电平。因此，每一位的数值采样三次，取其中至少有两次相同的值为确认值。如果三次采样的确认值不是"0"，则起始位无效，复位接收电路重新检测。如果确认值为"0"，起始位有效，则开始按从低位到高位的顺序接收一帧的数据信息。

必须注意，在方式 1 接收中设置有数据辨识功能：只有同时满足 RI=0 和接收到停止位为"1"（或 SM2=0）两个条件时，接收的数据才有效，数据装入 SBUF，停止位"1"装入 RB8 中，置 RI 为"1"，向 CPU 请求中断；否则，所接收的数据帧无效。

3. 方式 2、方式 3

串行口工作在方式 2、方式 3 时，为 9 位异步通信口，1 帧信息由 11 位组成，即 1 位起始位、9 位数据 D0～D8（低位在前）及 1 位停止位，如图 7-15 所示。D8 可作为奇/偶校验位或多机通信时的地址/数据位，分别由 SCON 中的 TB8 和 RB8 实现发送和接收。

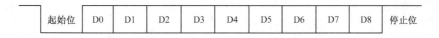

图 7-15 方式 2、方式 3 数据格式

（1）发送：当 CPU 向发送缓冲器 SBUF 写入一个数据后，便立即启动发送器发送。先发送起始位"0"，接着从低位开始依次输出 8 位数据，再发送 SCON 中的 TB8，最后输出停止位。发送完一帧信息后，发送中断标志 TI 置"1"，向 CPU 请求中断。

（2）接收：使用与方式 1 类似的方法识别起始位。必须注意，方式 2、方式 3 接收中也设置有数据辨识功能：只有同时满足以下两个条件时，接收到的数据才有效，才能将接收到的数据装入 SBUF 和 RB8，并置 RI 为"1"；否则，所接收的数据帧无效。

① RI=0。
② SM2=0（或 SM2=1 且接收到的 D8 为 "1"）。

方式 2、方式 3 的区别：方式 2 的波特率为 $f_{osc}/32$ 或 $f_{osc}/64$，而方式 3 的波特率可变。

7.2.4 波特率设计

51 系列单片机串行口 4 种工作方式的波特率如下所示：

方式 0：波特率为振荡频率的 1/12。

$$波特率 = \frac{f_{osc}}{12} \quad \text{b/s（位/秒）}$$

方式 2：波特率为振荡频率 $2^{SMOD}/64$。

$$波特率 = f_{osc} \times \frac{2^{SMOD}}{64} \quad \text{b/s（位/秒）}$$

方式 1 和方式 3：波特率为：

$$波特率 = \frac{2^{SMOD}}{32} \times n \quad \text{b/s（位/秒）}$$

式中，f_{osc} 为单片晶体振荡频率；SMOD 由控制寄存器 PCON 中的 SMOD 位（1 或 0）决定；n 为定时器 T1、T2 的溢出率，本节主要讨论定时器 T1 工作在方式 0、方式 1、方式 2 时，串行口工作在方式 1 和方式 3 的波特率设计方法。T2 用作方式 1、方式 3 的波特率发生器时，其波特率的计算见 6.3.2 节。

1. T1 工作在定时器方式 0 的波特率设计

定时器 T1 工作方式 0 为 13 位计数器，溢出率：

$$n = \frac{f_{osc}}{12} \cdot (2^{13} - Z + NR)^{-1} \quad (1/s)$$

式中，Z 为 T1 初值；NR 为 T1 溢出后恢复初值的周期数，故波特率为

$$波特率 = \frac{2^{SMOD}}{32} \times \frac{f_{osc}}{12} \cdot (2^{13} - Z + NR)^{-1} \quad \text{b/s（位/秒）}$$

例如，T1 初始化程序：

```
MAIN()
    {PT1=1;       //置定时器 T1 为最高优先级
    EA=1;        //CPU 中断允许
    ET1=1;       //允许 T1 中断
    TMOD=0x00;   //置定时器 1 的工作方式 0
    TL1=X;       //置初值低 5 位 X
    TH1=Y;       //置初值高 8 位 Y
    TR1=1;       //启动 T1
        …}
T1 溢出中断服务程序：
void  T1()    interrupt  3
        {TR1=0;       //禁止 T1 运行
        TL1=X;       //置初值低 5 位 X
        TH1=Y;       //置初值高 8 位 Y
        TR1=1;       //启动 T1
        } //中断返回
```

在上面的程序中，由于定时器 T1 方式 0 为 13 位计数器，故定时器初值 $Z=YX$ 可表示为 $Z=Y_7Y_6Y_5Y_4Y_3Y_2Y_1Y_0X_4X_3X_2X_1X_0$，分别存在 TH1 和 TL1 中。

恢复初值周期数 $NR=N_1+N_2$。N_1 为 CPU 响应中断，从主程序转入中断服务程序所需的机器周期数，一般为 3~8 个机器周期，本例中取 $N_1=3$；N_2 为转入中断服务程序后，到定时器恢复初值开始运行（TR1=1）所执行指令的机器周期数。本例中，中断服务程序执行到 TR1=1 共需 4 条指令，6 个机器周期，故 $N_2=6$。所以，NR=9。

2. T1 工作在定时器方式 1 的波特率设计

定时器 T1 工作方式 1 为 16 位计数器，则初值 $Z=TH1TL1$。

$$溢出率\ n=\frac{f_{osc}}{12}\cdot(2^{16}-Z+NR)^{-1} \quad (1/s)$$

$$波特率=\frac{2^{SMOD}}{32}\times\frac{f_{osc}}{12}\cdot(2^{16}-Z+NR)^{-1} \quad b/s（位/秒）$$

3. T1 工作在定时器方式 2 的波特率设计

定时器 T1 工作方式 2 为自动恢复初始值的 8 位计数器，则初值 $Z=TH1$。

$$溢出率\ n=\frac{f_{osc}}{12}\cdot(256-Z)^{-1} \quad (1/s)$$

$$波特率=\frac{2^{SMOD}}{32}\times\frac{f_{osc}}{12}\cdot(256-Z)^{-1} \quad b/s（位/秒）$$

从上述三种情况分析可以看出，当 T1 工作在定时器方式 2 时，NR=0，溢出率 n 误差最小。若定时器 T1 定义为外部计数方式，则上述公式中的 $f_{osc}/12$ 用输入脉冲频率 f 替代即可。

表 7-4 常用的波特率及相应的振荡频率

波 特 率		振荡频率 f_{osc}（MHz）	SMOD	定时器 T1		
				$C/\overline{T}$	方式	计数初值
方式 0（最大）	1Mb/s	12	×	×	×	×
方式 2（最大）	375kb/s	12	1	×	×	×
方式 1、方式 3	62.5kb/s	12	1	0	2	FFH
	19.2kb/s	11.0592	1	0	2	FDH
	9.6kb/s	11.0592	0	0	2	FDH
	4.8kb/s	11.0592	0	0	2	FAH
	2.4kb/s	11.0592	0	0	2	F4H
	1.2kb/s	11.0592	0	0	2	E8H
	137.6b/s	11.986	0	0	2	1DH
	110b/s	6	0	0	2	72H
	110b/s	12	0	0	1	FEEBH

表 7-4 列出了常用的波特率在特定的振荡频率和定时器 T1 特定的工作方式下所对应的计数初值。例如，设计波特率 2400b/s，晶振频率为 11.0592MHz，定时器 T1 工作在方式 2，SMOD=0，则定时器 T1 的计数初值为 Z=F4H。

7.3 串行通信应用举例

7.3.1 方式 0 应用设计键盘显示接口

【例 7-1】图 7-16 中，应用串行口方式 0，在串行口输出线 RXD 外接 9 个串入并出移位寄存器，构成 8 位七段码 LED 显示器的静态显示接口（74LS164（0）～74LS164（7））和键盘扫描输出口 74LS164（8），AT89S51 的 P3.4、P3.5 作为键盘输入线，TXD（P3.3）作为方式 0 移位脉冲输出控制线。下面通过显示程序和键盘扫描程序说明它们的工作原理和编程思路。

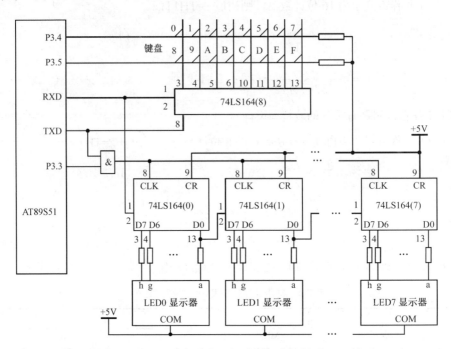

图 7-16 串行方式 0 实现键盘、显示电路

8 个 LED 的段码从 RXD 串行输出后，存在移动寄存器 74LS164 中，直接驱动共阳的 LED 显示器。显示子程序 display 如下：

```c
#include <reg52.h>
#include <intrins.h>
char code table[10]={0xc0,0xf9,0xa4,0xb0,0x99,0x92,0x82,0xf8,0x80,0x90};//共阳 LED 表 "0~9"
char data buffer[8]={1,2,3,4,5,6,7,8};     //显示缓冲器 buffer[8]存放 8 个 LED 显示内容
  sbit  P3_3=P3^3;
display( )
{ unsigned  char  data  i,x=0;
    P3_3=1;                      //允许移位脉冲输入
    SCON=0x00 ;                  //定义串口工作于方式 0
    for (i=0;i<8;i++)
       { x=buffer[i];
         SBUF=table[x]; //输出字符 0 的段码
         while (!_testbit_(TI));  //等待发送完成
       }
    P3_3=0;             //禁止移位脉冲输入
 }
```

键盘扫描子程序由 RXD 串行输出扫描码，P3.4 和 P3.5 输入列值，由于列线有上拉电阻，当无键按下时，因行列不通为 1 电平。扫描分两次进行，第一次输出扫描码为全零，读列值，若为 1 电平，说明无键按下，反之，延时去抖，再逐行输出为零，读列值，判哪一个键按下？扫描程序 KEY 如下：

```c
#include <reg52.h>
#include <intrins.h>
sbit  P3_4=P3^4;
sbit  P3_5=P3^5;
   char   KEY( )
{ char data row, x,column,i,value;
    SCON=0x00 ;              //定义串口工作于方式 0
      SBUF=00;               //使扫描键盘的 164 输出为 00H，即列线全为 0 电平
   while (!_testbit_(TI));   //等待发送完成
   while (P3_4&P3_5);        //行线输入为全 1，无键按下则等待
    for (i=0,i<250;i++);     //行线不为全 1，有键按下，延迟去抖
   while (P3_4&P3_5);        //行线输入为全 1，抖动引起的干扰，继续等待，直到按键
     if   (!P3_4)  row=0;    //第一排有键按下
            else   row=8;    //第二排有键按下
    x =0xFE;   //使第一列为 0，其余为 1，判第一列上是否有键按下？
    column=0;
    for (i=0;i<8;i++)    //依次扫描 8 列，判各列是否有键按下？
      {SBUF=x;                //  串口输出扫描值 x
        while (!_testbit_(TI));  //等待发送完成
      if (P3_4&P3_5)   { column++; x=_crol_(x,1);//该列无键按下，左移判下一列
                         if(i==7){ value=0xff; return(value);}}
        else
            { value=row+column; //该列中有键被按下,计算键值=行号+列号
             SBUF=0x00;         //输出全 0 的扫描值，判键释放？
            while (!_testbit_(TI));  //等待发送完成
            while (!（P3_4& P3_5）);  //等待释放
              return(value); }
         }
    }
```

7.3.2 双机、多机通信应用

1. 方式 1 设计双机通信

当通信的两机相距很近（1m 之内）时，则可将它们的串行口直接相连，以实现全双工的双机通信，如图 7-17 所示。当需要增加通信距离时，可以采用 RS-232 或 RS-422 标准进行双机通信。为了减少线路干扰，在收、发的数据端还可以采用光电隔离器（见图 7-10）。

除此之外，由于通信双方处于异步，在正式发送数据之前，应有一些询问对方是否准备好的握手信号；还有一系列的约定，即协议，如数据

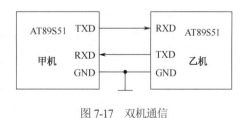

图 7-17 双机通信

传输的波特率、呼叫信号、应答信号、数据格式等。在数据传输结束，接收方也应有差错校验等过程。

【例 7-2】 设有甲、乙两台单片机，均采用 11.0592MHz 的晶振，现甲方需将 8 个字节的数据块顺序发送给乙机。双方采用 4800b/s 的波特率进行通信。通信之前，先进行握手操作：甲机发出的呼叫信号为"00"，询问乙机是否已准备好；乙机收到"00"后，若同意接收，则向甲机发送"01"，否则回送"00"。甲机在收到乙机回送的"01"后，开始发送数据，否则继续呼叫，直到乙机同意接收为止，发送数据的格式如下：

| 字节个数 | 数据 1 | 数据 2 | …… | 数据 n | 校验字节 |

其中，校验字节取决于不同的校验方法，可以是和校验字节、异或校验字节、CRC 循环冗余码等，最简单的是和校验、异或校验，即将 n 个数据求和或进行异或运算，最终的结果作为校验字节。

乙机接收完 n 个数据以后，也将所收到的 n 个字节相加（异或），得到的结果再与校验字节比较，若相同，说明数据正确，回送"02"给甲机；若不同，说明数据在传输过程中有干扰，回送"03"给甲机。甲机在收到"02"后，表示数据通信完成；收到"03"后，表示数据通信失败，重新发送数据。

对于接收和发送两种数据传输方式，由于单片机串口的收、发都有一定的条件，即 TI="1"或 RI="1"，因此 CPU 只能采用查询或中断方式进行收、发数据。查询方式简单，但 CPU 的利用率低，故对于接收数据的操作，由于具有不确定性，常采用中断方式进行；而对于发送数据的操作，则常采用查询方式进行。在本例中，甲机采用查询方式，乙机采用中断方式。甲机发送数据的程序流程如图 7-18 所示，乙机接收数据的程序流程如图 7-19 所示。

甲机查询方式发送程序如下：

```
#include    <reg51.h>
#include    <intrins.h>
unsigned   char   data   tranbuf[]="ABCDEFGH";
unsigned   char   data   i,x=0;
main()
{ TMOD=0x20;                    //使用定时器 T1 工作于方式 2 作为波特率发生器
  TH1=0xFA;TL1=0xFA;            //设初值 N，波特率为 4800b/s，见表 7-4
  TR1=1;                        //开定时器 T1 产生波特率
  SCON=0x50;                    //串口工作方式 1，SM2=0，接收允许，RI=TI=0
  PCON=0x00;                    //SMOD=0
  do
  { SBUF=0;                     //发送呼叫信号
      while (!_testbit_(TI));   //等待发送完成 TI=1, 并将 TI 清零
      while (!_testbit_(RI));}  //等待接收到乙机应答 RI=1, 并将 RI 清零
  while (SBUF!=01);             //若乙机未准备好，继续呼叫，直到收到 01 为止
  do {SBUF=8;                   //发送数据长度
      while (!_testbit_(TI));   //等待发送完成 TI=1, 并将 TI 清零
      for (i=0;i<8;i++)
      {SBUF=tranbuf[i];         //发送数据
        x^=tranbuf[i];          //生成异或校验码
        while (!_testbit_(TI));}//等待发送完成 TI=1, 并将 TI 清零
      SBUF=x;                   //发送校验码字节
      while (!_testbit_(TI));   //等待发送完成 TI=1, 并将 TI 清零
```

```
        while (!_testbit_(RI));}       //等待接收到乙机校验应答 RI=1,并将 RI 清零
        while (SBUF!=02);              //若不正确,则重发
}
```

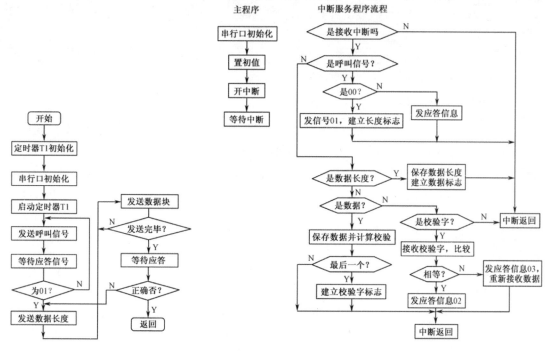

图 7-18 甲机发送程序的流程图　　　　图 7-19 乙机主程序和中断程序的流程图

乙机程序如下:

```
#include  <reg51.h>
#include  <intrins.h>
unsigned  char  data  receibuf[8];
unsigned  char  data  i,x=0,y=0;
unsigned  char  data  * p=receibuf;
main()
{ TMOD=0x20;              //使用定时器 T1.工作于方式 2 作为波特率发生器
  TH1=0xFA;TL1=0xFA;      //设初值 N, 波特率为 4800b/s, 见表 7-2
  TR1=1;                  //开定时器 T1 产生波特率
  SCON=0x50;              //串行口工作方式 1, SM2=0, 接收允许, RI=TI=0
  PCON=0x00;              //SMOD=0
  EA=1;ES=1;              //开 CPU 和串行口中断
    while(1);             //等待中断发生
}
void  series() interrupt  4    //串行口接收中断函数
{if (_testbit_(RI))            //是接收中断,清 RI=0
{switch(x)
   case  0:{if (SBUF==0){SBUF=1;x++;}//若是呼叫,发应答 01
                else   SBUF=0;       //不是呼叫,发应答 0
              while (!_testbit_(TI)); break;} //等待发送完成返回
   case  1:{i=SBUF;x++; break;}   //接收数据长度
   case  2:{*p=SBUF;p++;          //接收数据
```

```
                    y^=SBUF;              //生成异或校验字节
                    i--;                  //字节数减1
                    if(i==0)x++;break;}   //判数据收完
        case   3:{if(y==SBUF)SBUF=2;      //校验正确，发数据02
                    else    {SBUF=03;x=1;p=receibuf;y=0;}//校验错误，发数据03，返回初态
                    while(!_testbit_(TI));}
        }
    }
```

2. 方式2和方式3设计多机通信系统

在分布式集散控制系统中，往往采用一台单片机作为主机，多个单片机作为从机采集现场信号，主机和从机之间通过总线相连，如图7-20所示。主机通过TXD向各个从机（点到点）或多个从机（广播）发送信息，各个从机也可以向主机发送信息，但从机之间不能直接通信，必须通过主机进行信息传递。

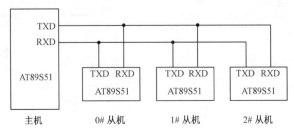

图7-20　AT89S51多机系统结构框图

为了保证多机通信的可靠性，在点到点通信时，采用了寻址技术，即主机先发送1帧"地址信息"呼叫从机，各从机接收到主机发来的"地址信息"后，便与本机的地址号相比较。若相同，则开始与主机通信；若不同，则不理睬主机发送的数据信息，也不向主机发送信息。

多机通信时，AT89S51串行口只能工作在方式2、方式3。此时单片机发送或接收的1帧信息都是11位（1位起始位、9位数据位、1位停止位），其中第9位数据发送或接收是通过TB8或RB8实现的。SM2为多机通信控制位，从机的SM2设置为"1"，其通信过程如下：

① 主机发送"地址信息"，第9位数据TB8置为"1"。由于各个从机收到的RB8为"1"，故从机接收完1帧信息后，会置中断标志RI为"1"，CPU响应中断处理接收到的"地址信息"。

② 各个从机处理"地址信息"，若地址与本机地址符合，则清SM2为"0"，并向主机回答"从机已做好通信准备"；若地址与本机不符，则保持从机SM2为"1"，等待主机的呼叫。当主机收到呼叫从机的应答后，主机和从机便可以正式"信息"通信。

③ 主机向从机发送"数据信息"，第9位数据TB8置为"0"，各从机收到的RB8也应为"0"，此时只有SM2=0的从机才会置中断标志RI为"1"，从而产生中断，接收来自主机的"信息"；其余从机RI为"0"，不会产生中断，即不理睬"信息"。

这样便实现了主机和从机之间的一对一通信。当一次通信结束以后，从机的SM2再次设置为"1"，主机可以发送新的"地址信息"，以便和另一个从机进行通信。

【例7-3】在进行某多机通信时，假设所有从机都已启动且处于接收状态，主机向从机发送1帧从机地址信息，然后再向所呼叫一从机发送10个数据信息。从机：接收主机发来的地址帧信息，并与本机的地址号相比较，若不符，则仍保持SM2=1不变；若相符，则使SM2清"0"，准备接收后续数据信息，直至接收完10个数据信息再将SM2=1。

主机和从机的程序流程图如图7-21所示。

第 7 章 AT89S51 的串行通信及其应用 143

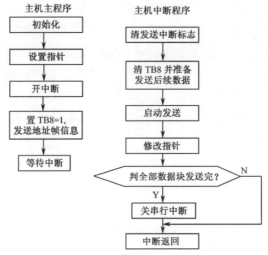

(a) 主机程序框图

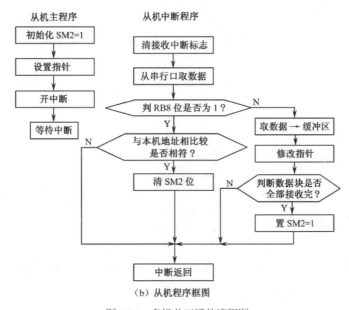

(b) 从机程序框图

图 7-21 多机单工通信流程图

① 主机主程序如下：

```
#include   <reg51.h>
#include   <intrins.h>
#define ADDR 01
unsigned char data transbuf[10]={'abcdefghij'};
unsigned char data i=0;
main()
{ SCON=0x80;              //串行口工作方式 2,发送
  PCON=0x80;              //SMOD=1，波特率加倍
  EA=1;ES=1;              //开 CPU 和串行口中断
  TB8=1;                  //置位 TB8，作为地址帧信息特征
  SBUF=ADDR;              //发送地址帧信息
  while(1);               //等待中断发生
}
```

主机串行口中断服务程序如下：

```
    void series() interrupt 4      //串行口中断函数
    {if (_testbit_(TI))            //是发送中断，清 TI=0
      if (i<10) {TB8=0;
              SBUF= transbuf[i];
              i++;}
       else ES=0
    }
```

② 从机主程序如下：

```
    #include  <reg51.h>
    #include  <intrins.h>
    #define ADDR 01
    unsigned char data receibuf[10];
    unsigned char data i=0
    main()
    { SCON=0xB0;          //串行口工作方式 2, SM2=1, REN=1, 接收状态
     PCON=0x80;           //SMOD=1, 波特率加倍
      EA=1;ES=1;          //开 CPU 和串行口中断
      while(1);           //等待中断发生
    }
```

从机串行口中断服务程序如下：

```
    void series() interrupt 4      //串行口接收中断函数
    {if (_testbit_(RI))            //是接收中断，清 RI=0
          if (RB8) {if (SBUF==ADDR) SM2=0;} //地址=本机地址号，清 SM2
          else
            if (i<10) { receibuf[i]= SBUF;i++;}  //接收的数据→数据缓冲区
            else   SM2=1;     //全部接收完，置 SM2=1
    }
```

【例 7-4】某多机通信系统中，有 1 台主机、255 台从机。从机地址号为 00H～FEH，采用多机通信协议实现多机通信，协议如下：

① 主机发送广播地址"FFH"时，复位所有从机使 SM2=1，准备接收主机发来的地址。

② 主机发送从机地址"00H～FEH"，等待呼叫从机应答，回送从机地址。若错误，则重新发送广播地址"FFH"，复位从机；若正确，主机向被寻址的从机发送"命令信息"："01H"为从机接收主机数据命令，"02H"为主机接收从机数据命令。此后主机接收从机所发出的状态信息，格式如下：

D7	D6	D5	D4	D3	D2	D1	D0
ERR						TRDY	RRDY

RRDY="1"，从机准备接收主机的数据；

TRDY="1"，从机准备向主机发送数据；

ERR="1"，从机接收的命令是非法的。

只有从机处于 TRDY 或 RRDY，主、从机之间才能进行数据通信，数据格式为"长度+数据包+和校验码"。接收方接收完数据包后进行求和校验，若校验正确，发应答信号"00H"；校验错误，发应答信号"FFH"，要求对方重发。主机程序流程如图 7-22 所示。

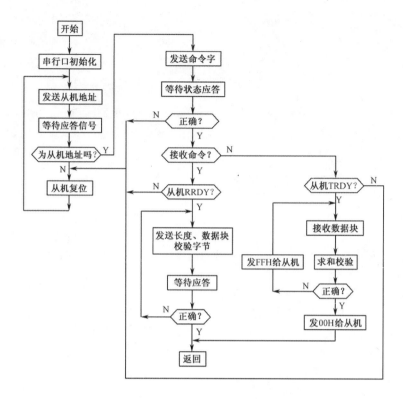

图 7-22 单片机多机通信主机程序流程图

① 程序如下：

```c
#include   <reg51.h>
#include   <intrins.h>
#define   uchar  unsigned  char
#define   SLAVE  0x01
#define   NUMBER   16
uchar   data   receibuf[16];
uchar   data   transbuf[16]={"master   transmit"};
void error()
{
SBUF=0xff;while (!_testbit_(TI));            //错误发 0FF，并等待结束
}
bit   master(uchar   address, uchar   cmd,uchar   k)    //主机呼叫从机 address，发送/接收 k 个数据
{
   uchar   status,check,i,n;
       SBUF= address;TB8=1;                  //主机发呼叫地址
       while (!_testbit_(TI));                //等待发送完成
       while (!_testbit_(RI));                //等待从机回答
       if (SBUF!= address )    error(); return(0);    //若地址错，发复位信号
       else  {
              TB8=0;SBUF=cmd;               //地址正确，清地址标志，发命令
               while (!_testbit_(TI));         //等待发送完成
              while (!_testbit_(RI));          //等待从机回答
               status=SBUF;                  //接收从机状态信息
              if   (status&0x80) error(); return(0);  //若错误，发复位信号
```

```c
          else if (cmd==01)
              {
                if (status&0x01)              //从机接收 RRDY
                 {
                  do
                    {
                      SBUF=k;                 //发字节数
                      while (!_testbit_(TI)); //等待发送完成
                      check=0;                //清校验字
                      for (i=0;i<k;i++)
                         {
                           SBUF=transbuf[i];  //发一数据
                           check+= transbuf[i]; //生成校验和
                           while (!_testbit_(TI)); //等待发送完成
                         }
                      SBUF= check;            //发校验和
                      while (!_testbit_(TI)); //等待发送完成
                      while (!_testbit_(RI)); //等待从机回答
                    }
                  while(SBUF!=0);             //接收不正确，重新发送
                  TB8=1; return(1);           //正确，置地址标志返回
                 }
              }
          else
             {
               if (status&0x02)               //从机发送 TRDY
              while(1)
                 {
                   while (!_testbit_(RI));
                   n=SBUF;check=0;            //接收数据长度
                   for (i=0;i<n;i++)
                      {
                        while (!_testbit_(RI));
                        receibuf[i]=SBUF;     //接收数据
                        check+=SBUF;          //生成校验字节
                      }
                   while (!_testbit_(RI));    //接收校验字节
                   if (SBUF==check)
                      {
                        SBUF=0;               //校验和相同，发送 0 给从机
                          while (!_testbit_(TI)); break;
                      }
                    else
                       {
                         SBUF=0xff;           //校验和不同，发送 ff 给从机
                           while (!_testbit_(TI)); //等待发送完成
                       }
                 }
```

```c
                    TB8=1; return(1);           //正确,置地址标志返回
                }
            }
        }
    void  main ()                    //主机主函数
        {TMOD=0x20;                  //定义T1工作于定时器方式2
        TL1=0xfd; TH1=0xfd;          //置初值,设定波特率为9600
        PCON=0;                      //设定SMOD=0
        TR1=1;                       //启动T1
        SCON=0xf8;                   //设置串行口为方式3,允许接收,且TB8=1
        while(!master(SLAVE,01,NUMBER));
        }
```

② 1号从机工作于中断方式,主程序如下:

```c
#include <reg51.h>
#include <intrins.h>
#define uchar unsigned char
#define SLAVE 0x01
#define NUMBER 16
uchar data receibuf[16];
uchar data transbuf[16]={" slave 01  transmit"}
void main ()
{
    TMOD=0x20;                  //定义T1工作于定时器方式2
    TL1=0xfd;TH1=0xfd;          //置初值,设定波特率为9600
    PCON=0;                     //设定SMOD=0
    TR1=1;                      //启动T1
    SCON=0xf0;                  //设置串行口为方式3,允许接收
    ES=1;EA=1;                  //开串行口中断
    while(1);
}
```

③ 1号从机发送和接收的中断程序流程如图7-23所示,程序如下:

```c
void serial () interrupt 4 using 1
{ uchar cmd,i,n,sum=0;
if (_testbit_(RI))
{ if (SBUF!=SLAVE) {SBUF=0xff;while(!_testbit_(TI));goto reback;} //收到的信号是否为本机号?
SM2=0;                          //是,设定SM2=0,发送本机地址
SBUF=SLAVE                      //发送从机地址
while (!_testbit_(TI));         //等待发送完成
while (!_testbit_(RI));         //等待接收指令
if (RB8) {SM2=1;goto reback;}   //是地址信号,中断返回
   cmd=SBUF;                    //读入主机指令
   if (cmd==01)                 //若为接收数据指令,READY则发送01信息
   {SBUF=01;                    //接收READY,发送命令应答信号01,并开始接收数据
    while (!_testbit_(TI));     //等待发送完成
    while (!_testbit_(RI));     //等待数据的到来
if (RB8) {SM2=1;goto reback;}   //是地址信号,中断返回
   n=SBUF;while (!_testbit_(RI));
```

```
      for (i=0;i<n;i++)
         {rebuffer[i]=SBUF;sum+=rebuffer[i];while (!_testbit_(RI));}   //接收 n 个数据
      if(SBUF==sum) SBUF=00;  //校验和相同，发 00H，否则发 FFH
      else    SBUF=0xff;
      while (!_testbit_(TI));          //等待发送完成
      SM2=1;}                          //返回到接收地址状态
  else   if(cmd==02)   //若为发送数据指令，READY，发送应答信号 02，并开始发送数据
    {SBUF=02; while (!_testbit_(TI));
   do
    {SBUF=NUMBER;while (!_testbit_(TI));   //发送数据包长度
       for (i=0,sum=0;i<NUMBER;i++)
         {SBUF=trbuffer[i];sum+=trbuffer[i];while (!_testbit_(TI));}//发送 NUMBER 个数据
      SBUF=sum;                   //发送校验和
      while (!_testbit_(TI));
      while (!_testbit_(RI));
      }
   while (SBUF!=0);               //主机接收不正确，重新发送
   SM2=1;}                        //返回到接收地址状态
    else {SBUF=0x80;while (!_testbit_(TI));SM2=1}  //命令非法，发错误信息 80H
   reback:;}
  }
```

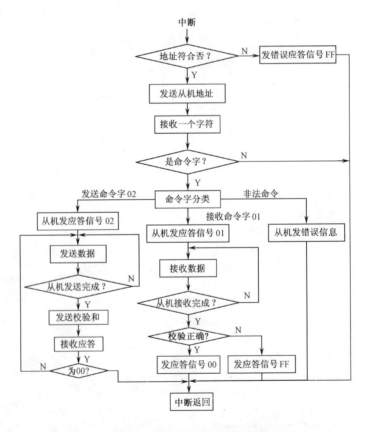

图 7-23　多机通信从机中断流程

7.3.3 单片机与微机的串行通信

随着计算机技术的快速发展和广泛应用，上、下位机的主从工作方式越来越为数据采集和控制系统所使用。单片机使用灵活、控制方便，可作为从机，进行现场数据的采集和控制；微机的分析处理能力强、速度快，可作为主机，通过异步通信口接收单片机采集的数据，对数据进行分析、处理，并对单片机发出控制指令。单片机与微机都具有异步通信接口，但输出的电平不同，微机为 RS-232 电平，单片机为 TTL 电平，所以必须通过电平转换器（如 MAX232）才能实现串行通信，如图 7-24 所示。

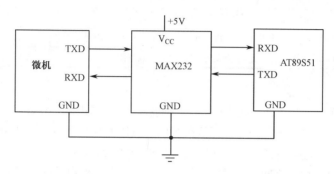

图 7-24　微机与 AT89S51 单片机通信连接图

以往基于 Windows 平台上的串行通信大多使用 Microsoft Windows 操作系统提供的 API 函数来实现，这种方法需要进行许多底层设置，因而较为烦琐，并且难以理解。Microsoft 推出的 ActiveX 技术提供了另外一种实现串行通信的方法，这种方法不仅相对较为简单，而且非常实用。尤其是在 Visual C++这种可视化面向对象的编程环境中，可以真正把串行口看成一个对象，编程时只需简单的设置，理解起来也很容易。下面详细讨论 VC++中用 ActiveX 控件实现微机串行通信的方法。该控件的相应文件是 MSCOMM32.OCX，以下简称为 MSCOMM 控件。

1. MSCOMM 控件

MSCOMM 控件（即 Microsoft Communication Control）是 Microsoft 为简化 Windows 下串行通信编程而提供的 ActiveX 控件。它提供了一系列标准通信命令的使用接口，利用它可以建立与串行口的连接，并可以通过串行口连接到其他通信设备（如调制解调器），发出命令、交换数据及监视和响应串行连接中发生的事件和错误。MSCOMM 控件可用于创建电话拨号程序、串行口通信程序和功能完备的终端程序。MSCOMM 控件提供了两种处理通信的方式。

（1）事件驱动方式：当通信事件发生时，MSCOMM 控件会触发 OnComm 事件，调用者可以捕获该事件，通过检查其 CommEvent 属性便可确认发生的是哪种事件或错误，从而进行相应的处理。这种方法的优点是响应及时，可靠性高。

（2）查询方式：在程序的每个关键功能之后，可以通过检查 CommEvent 属性的值来查询事件和错误。如果应用程序较小，这种方法可能更可取。例如，编写一个简单的电话拨号程序，则没有必要每接收 1 个字符都产生事件，因为唯一等待接收的字符是调制解调器的"确定"响应。

在使用 MSCOMM 控件时，1 个 MSCOMM 控件只能对应 1 个串行口。如果应用程序需要访问和控制多个串行口，那么必须使用多个 MSCOMM 控件。

在 VC++中，MSCOMM 控件只对应着 1 个 C++类——CMSComm。由于 MSCOMM 控件本身没有提供方法，所以 CMSComm 类除了 Create()成员函数外，其他的函数都是 Get/Set 函数对，用来获取或设置控件的属性。MSCOMM 控件也只有 1 个 OnComm 事件，用来向调用者通知通信事件的发生。MSCOMM 控件有许多很重要的属性，表 7-5 给出几个较为重要和常用的属性。

表 7-5 MSCOMM 控件的重要属性

属 性	说 明
CommPort	通信端口号，1 为 comm，2 为 comm2
Settings	以字符串形式表示的波特率、奇偶性（N 无校验，E 偶校验，O 奇校验）、数据位、停止位
PortOpen	设置或返回串口状态，布尔类型：Ture 为打开，False 为关闭
Input	从接收缓冲区读取数据，类型：VARIANT
Output	向发送缓冲区写入数据，类型：VARIANT
InputMode	接收数据的类型：0 为文本；1 为二进制
RthresHold	产生 OnComm 事件之前，设置要接收的字符数
SthresHold	产生 OnComm 事件之前，设置并返回传输缓冲区允许的最小字符数
CommEvent	OnComm 事件返回值，1 为发送事件，2 为接收事件

2. 编程实现

从表 7-5 可以看到，MSCOMM 控件可以有两种不同的形式接收数据，即文本形式和二进制形式。由于所有以单片机为核心的测量系统所得到的原始数据几乎都是二进制形式，故以二进制形式传输数据将是最为直接而又简洁的办法，且 MSCOMM 控件在文本形式下，传输的是宽字符格式的字符，要想得到有用信息，还要额外处理。因此本书主要讨论在二进制形式下的使用方法。

在 VC++6.0 中，用 APPWizard 可以生成三种应用程序：单文档（SDI）、多文档（MDI）和基于对话框的应用程序。为了说明问题和省去不必要的细节，下面以基于对话框的应用程序为例。

（1）创建一个基于对话框的应用程序：打开 VC++6.0 集成开发环境，选择菜单项 File/New，在出现的对话框中选中 Projects 标签中的 MFC AppWizard（exe），然后在 Project Name 框中填入 MyCOMM（可根据需要命名），之后单击 OK 按钮。在接着出现的对话框中选中 Dialog Based 项，然后单击 NEXT 按钮。在余下的各个对话框都按照默认设置，这样即可生成一个基于对话框的应用程序，在资源编程器中会出现其对话框模板。

（2）插入 MSCOMM 控件：选择菜单项 Project→Add to project→Components and Controls…，在弹出的对话框中选择 Registered ActiveX Controls 文件夹下的 Microsoft Communications Control version6.0，然后单击 Insert 按钮，接着会弹出一个对话框，提示生成的类名及文件名，单击 OK 按钮即可实现控件的插入。这时在对话框的控件工具栏上会多出一个电话机模样的控件图标，Workspace 的 Classview 中也多了一个类 CMSComm。

此时即可将 MSCOMM 控件加入到对话框模板，加入方法与其他控件一样。然后还要在对话框类中相应加入一个成员变量，此处将其命名为 m_comm。加入方法：首先，在对话框模板中，用鼠标右键单击该控件，选择 ClassWizard，在出现的对话框的 Member Variables 标签的 Control Ids 项下，选中 IDC_MSCOMM1；然后，单击 Add Variable…按钮，在出现的对话框的 Member Variable Name 项中输入 m_comm；最后，单击 OK 按钮即可。

（3）设置属性：可以用两种方法对控件的属性进行设置。

① 在对话框资源编辑器中设置：在对话框模板上，用右键单击 MSCOMM 控件，选择 Properties…菜单项，然后便可设置各项属性。此处只对以下几项进行设置（其他接受默认设置）：Rthreshold 设为 1，InputLen 设为 1，DTREnable 不选，InputMode 设为 1-Binary。

② 用对话框类的 OnInitDialog()函数进行设置，如下所示：

```
BOOL CMyCOMMDlg::OnInitDialog()
{ m_comm.SetCommPort(1);              //使用串行口 1
  m_comm.SetSettings("9600,N,8,1");   //波特率为 9600b/s，无奇偶校验，8 位数据位，1 位停止位
  m_comm.SetRThreshold(1);            //每接收 1 个字符就触发 1 次接收事件
```

```
    m_comm.SetSThreshold(0);              //不触发发送事件
    m_comm.SetInputLen(10);                //每次读操作从缓冲区中取 10 个字符
    m_comm.SetInputMode(1);                //二进制数据传输形式
    if(! m_comm.GetPortOpen())
        m_comm.SetPortOpen(TRUE);          //若串行口未开，打开串行口
    return TRUE;                           //除非锁定控件，否则返回 TRUE
}
```

（4）发送二进制数据：MSComm 类的写函数为 SetOutput()。函数原形 void SetOutput(const VARIANT newValue)，均使用 VARIANT 类型。而输入的字符一般是 CString 型变量，因此必须进行转换。先将 CString 型变量转换为 BYTE 型数组，再将 BYTE 型数组转换为 ColeSafeArray 型变量，最后转换为 VARIANT 型变量发送出去。这个转换过程看起来比较复杂，但它可以满足用不同的变量类型来发送数据。以二进制形式发送数据的代码实现如下所示：

```
void CMyCOMMDlg::OnSendData(CString m_strInputData,int kind)
{
    VARIANT strReceive;
    BYTE    data[256];
    long i,length;
    COleSafeArray   m_input2;
    length=m_strInputData.GetLength();
    for(i=0;i<length;i++)
        data[i]=m_strInputData.GetAt(i); //将 Cstring 型变量转换为 BYTE 型数组
    length++;
    m_input2.CreateOneDim(VT_UI1,length,data,0); //创建一个 ColeSafeArray 型变量数组
    for(i=0;i<length;i++)
        m_input2.PutElement(&i,data+i);    //把字节数组转换成 ColeSafeArray 型变量
    strReceive=m_input2;                   //把 ColeSafeArray 型变量转换成 VARIANT 型变量
    m_comm.SetOutput(strReceive);          //发送数据
}
```

（5）接收二进制数据：当需要接收大量的数据时，最好采用事件驱动方式进行编程。具体步骤如下。

① 响应 OnComm 事件。在对话框资源编程器中，双击对话框模板上的 MSCOMM 控件，在弹出的对话框中填入所希望的事件响应函数名，此处将其命名为 OnComm()。

② 在事件响应函数中接收和处理数据。MSComm 类的读函数为 GetInput()，函数原型为 VARIANT GetInput()，接收来的数据为变体数据，所以需要同发送一样做一些处理将其转换为 CString 型，才能显示在编辑框内。利用串口接收数据并显示在接收编辑框中的代码如下：

```
void CMyCOMMDlg::OnComm()
{VARIANT    variant_inp;
 COleSafeArray safearray_inp;
 LONG    len,k;
 BYTE    rxdata[2048];                     //设置 BYTE 数组
 CString    strtemp;
 if(m_ctrlComm.GetCommEvent()==2)          //事件值为 2 表示接收缓冲区内有字符
 {
    variant_inp=m_Comm.GetInput();         //读缓冲区
    safearray_inp=variant_inp;             //VARIANT 型变量转换为 ColeSafeArray 型变量
```

```
            len=safearray_inp.GetOneDimSize();        //得到有效数据长度
            for(k=0;k<len;k++)
            safearray_inp.GetElement(&k,rxdata+k);    //转换为 BYTE 型数组
            for(k=0;k<len;k++)
               {BYTE bt=*(char*)(rxdata+k);           //将数组转换为 Cstring 型变量
                strtemp.Format("%c",bt);              //将字符送入临时变量 strtemp 存放
                m_strEditRXData+=strtemp;             //加入接收编辑框对应字符串
               }
          }
        UpdateData(FALSE);                            //更新编辑框内容
     }
```

7.3.4 单片机在 GSM 无线通信网络中的应用

短信息服务作为 GSM 网络的一种基本业务，已得到越来越多的系统运营商和系统开发商的重视。GSM MODEM 模块是传统的调制解调器与 GSM 无线移动通信系统相结合的一种数据终端设备，因此也称为无线调制解调器。以 GSM 网络作为数据无线传输网络，可以开发出很多应用，如变电站、电表、水塔、水库或环保监测点等监测数据的无线传输和无线自动警报等。

GSM MODEM 模块提供的命令接口符合 GSM07.05 和 GSM07.07 规范，GSM07.07 中定义的 AT 命令接口提供了一种移动台与数据终端设备 DTE 之间的通用接口，GSM07.05 对短消息作了详细的规定。在模块收到网络发来的短消息时，能够通过串口向 DTE 送出指示消息，同时数据终端设备 DTE 也可以通过串口向模块发送各种命令。下面以 GSM MODEM 模块 TC35i 为例，讲解 PC 和单片机应用系统之间，以 GSM 网络为纽带，实现异地的数据传输。其工作模式如图 7-25 所示。

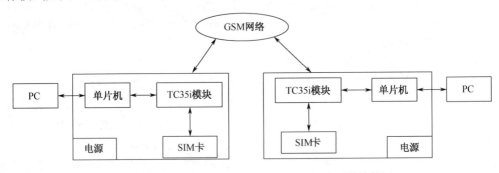

图 7-25 基于 TC35i、PC、单片机的 GSM 网络通信连接图

1. TC35i 模块简介

TC35i 是德国西门子公司生产的推出的 GSM MODEM 模块，与 GSM 2/2+兼容、双频(GSM900/GSM1800)、RS-232 数据口、符合 ETSI 标准 GSM0707 和 GSM0705，且易于升级为 GPRS 模块。该模块集射频电路和基带于一体，向用户提供标准的 AT 命令接口，为数据、语音、短消息和传真提供快速、可靠、安全的传输，方便用户的应用开发及设计。TC35i 主要特性与技术指标包括以下几点：

（1）支持 EGSM 900MHz 和 GSM 1800MHz 双频工作模式；
（2）支持数据、语音、短消息和传真等各种业务；
（3）电源电压范围较宽，为 3.3~4.8V；
（4）体积小（54.5mm×36mm×3.6mm）、质量轻（9g），非常适合在嵌入式应用环境中使用；

（5）空闲模式时工作电流低于 3mA，平均工作电流为 300mA，峰值为 2A，掉电模式为 50μA；传输功率在 EGSM 900 模式下为 2W，GSM 1800 模式下为 1W；

（6）完整的 RS-232 串行接口，支持硬件流控和软件流控，可选波特率 300bps～230kbps，支持在 1200bps～230kbps 范围内的标准波特率自适应；

（7）支持工作电压为 3V/1.8V 的 SIM 卡。

2．TC35i 引脚和与单片机的接口

TC35i 有 40 个引脚，通过一个 ZIF（Zero Insertion Force，零阻力插座）连接器引出，如图 7-26 所示。这 40 个引脚可以划分为 5 类。

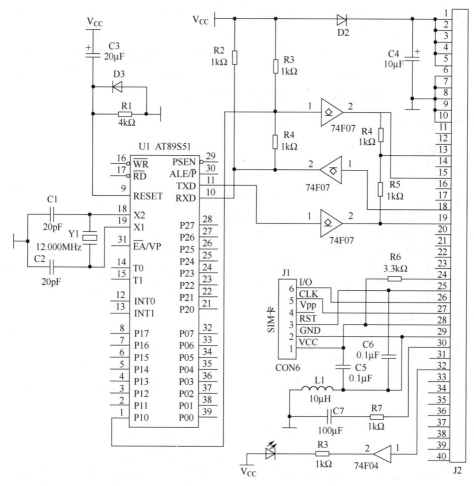

图 7-26　TC35i 与单片机 AT89S51 接口线路

（1）电源：第 1～14 脚为电源部分，其中 1～5 脚为电源电压输入端 Vbatt+，6～10 脚为电源地 GND，因为模块在发射信号时工作电流较大，故用多个引脚并联输入。11、12 脚为充电引脚，13 脚为对外输出电压，14 脚 BATT-TEMP 接负温度系数的热敏电阻，作为充电时的温度监控。

（2）SIM 卡接口：第 24～29 脚为 SIM 卡引脚，分别为 CCIN、CCRST、CCIO、CCCLK、CCVCC 和 CCGND，用于与 SIM 卡数据通信。CCIN 为 SIM 卡插入识别，通过此引脚 TC35i 模块可识别 SIM 卡是否插入卡座；CCRST 为复位脚；CCIO 为串行数据 I/O，在 CCCLK 的控制下进行双向的数据移位操作；CCCLK 为串行时钟，由 TC35i 提供；CCVCC 和 CCGND 为 SIM 卡的电源和地。

（3）音频接口：第 33～40 引脚，模块提供两组语音接口，用来接电话手柄。

（4）控制信号：第 15 脚为启动信号 IGT(Ignition)，当 TC35i 通电后必须给 IGT 一个大于 100ms 低电平，模块才启动；第 30 脚为 RTC Backup，用于给外部 RTC 电路供电；第 31 脚为 Power Down，用于模块的关机操作；第 32 脚为 SYNC，用于驱动外部 LED，指示通信状态。

（5）串行通信接口：第 16～23 脚分别为 DSR0、RING0、RxD0、TxD0、CTS0、RTS0、DTR0 和 DCD0，为符合标准的 RS-232C 的 9 针串行标准口。它有固定的参数：8 位数据位和 1 位停止位，无校验位，波特率在 300bps～115kbps 之间可选，硬件握手信号用 RTS0/CTS0，软件流量控制用 XON/XOFF，CMOS 电平，支持标准的 AT 命令集。

GSM MODEM 模块作为 DCE 设备，一般都支持通过串行通信接口和 DTE 进行通信。TC35i 提供了一个全功能的9针串口和单片机或计算机进行通信。如果不考虑通信时的流量控制，TC35i 只需要使用 TXD、RXD 和地即可进行通信。通信可以使用 TTL 电平或 RS-232电平。需要注意的是，TC35i 定义的高电平为2.65V，如果和5V 供电的单片机系统进行 TTL 电平的直接通信，应采用电平变换电路，因此图7-26中通过三片同相 OC 门74F07实现电平转换。如果要使用 RS-232 电平进行通信，可选择 MAX3232等芯片进行电平变换。

3. GSM MODEM 的控制命令——AT 命令

AT 命令最早由 Hayes 公司开发的，用于对 MODEM 的控制、操作和使用。通过串行口向 TC35i 模块发送 AT 命令，可实现对模块的控制。本节仅介绍几条常用的指令，更详细的资料可以参考 GSM07.05和GSM07.07规范。一些典型的 AT 指令见表7-6。

表 7-6 GSM 模块常用的 AT 命令

命 令 内 容	AT 指令	功　　能
初始化命令	AT+CMGC	发出一条短信息命令
	AT+CSQ	查询目前的信号质量
	AT+CREG	检查 MODEM 是否已登录网络
	AT+CNMI	设置短消息到达的通知方式
	AT+CSCA=\<sca\>	设置短消息服务中心号码
	AT+CSMS=\<service\>	选择短消息服务模式，\<service\>=1 选择 Phase2+标准
短信息处理命令	AT+CMGD=n	删除 SIM 卡内存编号为 n 的短信息
	AT+CMGR=n	读 SIM 卡内存编号为 n 的短信息
	AT+CMGF=n	选择短消息信息格式：0—PDU；1—文本
	AT+CMGS=\<da\>或 len	发送短消息。MODEM 在接受此命令后回送提示符 ">"，用户输入短消息文本或 PDU 数据报，以 Ctrl+Z 结束并命令 MODEM 发送，da 为文本方式的接收方号码，len 为 PDU 方式数据报的长度

由 DTE 串行口向 MODEM 发出的 AT 命令的格式：

> AT [命令行]\<CR\>（回车）

或

> AT [命令行]\<CR\>\<LF\>（回车+换行）

MODEM 对 AT 命令的响应内容多种多样，但都保持下述形式：

> \<CR\>\<LF\>响应内容\<CR\>\<LF\>

AT 指令中的符号、常量、数据等都是以 ASCII 编码形式传送，并且大小写必须一致；单片机向 TC35i 模块发送每一条指令后，必须以回车或回车+换行作为该条指令的结束。例如，单片机向手机发送"AT+CMGF=0"这条指令，其 ASCII 编码序列为"41H、54H、2BH、43H、4DH、47H、46H、3DH、30H、0DH"，最后一个字节0DH 就是回车符，表示该条指令结束，如果没有这个回车符，手机将不识别这条指令。

4. PDU 编码协议

根据 GSM 技术规范，利用短消息进行无线数据传输时，可以采用两种数据格式：一种是文本方式（Text），另一种是 PDU（Protocol Data Unit，协议数据单元）模式。使用 Text 模式收发短信代码简单，实现起来十分容易，短消息以 ASCII 码表示后发送即可，但最大的缺点是不能收发中文短信；而 PDU 模式不仅支持中文短信，也能发送英文短信。PDU 模式收发短信可以使用3种编码：7位、8位和UCS2编码。7位编码用于发送普通的 ASCII 字符，每个字节从低到高位使用，最后不足一个字节的各位全部用0补全，最多可以包含160个 ASCII 字符，如"h"、"e"的 ASCII 码为1101000、1100101，he 组合为 E8H、32H；8位编码，每个字符1个字节，最多140个字符；UCS2编码一个字符两个字节，最多70个字符，可用来发送中文。

PDU 作为一种数据单元，除了短消息正文外，还必须包含源/目的地址、保护（有效）时间、数据格式、协议类型，正文长度可达140个字节，它们都以十六进制表示。PDU 数据单元的格式根据短消息由移动终端 DTE 发起或以移动终端 DTE 为目的而不同，如下所示：

当消息由移动终端 DTE 发起时，PDU 数据报的格式：

SMSC	PDU 类型	MR	DA	PID	DCS	VP	UDL	UD（0～140octed）

当消息以移动终端 DTE 为目的时，PDU 数据报的格式：

SMSC	PDU 类型	OA	PID	DCS	SCTS	UDL	UD（0～140octed）

（1）SMSC 短消息业务中心地址：由 A、B、C 三个字节构成。

A：短信息中心地址 SCA 长度，为 1 个字节，由 B+C 的长度决定，单位为字节。

B：短信息中心号码 SCA 类型：91 为国际型（在前面加"+"），A1 为国内型，81 为未知。

C：短信息中心号码 SCA，需将奇偶位对调，如号码位数是奇数位，末尾加"F"。

（2）PDU 类型为协议类型识别：一个字节，表明本数据报的类型。

数据位 D1D0：00 为收到短消息，01 为发送的短消息，10 为短消息状态。

数据位 D4D3：有效期 VP 的格式。00 为不存在 VP，01 为保留，10 为用一个字节表示 VP 的相对值，11 为用半个字节表示 VP 的绝对值。

（3）MR：短消息参考码，MS 向 SC 提交的短消息序列号，从 0～255 循环编码，移动模块会自动改动，默认为 0。

（4）DA/OA 为源/目的地址，也由三个字节构成：号码长度（取数据的十进制位数，不包括"F"）、类型（取值同 SCA）、被叫号码。

（5）PID：协议标识字节，默认为 0，所有服务商支持。

（6）DCS：数据编码方案字节，0 为 7 位，4 为 8 位，8 为 UCS2 编码，后两种可以传输中文，但 UCS2 传输中文必须使用 Unicode 编码。

（7）VP/SCTS：对于发送短信息为有效期 VP，为 1 个字节，见表 7-7；对于接收短消息为短消息到达时间 SCTS，共年、月、日、时、分、秒、时间 0，7 个字节，若 SCTS 为 20、70、51、22、24、60、00，则表示短消息收到时间为 2002 年 7 月 15 日 22 时 42 分 06 秒。

表 7-7 有效时间算法

VP 值	短消息有效时间长度
0～143	(VP+1)×5 分钟
144～167	12 时+(VP-143)×30 分
168～196	1 天×(VP-166)
197～255	1 周×(VP-192)

(8) UDL：用户数据长度，7 位方式，最多为 160 个字符；8 位方式，最多为 140 个字符；UCS2 编码方式，最多为 70 个字符。

(9) UD：用户数据，其长度由 UDL 中的数据决定。

例：SMSC 号码是+8613800250500，对方号码是 13851872468，发送消息内容是"hellohello"。从手机发出的 PDU 串见表 7-8。

表 7-8 PDU 方式发送短消息编码协议

分　段	含　义	说　明
08	SMSC 地址信息的长度	共 8 个字节（包括 91）
91	SMSC 地址格式（TON/NPI）	用国际格式号码（在前面加"+"）
68 31 08 20 05 05 F0	SMSC 地址	8613800250500，补"F"凑成偶数个
11	基本参数（TP-MTI/VFP）	发送，TP-VP 用相对格式
00	消息基准值（TP-MR）	0
0D	目标地址数字个数	共 13 个十进制数（不包括 91 和"F"）
91	目标地址格式（TON/NPI）	用国际格式号码（在前面加"+"）
68 31 58 81 27 64 F8	目标地址（TP-DA）	8613851872468，补"F"凑成偶数个
00	协议标识（TP-PID）	是普通 GSM 类型，点到点方式
00	用户信息编码方式（TP-DCS）	7bit 编码
00	有效期（TP-VP）	5min
09	用户信息长度（TP-UDL）	实际长度 9 个字节
E8 32 9B FD 46 97 D9 EC 37	用户信息（TP-UD）	"hellohello"

5. PDU 方式短消息的收发过程

通过对 PDU 方式短消息收发数据报的分析，可知 PDU 方式的短消息收发过程是较为复杂的。在发送短消息前，用户程序必须根据短消息服务中心号码、始发端的手机号码、短消息的编码方式、内容、有效期等分别生成各字段，组合成一个有效的发送数据报，通过 AT 命令将数据报发送给 GSM 模块，再由模块发送给短消息服务中心。当用户接收到由 GSM 模块送达的一个接收数据报时，也要根据协议规定的数据报格式解析出各个字段，最后组合成一个有效的短消息。

(1) 发送短消息的流程（\r\n 分别表示回车（0x0d）和换行（0x0a））

① 用户程序发送 AT\r\n，等待 TC35i 模块回送\r\nOK\r\n，确认 TC35i 模块开机。

② 用户程序发送 AT+CSQ\r\n，测试信号质量，等待 TC35i 模块回送信号质量数据\r\n+CSQ:21,99\r\n 和\r\nOK\r\n，确认 TC35i 模块 OK。

③ 用户程序发送 AT+CREG?\r\n，测试 TC35i 模块是否已登录网络，等待 TC35i 模块回送\r\n+CREG:0,1\r\n 和\r\nOK\r\n，确认 TC35i 模块已登录。

④ 用户程序发送 AT+CSCA?\r\n，查询短信服务中心号码，等待 TC35i 模块回送\r\n+CSCA:"+8613800250500",145\r\n（南京地址）和\r\nOK\r\n。

⑤ 用户程序发送 AT+CMGF=0\r\n，等待 TC35i 模块回送\r\nOK\r\n，选择 PDU 模式。

⑥ 用户程序发送 AT+CSMS=1\r\n，等待 TC35i 模块回送\r\nOK\r\n，选择 Phase 2+标准。

⑦ 用户程序针对发送短消息的内容、被叫方号码准备 PDU 数据报（见表 7-8），然后发送 AT+CMGS=len\r\n，len 表示消息全长，为准备发送短消息 PDU 数据报的长度，不包括最后发送的 Ctrl+Z（0x1a）。等待 TC35i 模块回送\r\n>，就可以发送 PDU 数据报，以 Ctrl+Z 结束。在文本方式，AT+CMGS=对方的手机号\r\n，等待 TC35i 模块回送\r\n>，就可以发送短消息 ASII 码文本。

⑧ 等待 TC35i 模块回送\r\n+CMGS:mr\r\n 和\r\nOK\r\n 才表示消息发送成功，其中 mr 为网

络返回的短消息参考号码，具体等待时间不定，一般为6～15s。

以上任何一步中，若TC35i模块回送\r\nERROR\r\n，则表示操作错误。

（2）接收短消息的流程

初始化流程中的①～⑥同发送，不再赘述。

⑦用户程序发送 AT+CNMI=1,2\r\n，等待 TC35i 模块回送\r\nOK\r\n，设置将收到的短消息直接发送 DTE，不存储在 SIM 卡中，这样可减少写 SIM 卡存储器的次数，延长 SIM 卡的寿命。到此初始化工作完成，TC35i 模块将在收到有效的短消息后，向 DTE 送出：\r\n+CMT:len\r\nxxxxxx……xxxx\r\n，len 表示消息全长，为接收短消息 PDU 数据报直到结束符的长度。

在收到 TC35i 模块送出的短消息正文及回车换行符后，DTE 应立即向 TC35i 回送 AT+CNMA\r\n 表示已收到此条短消息，并等待 TC35i 模块回送\r\nOK\r\n，表示确认。然后再按照 PDU 数据报的格式以及用户数据编码方式等对各字段进行解码，得到短消息内容。

如果在开机前有短消息，或在发送短消息的同时有短消息到达，TC35i 模块会将短消息存储在 SIM 卡中，且不会再主动给出短消息到达通知。因此在程序执行过程中。需要在系统空闲时定时执行 AT+CMGL=0（参数 0 表示要求读出所有存储的未读过的短消息）来读取被缓存的短消息，如果有未读过的短消息，TC35i 模块将返回短消息列表，各条短消息之间通过\r\n 分隔，最后发送\r\nOK\r\n，通知上位机本次命令执行完毕。

7.4 CAN 总线串行通信技术

控制器局域网 CAN（Controller Area Network）属于现场总线的范畴，是一种有效支持分布式控制系统的串行通信网络，是德国博世公司在 20 世纪 80 年代专门为汽车行业开发的一种串行通信总线。由于其高性能、高可靠性以及独特的设计而越来越受到人们的重视，被广泛应用于诸多领域。而且能够自动检测总线传输中出现的错误。当信号传输距离达到 10km 时，CAN 仍可提供高达 50kbps 的数据传输速率。由于 CAN 总线具有很高的实时性能和应用范围，从位速率最高可达 1Mbps 的高速网络到低成本多线路的 50kbps 网络都可以任意搭配。因此，CAN 已经在汽车业、航空业、工业控制、安全防护等领域中得到了广泛应用。

随着 CAN 总线在各个行业和领域的广泛应用，对其的通信格式标准化也提出了更严格的要求。1991 年 CAN2.0 总线技术规范制定并发布，CAN2.0A 为标准格式，CAN2.0B 为扩展格式（兼容标准格式）。目前应用的 CAN 器件大多符合 CAN2.0 规范。CAN 总线特点如下：

（1）CAN 采用了多主竞争、分散仲裁的串行总线结构，网络上任意一个节点均可以在任意时刻主动地向网络上的其他节点发送信息，而不分主从。节点通过报文标识码形成不同的优先级，标识码由 11 位或 29 位二进制数组成，它给出的不是目标节点的地址，而是这个报文本身的特征。CAN 报文以广播方式在网络上发送，节点通过报文标识符判定是否接收这帧信息，从而实现点对点、一点对多点（成组）及全局广播。

（2）一个由 CAN 总线构成的单一网络中，节点数目受 CAN 总线驱动器的电气特性所限制。当使用 Philips P82C250 作为 CAN 收发器时，同一网络中允许挂接 110 个节点。

（3）CAN 总线采用非破坏性的位仲裁总线结构机制，当两个节点同时向网络上传送信息时，优先级低的节点主动停止数据发送，而优先级高的节点可不受影响地继续传输数据。

（4）CAN 总线上的任意两个节点之间最大的传输距离与传输速率有关，最远可达 10km（速率 5kbps 以下），通信速率最高可达 1Mbps（此时距离最长 40m），具体见后面表 7-15。通信介质可采用双绞线、同轴电缆和光导纤维。

(5) CAN 总线每次传输的数据段长度最多为 8 个字节，可满足工业领域中控制命令、工作状态及测试数据的一般要求，同时保证了通信的实时性。每帧信息都有 CRC 校验及其他检错机制，数据错误处理有效，发送的信息遭到破坏后，可自动重发。节点在错误严重的情况下，具有自动退出总线的功能，以使总线上的其他节点操作不受影响。

7.4.1 CAN 总线系统构成

如图 7-27 所示，CAN 总线是由 CAN-High 和 CAN-Low 组成的串行双向数据线，采用总线网络拓扑结构，在一个网络上至少存在两个 CAN 总线节点。在总线的两个终端，各需要安装一个 120Ω 的终端电阻，实现总线匹配，忽略终端电阻，会使数据通信的抗干扰性和可靠性大大降低，甚至无法通信；如果节点数目大于两个，中间节点不要求安装 120Ω 终端电阻。CAN 总线节点一般由微控制器 MCU、CAN 控制器、CAN 收发器三部分组成。

(1) 微控制器 MCU：一般采用单片机，负责对 CAN 控制器控制、收/发信息。

(2) CAN 控制器：实现 CAN 总线协议和与微控制器接口。常用的集成 CAN 控制器有 Philips 公司的 PCx82C200、SJA1000 等，目前也出现了多种内部集成 CAN 控制器的单片机，如 C8051F040 单片机等。

(3) CAN 收发器：CAN 控制器与物理传输线路之间的接口，集成 CAN 收发器有 Philips 公司的 PCA82C50 和 PCA82C51。CAN 收发器内有一个接收器和发送器，对 CAN 总线提供差动发送能力，对 CAN 控制器提供差动接收能力，又称为总线驱动器。接收器将 CAN-High 和 CAN-Low 两线上的差动电压转换为逻辑"0"与"1"电平，送给 CAN 控制器，从而消除了静电平（2.5V）或其他任何共模的干扰电压。

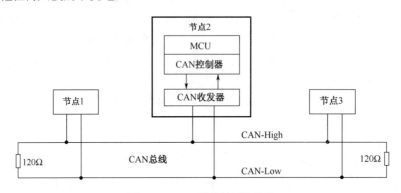

图 7-27　CAN 总线的网络结构

发送器的任务是将 CAN 控制器输出的弱信号放大，使之达到 CAN 总线上的信号电平和控制单元输入端的信号电平。CAN 总线为"线与"逻辑，在总线上所有节点都处于空闲态（也称隐性状态，逻辑"1"时），CAN-High 和 CAN-Low 线处于非激活状态，其电压均为 2.5V（也称为静电平），差分电压近似为 0；只要一个节点处于激活态，总线呈显性状态（逻辑"0"时），CAN-High 线上的电压值不低于 3.5V，而 CAN-Low 线上的电压值可降至 1.5V，差动电压为 2V，如图 7-28 所示。

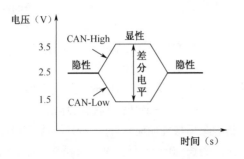

图 7-28　CAN-High 线和 CAN-Low 线的隐性和显性电平

7.4.2 CAN 总线的报文类型与帧结构

CAN 总线上传送的信息称为报文，CAN 报文有 4 种类型：数据帧、远程帧、出错帧、过载帧。在错误或超载发生时，由 CAN 控制器自动发送出错和过载帧，而数据帧和远程帧需要在单片机的控制下进行发送和接收。一个节点传送数据帧（信息）到其他任一或所有节点。当一节点需要另一节点发送相应的数据时，发送远程帧，用相同的标识符命名节点回送的数据帧与请求数据的远程帧。当具有相同标识符的数据帧和远程帧同时发送时，数据帧优先级高于远程帧。过载帧用以在先行的和后续的数据帧（或远程帧）之间提供一附加的延时。数据帧和远程帧之间借助帧间空间和当前帧分开，报文中的位流按照非归零（NRZ）码方法编码。在目前常用的 CAN2.0 协议规范中，数据帧又分为标准帧和扩展帧两种帧结构。

CAN 控制器内部遵循 CAN2.0A 和 CAN2.0B 协议的标准帧数据缓冲器为 11 个字节，前 3 个字节为信息部分，字节 4～11 为 8 字节的收发数据（远程帧无效，DLC 可为任意值）。字节 1 中包括标识符扩展位 IDE（0 为标准帧，1 为扩展帧）、远程位 RTR（0 为数据帧，1 为远程帧）、数据的实际长度 DLC（取值为 0～8）。字节 2～3 为报文标识码，11 位有效，x 为保留位，见表 7-9。

CAN 控制器内部符合 CAN2.0B 协议扩展帧的数据缓冲器为 13 个字节，字节 2～5 为报文标识码，29 位有效，其余与标准帧相同，见表 7-10。

表 7-9 CAN2.0B 标准帧数据缓冲器格式

位 字节	7	6	5	4	3	2	1	0
字节 1	IDE	RTR	x	x	DLC（数据长度）			
字节 2	报文标识码（ID.10～ID3）							
字节 3	报文标识码（ID.2~ID0）			x	x	x	x	x
字节 4	数据 1							
字节 5	数据 2							
字节 6	数据 3							
字节 7	数据 4							
字节 8	数据 5							
字节 9	数据 6							
字节 10	数据 7							
字节 11	数据 8							

表 7-10 CAN2.0B 扩展帧数据缓冲器格式

位 字节	7	6	5	4	3	2	1	0
字节 1	IDE	RTR	x	x	DLC（数据长度）			
字节 2	报文标识码（ID.28～ID21）							
字节 3	报文标识码（ID.20～ID13）							
字节 4	报文标识码（ID.12～ID5）							
字节 5	报文标识码（ID.4～ID0）					x	x	x
字节 6	数据 1							
字节 7	数据 2							
字节 8	数据 3							
字节 9	数据 4							
字节 10	数据 5							
字节 11	数据 6							
字节 12	数据 7							
字节 13	数据 8							

1. 数据帧的帧结构

数据帧的标准帧、扩展帧完整的帧结构见表 7-11、表 7-12。其中仲裁场、控制场、数据场是 CAN 控制器根据单片机写入 CAN 控制器内部的数据缓冲器信息产生，而其他都是 CAN 控制器发送数据时自动加上去的。标准帧有 108 位，扩展帧有 128 位。下面具体分析数据帧的每一个位场。

表 7-11 数据帧的帧结构——标准帧

位场	帧起始	仲裁场	控制场	数据场	CRC 场	应答场	帧结尾
位数	1 位	12 位	6 位	0～64 位	16 位	2 位	7 位

表 7-12　数据帧的帧结构——扩展帧

位场	帧起始	仲裁场	控制场	数据场	CRC 场	应答场	帧结尾
位数	1 位	32 位	6 位	0～64 位	16 位	2 位	7 位

（1）帧起始（SOF）：SOF 标志数据帧或远程帧的开始，仅由一个显性位"0"组成。只有在总线空闲时才允许节点开始发送（信号）。所有节点必须同步于首先开始发送报文的节点的帧起始前沿。

（2）仲裁场：标准帧的仲裁场由 11 位报文标识符 $ID_{10} \sim ID_0$ 和远程发送请求位 RTR 组成，共 12 位。按 $ID_{10} \sim ID_0$ 的顺序发送，先发送最高位 ID_{10}，$ID_{10} \sim ID_4$ 不能全是隐性"1"，如图 7-29 所示。

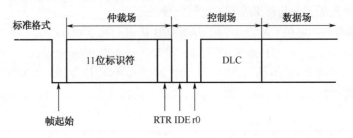

图 7-29　标准格式中的仲裁场

扩展帧的仲裁场包括 29 位标识符 $ID_{28} \sim ID_0$、替代远程请求位 SRR、标识符扩展位 IDE、远程发送请求位 RTR，共 32 位。首先发送 11 位基本标识符 $ID_{28} \sim ID_{18}$，其次是 SRR 位和 IDE 位，最后发送的是 18 位扩展标识符 $ID_{17} \sim ID_0$ 和 RTR 位，如图 7-30 所示。

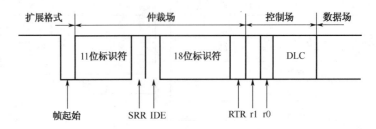

图 7-30　扩展格式中的仲裁场

SRR 替代远程请求位（Substitute Remote Request BIT）恒为"1"。因此，如果扩展帧的基本 ID 和标准帧相同，标准帧将优先于扩展帧。

（3）控制场：如图 7-31 所示，控制场由 6 位组成，标准帧的控制场包括标识符扩展位 IDE 及保留位 r0、4 位数据长度代码 $DLC_3 \sim DLC_0$。扩展帧的控制场包括两个保留位 r1、r0 和 4 位数据长度代码 $DLC_3 \sim DLC_0$。保留位必须发送显性"0"，但是接收器认可"显性"和"隐性"位的任何组合。长度代码 $DLC_3 \sim DLC_0$ 只能是 0000～1000（0～8），其他的数值不允许使用。

图 7-31　控制场结构

（4）数据场：数据场由发送数据组成。它可以为 0～8 个字节，首先发送最高有效位。

（5）循环冗余码 CRC 场：CRC 场包括 15 位 CRC 序列（CRC Sequence）和 1 位 CRC 界定符（CRC Delimiter），如图 7-32 所示。

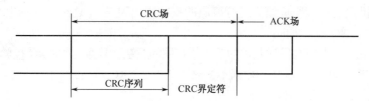

图 7-32　循环冗余码 CRC 场

CAN 控制器将帧起始、仲裁场、控制场、数据场（假如有的话）中无填充的位流和添加的 15 个 0 组成被除的 CRC 多项式系数，将此多项式被 $x^{15}+x^{14}+x^{10}+x^8+x^7+x^4+x^3+1$ 多项式发生器除（其系数以 2 为模），所得的 15 位余数就是发送到总线上的 CRC 序列。CRC 界定符为 1 位隐性位 "1"。

（6）应答场（ACK Field）：应答场长度为 2 个位，包含 ACK 间隙和 ACK 界定符，如图 7-33 所示。在 ACK 场，发送节点发送两个隐性位 "1"。当接收器收到匹配 CRC 序列的报文，接收器就会在 ACK 间隙期间向发送器发送一位显性 "0" 位以示应答。ACK 界定符为隐性位 "1"，因此，ACK 间隙被 CRC 界定符和 ACK 界定符（两个隐性位 "1"）所包围。

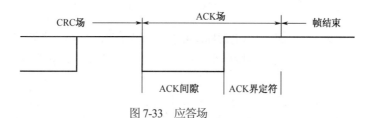

图 7-33　应答场

（7）帧结尾（标准格式以及扩展格式）：7 个隐性位 "1" 组成的标志序列界定数据帧和远程帧的结束。

2. 远程帧的帧结构

节点请求另一节点发送数据时，将向该节点发送远程帧。远程帧和数据帧类似，但仲裁场的 RTR 位被置 1，表明这是一个 "远端发送请求"，除此之外，远程帧没有数据场，控制场的数据长度代码 $DLC_3 \sim DLC_0$ 的数值是不受制约的（可以标注为容许范围 0～8 里的任何数值），如图 7-34 所示。

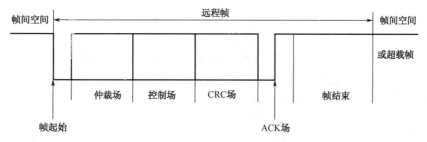

图 7-34　远程帧结构

3. 错误帧的帧结构

（1）当 CAN 总线控制器检测到如下一个错误时，就发出错误帧。

① 位错误：当节点赢得总线发送权后，会对总线电平进行检测，当发送的电平和所收到的总线电平不一致时，则在该位检测到一个位错误。

② 填充错误：在应用位填充进行编码的报文中出现 6 个连续相同的电平时，认为是填充错误。

③ CRC 错误：接收与发送数据的节点按相同的方法计算数据的 CRC 校验值，如果接收节点的计算结果与数据包中 CRC 场的数据不一致，认为是 CRC 错误。

④ 应答错误：如果没有在应答场检测到一个显性"0"电平，就认定应答错误。

⑤ 固定位错误：当检测到一个位的电平不符合报文帧格式的规定时，就认定是固定位错误，如 CRC 界定符等。

（2）错误帧由两个不同的场组成，如图 7-35 所示。第一个场是不同节点提供的错误标志（Error Flag）的叠加，第二个场是错误界定符。

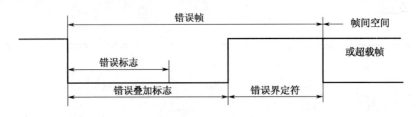

图 7-35　错误帧结构

① 错误标志有两种形式：主动错误标志和被动错误标志。"主动错误"标志由 6 个连续的显性位"0"组成。"被动错误标志"由 6 个连续的隐性位"1"组成，除非被其他节点的显性位"0"重写。

在 CAN 总线中，任何一个节点单元可能处于下列 3 种故障状态之一：主动错误状态（Error Active）、被动错误状态（Error Pasitive）和总线关闭状态（Bus off）。为了界定故障，在每个总线单元中都设有发送出错和接收出错计数器，计数值的范围为 0~256。节点开始为主动错误态，错误计数值为零，当检出的发送或接收错误计数值等于或大于 128，节点进入被动错误态，当发送错误计数大于或等于 256 时，节点进入总线关闭状态。当发送或接收数据成功时，错误计数器作递减计数，当发送和接收错误计数均小于或等于 127 时，被动错误节点再次变为主动错误节点。在检测到总线上 11 个连续的隐性位发送 128 次后，总线关闭节点将变为发送和接收错误计数值均为 0 的主动错误节点。

主动错误和被动错误节点均可以照常参与总线通信，并且当检测到错误时，送出一个主动错误或被动错误标志，主动错误标志由 6 个连续的显性位组成，将覆盖其他任何同时生成的发送数据，并导致其他所有节点都检测到一个填充错误，依次放弃当前帧，并与此同时开始发送错误标志。所形成的"显性"位序列就是把各个节点发送的不同的错误标志叠加在一起的结果，这个序列的总长度最小为 6 位，最大为 12 位。被动错误标志由 6 个连续的隐性位组成，这个错误标志可能会被同时出现的其他发送数据所覆盖，如果其他站点没有检测到这一错误将不会引起丢弃当前帧。总线关闭状态不允许节点对总线有任何影响。

② 错误界定符：错误界定符由 8 个隐性位"1"组成。错误标志传送了以后，每一个节点就发送一个隐性位"1"，并一直监视总线直到检测到一个从显性位"0"到隐性位"1"的跳变。此时，总线上的每一个节点完成了错误标志的发送，并开始同时发送其余 7 个隐性位"1"。

4. 过载帧的帧结构

有下述三种过载的情况发生时，CAN 控制器会发送过载帧。

(1) 接收器的内部情况,需要延迟下一个数据帧和远程帧。
(2) 在间歇(Intermission)的第一和第二字节检测到一个"显性"位。
(3) 如果 CAN 节点在错误界定符或超载界定符的第 8 位(最后一位)采样到一个显性位"0",节点会发送一个过载帧,过载帧不是错误帧,错误计数器不会增加。

过载帧(Overload Frame)包括两个位场:超载标志和超载界定符,如图 7-36 所示。
(1) 超载标志(Overload Flag):由 6 个"显性"位组成。超载标志的形成和"主动错误"标志一样。
(2) 超载界定符(Overload Delimiter)包括 8 个隐性位"1"。超载界定符的形成和错误界定符的形成一样。

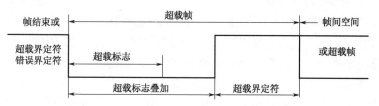

图 7-36 过载帧结构

5. 帧间空间

帧间空间用于隔离数据帧(或远程帧)与先行帧,而过载帧与错误帧可连续发送,不需要帧间空间。帧间空间与节点的错误状态有关:对于"主动错误"的节点,或虽是"被动错误"的节点但前一报文为接收器,其帧间空间如图 7-37 所示,包括间歇、总线空闲的位场;对前一报文为发送器的"被动错误"的节点,其帧间空间如图 7-38 所示,除了间歇、总线空闲外,还包括称作暂停发送(Suspend Transmission)的位场。

图 7-37 "主动错误"帧间空间

图 7-38 "被动错误"帧间空间

(1) 间歇(Intermission)场:包括 3 个"隐性"的位。间歇期间,所有的节点均不允许传送数据帧或远程帧,唯一要做的是标示一个过载条件。如果 CAN 节点有一报文等待发送并且节点在间歇的第三位采集到一显性位,则此位被解释为帧的起始位,并从下一位开始发送报文的标识符首位,而不用首先发送帧的起始位或成为一接收器。
(2) 总线空闲(Bus Idle)场:总线空闲的时间是任意的。只要总线被认定为空闲,任何等待发送报文的节点就会访问总线。在发送其他报文期间,有报文被挂起,对于这样的报文,其传送起始于间歇之后的第一个位。总线上检测到的"显性"的位可被解释为帧的起始。

(3)暂停传送场(Suspend Transmission):"被动错误"的节点发送报文后,在下一报文开始传送之前或总线空闲之前发出 8 个"隐性"的位跟随在间歇场的后面。如果与此同时另一节点开始发送报文,则此节点就作为这个报文的接收器。

7.4.3 CAN 的总线技术

1. CAN 总线的位仲裁技术

CAN 总线采用的是无破坏性的仲裁机制,具有以下两个特点。

(1)CAN 总线的线与特性:在消息冲突的位置,一个节点的报文发送 0 而另外的节点发送 1,那么发送报文 0 的节点将取得总线的控制权,并且能够成功地发送出它的信息。

(2)CAN 控制器即使在发送数据的同时也在监控总线电平状态:当 CAN 控制器发送隐性电平"1",但检测到总线为显性电平"0"时,节点发送仲裁失败,转为接收节点。

这种非破坏性位仲裁与其他总线仲裁机制方法(例如局域网的 CSMA)相比,在网络最终确定哪一个节点的报文被传送以前,报文的起始部分已经在网络上传送了。其不仅不会破坏已发送的数据,并且不会造成发送数据的延迟;所有未获得总线控制权的节点都成为接收节点,并且在总线空闲前不会再次发送报文。

2. CAN 总线的地址机制

不同于工业以太网、RS-485 等总线,CAN 总线上的节点没有固定的地址,而是通过软件配置验收滤波器 ID,如果报文中的标识码没被该节点的验收滤波器所屏蔽,则 CAN 控制器接收报文,并送到上层软件处理单元进行相应的数据处理,否则,丢弃报文。由于此操作通过硬件完成,所以验收造成的延迟很小。举例来说,若总线上的节点 A 想发送报文到节点 B,则该报文的标识码必须从属于节点 B 验收滤波器的 ID 号中,同理,若节点 A 想广播报文到总线上,则该报文的标识码必须从属于总线上所有其他节点验收滤波器的 ID 号中。另外,采用此总线的系统具有很高的灵活性,即新加入或删除的节点不会影响系统原有节点间的通信。

3. CAN 总线的同步技术

CAN 总线收、发方同步的实现源于高级数据链路控制协议(HDLC),即通过如下所述的两个方面来实现。

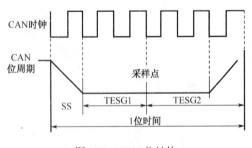

图 7-39 CAN 位结构

(1)CAN 位结构:如图 7-39 所示,CAN 报文中的一位由同步段 SS(SYNC-SEG)、TESG1(包含传输段和相位调整段 1)、TESG2(相位调整段 2)组成,每个位时间必须由 8~25 个时钟组成。CAN 总线时钟 T 是 CAN 控制器工作的基准信号,可通过总线定时寄存器 0 设定外部时钟分频系数后,由外部时钟分频得到;SS 段对应于位的起始段,宽度为 1 个 T,总线上位信号的跳变沿应发生在 SS 段内;CAN 控制器在 TESG1 和 TESG2 之间对总线进行采样,TESG1 和 TESG2 长度可调,由总线定时寄存器 1 来设定,可用于补偿沿的相位误差。通信双方通过软件配置获得相同的 CAN 总线时钟、通信波特率来保证通信的正常进行。

(2)硬同步和再同步:由于节点振荡器的漂移、节点之间的传播延迟以及噪声干扰等会产生相位误差源,CAN 控制器通过硬同步或再同步来实现位同步。

① 硬同步：在总线空闲时通过一个下降沿（帧起始 SOF）来启动所有节点的内部定时器，按设定的波特率确定位周期。

② 再同步：在数据传输过程中，CAN 控制器通过检测总线上的跳变沿与节点内部位时间的差异来调整 TESG1 和 TESG2，调整大小单位为 T，最大值由重同步跳转宽度编程设定。具体调整规则是：若跳变沿位于位时间的 SS 段内，则不需要调整；若跳变沿位于 TESG1 段，则 CAN 控制器延长 TESG1 段，若延迟时间 T0 大于重同步跳转宽度，延长时间为重同步跳转宽度值，否则 CAN 控制器延长 T0 与总线位时间的差值；若跳变沿位于 TESG2 段，CAN 控制器减少节点的 TESG2 段，具体调整规则与 TESG1 段相似。相位调整段只在当前的位时间内被延长或缩短，在接下来的位时间内，只要没有重同步，TESG1 段和 TESG2 段的宽度将恢复成编程设定值。

与 HDLC 协议类似，在 CAN 的帧结构中，从帧起始到 CRC 序列位为止，一旦检测到 5 个连续相同极性的位，CAN 控制器自动插入一个极性相反的位。位填充机制增加了再同步的数量，提高了同步质量。

7.4.4 CAN 控制器 SJA1000

1. SJA1000 的内部结构和引脚功能

SJA1000 是一种独立 CAN 控制器，具有两种工作方式：BasicCAN 方式、PeliCAN 方式（扩展特性方式），通过时钟分频寄存器 CD 中的 CAN 方式位来选择（见后面表 7-18）。上电复位时默认方式是 BasicCAN。BasicCAN 模式和 PCA82C200 兼容，只可以发送和接收标准帧信息。PeliCAN 是新的操作模式，它能够处理所有 CAN2.0B 规范的帧类型，而且它还提供一些增强功能，使 SJA1000 能应用于更宽的领域。BasicCAN 模式数据缓冲器共 10B：包括标识符 2B 和数据 8B；PeliCAN 模式数据缓冲器是 13B：包括 1B 帧信息，标识符为 2B（标准帧）或 4B（扩展帧）、8B 的数据。SJA1000 内部结构如图 7-40 所示，引脚功能见表 7-13。SJA1000 可分为以下几个模块。

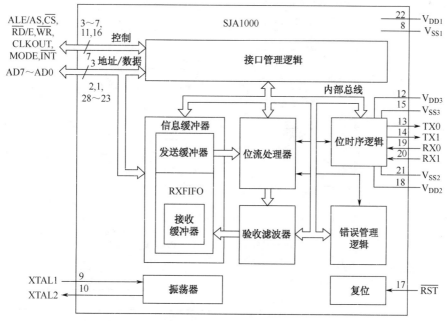

图 7-40 SJA1000 内部结构

① 接口管理逻辑（IML）：解释来自单片机的命令，控制 CAN 寄存器的寻址，向单片机提供中断和状态信息。

② 发送缓冲器：是单片机与位流处理器之间的接口，用于存储一个完整的报文（扩展或标准的），最长为13字节（PeliCAN方式）。由单片机写入，位流处理器读出。

③ 接收缓冲器：是单片机与验收滤波器之间的接口，用于存储所收到的CAN总线上的报文。接收缓存器（13字节）作为RXFIFO（64B）的一个窗口，可被单片机访问，单片机在RXFIFO的支持下，可以在处理报文的同时接收其他报文。

④ 验收滤波器：将其中的数据和报文中的标识码相比较以决定是否接收报文。

⑤ 位流处理器（BSP）：是一个在发送缓冲器、RXFIFO和CAN总线之间控制数据流的序列发生器，它还执行错误检测、仲裁、总线填充和错误处理。

⑥ 位时序逻辑（BTL）：监视串行CAN总线，并处理与总线有关的位时序。在报文开始，由隐性到显性的跳变启动硬同步，报文传送时启动再同步。BTL还提供了可编程的时间段来补偿传播延迟时间、相位偏移（例如由于振荡漂移所引起的）和确定采样点的位置和每一位的采样次数。

⑦ 错误管理逻辑EML：负责传送层模块的错误管制，它接收BSP的出错报告，并将错误统计通知BSP和IML。

表7-13 SJA1000引脚功能

符 号	引 脚	功 能
AD0~AD7	2,1,28~23	地址/数据复用总线
ALE	3	ALE信号（INTEL方式）或AS信号（Motorola方式）
$\overline{CS}$	4	片选输入，低电平允许访问SJA1000
$\overline{RD}$	5	微控制器的读信号（Intel方式）或E信号（Motorola方式）
$\overline{WR}$	6	微控制器的写信号（Intel方式）或读/写信号（Motorola方式）
CLKOUT	7	时钟信号输出，此信号由SJA1000内部振荡器经可编程分频器产生，可编程禁止该引脚输出
V_{SS1}	8	逻辑电路地
XTAL1	9	振荡放大器输入，外部振荡器信号经此引脚输入，可接单片机的X1
XTAL2	10	振荡放大器输出，使用外部振荡信号时，此引脚必须开路
MODE	11	方式选择输入端：1为Intel方式，0为Motorola方式
VDD3	12	输出驱动器的5V电源
TX0	13	由输出驱动器0至物理总线的输出端
TX1	14	由输出驱动器1至物理总线的输出端
V_{SS3}	15	输出驱动器地
/INT	16	中断信号输出端，当IR中有一位被置1时，该引脚被激活，读IR时，IR被清0
/RST	17	复位输入端，用于重新启动CAN控制器（低电平有效，可接上拉电阻（50kΩ）和下拉电容（1μF）获得
V_{DD2}	18	输入比较器5V电源
RX0, RX1	19~20	由CAN物理总线至SJA1000输入比较器的输入端，显性零电平将唤醒SJA1000的睡眠方式。当RX1的电平高于RX0时，为显性零电平，否则为隐性高电平。如果时钟分频寄存器CD的CBP位被置位（见表7-18），CAN输入比较器被旁路，以减少内部延时，增加总线长度。此时SJA1000外部连有CAN总线收发器，这种情况下只有RX0是激活的
V_{SS2}	21	输入比较器地
V_{DD1}	22	逻辑电路5V电源

2. SJA1000的工作模式和内部寄存器

SJA1000的内部寄存器区包括控制段寄存器和信息缓冲区寄存器，在BasicCAN方式下寄存器地址分配见表7-14。SJA1000有两种工作模式：复位模式和工作模式。复位模式是用来配置控制段寄存器，如验收代码、验收屏蔽、总线定时寄存器 0/1、输出控制寄存器和时钟分频寄存器 CD 等通信参数的，见后面表 7-20。一旦进入工作模式，就不能改变通信参数，只有重新进入复位模式才可以修改参数。当硬件复位或控制器掉线时，会自动进入复位模式。复位模式也可通过置位控制寄存器的复位请求位来激活。SJA1000 一旦检测到有复位请求后，将中止当前接收/发送的信息而进入复位模式。

表7-14 BasicCAN SJA1000内部寄存器地址分配表

CAN 地址	段	工 作 模 式		复 位 模 式	
		读	写	读	写
0	控制	控制	控制	控制	控制
1		(FFH)	命令	(FFH)	命令
2		状态	—	状态	—
3		中断	—	中断	—
4		(FFH)	—	验收代码	验收代码
5		(FFH)	—	验收屏蔽	验收屏蔽
6		(FFH)	—	总线定时 0	总线定时 0
7		(FFH)	—	总线定时 1	总线定时 1
8		(FFH)	—	输出控制	输出控制
9		测试	测试	测试	测试
10	发送缓冲器	标识码（10~3）	标识码（10~3）	(FFH)	—
11		标识码（2~0），RTR 和 DLC	标识码（2~0），RTR 和 DLC	(FFH)	—
12~19		数据字节 1~8	数据字节 1~8	(FFH)	—
20	接收缓冲器	标识码（10~3）	标识码（10~3）	标识码（10~3）	标识码（10~3）
21		标识码（2~0），RTR 和 DLC	标识码（2~0），RTR 和 DLC	标识码（2~0），RTR 和 DLC	标识码（2~0），RTR 和 DLC
22~29		数据字节 1~8	数据字节 1~8	数据字节 1~8	数据字节 1~8
30		(FFH)	—	(FFH)	—
31		时钟分频器	时钟分频器	时钟分频器	时钟分频器

一旦向控制寄存器的复位位传送了"1-0"的下降沿，CAN 控制器将返回工作模式。此时发送和接收的信息会被写入 SJA1000 的发送和接收缓冲器中。单片机通过读状态寄存器、中断寄存器、接收缓冲器来获取相关信息，通过写发送缓冲器和命令、控制寄存器来控制 CAN 总线通信和报文的收/发。发送信息时，信息虽然也被并行写入接收缓冲器，但不产生接收中断且接收缓冲区是不锁定的。所以，即使接收缓冲器是空的，最近一次发送的信息也可从接收缓冲器读出，直到它被下一条发送或接收的信息取代。

3. SJA1000 内部寄存器的复位工作模式时的配置

（1）验收代码寄存器 ACR 和验收屏蔽寄存器：如果一条报文通过了验收滤波器的测试而且接收缓冲器有空间，那么标识符和数据将被顺次写入 RXFIFO。SJA1000 通过验收码寄存器 ACR 和验收屏蔽寄存器 AMR 来实现验收滤波，如果 AMR 中的的某位为 1，则报文标识码 ID 的对应位可以任意，否则 ID 必须与 ACR 一致才能通过滤波。在标准格式，11 位标识符的低三位可任意，如果 ACR=11101111，AMR=00000000，报文的标识符 $ID_{10\sim3}$=11101111 才通过验收滤波，如果 AMR=00010000，那么标识符 $ID_{10\sim3}$=11111111 时，也通过验收滤波。在扩展模式，由 $ACR_{0\sim3}$ 和 $AMR_{0\sim3}$ 来实现验收滤波。

如果 RXFIFO 中没有足够的空间来存储新的报文，CAN 控制器会产生数据超载，将删除已写入 RXFIFO 的部分报文。当报文被正确接收完毕，状态寄存器 SR.0=1，若控制寄存器 CR.1=1（接收中断使能），则中断寄存器 IR.0=1，产生接收中断，让单片机接收报文。

（2）总线定时寄存器 BTR0：总线定时寄存器设定了 CAN 总线时钟对外部时钟 f_{XTAL} 的分频系数为 $2(N+1)$，$N=BTR0_{5\sim0}$ 的值，若 BTR0=0x03，单片机主频为 16MHz，则 CAN 时钟为 2MHz。

为了补偿不同总线控制器的时钟振荡器之间的相位偏移，任何总线控制器都能进行再同步，总线定时寄存器 BTR0 的高 2 位定义了再同步时 TSEG2 缩短或 TSEG1 延长的最大时钟周期数：$t_{SJW}=t_{SCL}(2SJW.1+SJW.0+1)$。

（3）总线定时寄存器 BTR1：总线定时寄存器定义了位周期中 t_{TSEG1}、t_{TSEG2} 的长度，$t_{TSEG1}=(BTR1_{3\sim0}+1)t_{SCL}$，$t_{TSEG2}=(BTR1_{6\sim4}+1)t_{SCL}$；还定义了采样次数，若 SAM=BTR1$_7$=1，则采样三次，否则采样一次。若 BTR1=0x1C，则 $t_{SS}=t_{SCL}$，$t_{TSEG1}=13t_{SCL}$，$t_{TSEG2}=2t_{SCL}$，位周期=16t_{SCL}。若 f_{SCL}=2MHz，则波特率为 125kbps。在 BasicCAN 模式时，波特率的设置不应超过 250kbps。若 SJA1000 晶振频率为 16MHz，通信波特率与总线长度、BTR0 和 BTR1 的关系见表 7-15。

表7-15　通信距离与通信波特率的关系

波特率	最大总线长度	总线定时	
		BTR0	BTR1
1Mbps	40m	00H	14H
500kbps	130m	00H	1CH
250kbps	270m	01H	1CH
125kbps	530m	03H	1CH
100kbps	620m	43H	2FH
50kbps	1.3km	47H	2FH
20kbps	3.3km	53H	2FH
10kbps	6.7km	67H	2FH
5kbps	10km	7FH	2FH

（4）输出控制寄存器（见后面表 7-20）：SJA1000 输出引脚 TX0/TX1 有四种工作模式，由输出控制寄存器 OC.1～OC.0 选择，见表 7-16。

表7-16　OCMMODE的说明

OC.1	OC.0	说　明
0	0	双相输出模式
0	1	测试输出模式
1	0	正常输出模式
1	1	时钟输出模式

① 正常输出模式：位序列 TXD 通过 TX0/TX1 送出，TX0/TX1 的电平取决于被 OCTP0/OCTN0、OCTP1/OCTN1 编程控制的 TP0 和 TN0、TP1 和 TN1 的输出驱动器开关特性，使输出引脚 TXX 呈悬空、下拉、上拉、推挽四种驱动模式。当 OCPOLx=1 时，输出反相，见表 7-17 和图 7-41。

② 时钟输出模式：TX0 引脚在这个模式中和正常模式中是相同的，但是 TX1 上的数据流被发送时钟 TXCLK 代替了，发送时钟（非反相的）上升沿标志着一位的开始，时钟脉冲宽度是 1 个 t_{scl}，如图 7-42 所示。

第7章 AT89S51 的串行通信及其应用

表7-17 输出引脚配置

驱动	TXD	OCTPX	OCTNX	OCPOLx	TPX(2)	TNX(3)	TXX(4)
悬空	x	0	0	x	关	关	悬空
下拉	0	0	1	0	关	开	低
	1	0	1	0	关	关	悬空
	0	0	1	1	关	关	悬空
	1	0	1	1	关	开	低
上拉	0	1	0	0	关	关	悬空
	1	1	0	0	开	关	高
	0	1	0	1	开	关	高
	1	1	0	1	关	关	悬空
推挽	0	1	1	0	关	开	低
	1	1	1	0	开	关	高
	0	1	1	1	开	关	高
	1	1	1	1	关	开	低

注：① x 不影响。
② TPX 是片内输出发送器 X，连接 VDD。
③ TNX 是片内输出发送器 X，连接 VSS。
④ TXX 是在引脚 TX0 或 TX1 上的串行输出电平。CAN 总线上的输出电平，当 TXD=0 时是显性的，当 TXD=1 时是隐性的。

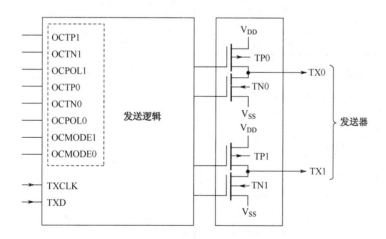

图 7-41 CAN 总线控制器输入/输出控制逻辑

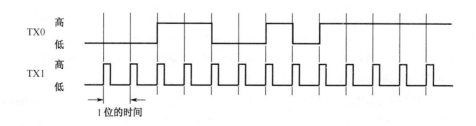

图 7-42 时钟输出模式

③ 双相输出模式：相对于正常输出模式，这里的位代表着时间的变化和触发，在隐性位期间，TX0 和 TX1 输出无效（悬空，图 7-43 中阴影部分），显性位轮流使用 TX0 或 TX1 发送。例

如，第1位在 TX0 上发送，第二位在 TX1 上发送，第三位在 TX0 上发送等等，依此类推。双相输出时序如图 7-43 所示。

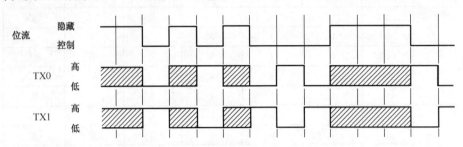

图 7-43 双相输出模式（输出控制寄存器=F8）

④ 测试输出模式：在系统时钟 $f_{osc}/2$ 的下一个上升沿，RX 电平映射到 TXn 上，极性与输出控制寄存器中定义的相一致。

（5）时钟分频寄存器：时钟分频寄存器 CD（见表 7-18）用来控制 CLKOUT 的频率以及屏蔽 CLKOUT 引脚，还控制着 TX1 上的专用接收中断脉冲、接收比较通道和 BasicCAN 模式与 PeliCAN 模式的选择。硬件复位后寄存器的默认状态是 Motorola 模式（00000101，12 分频）和 Intel 模式（0000 0000，2 分频）。软件复位请求/复位模式时，此寄存器不受影响。保留位 CD.4 总是 0，应用软件总是向此位写 0，以与将来可能使用此位的特性兼容。

表7-18 时钟分频寄存器CD

位7	位6	位5	位4	位3	位2	位1	位0
CAN模式	CBP	RXINTEN	0	关闭时钟	CD.2	CD.1	CD.0

① CD.2-CD.0：在复位模式和工作模式中一样，可以无限制访问的这些位，用来定义外部 CLKOUT 引脚上的频率，可选频率见表 7-19。

表7-19 CLKOUT频率选择

CD.2	CD.1	CD.0	时钟频率
0	0	0	$f_{osc}/2$
0	0	1	$f_{osc}/4$
0	1	0	$f_{osc}/6$
0	1	1	$f_{osc}/8$
1	0	0	$f_{osc}/10$
1	0	1	$f_{osc}/12$
1	1	0	$f_{osc}/14$
1	1	1	f_{osc}

② 时钟关闭位（CD.3）：可禁能 SJA1000 的外部 CLKOUT 引脚。只有在复位模式中才可以写访问。如果置位此位，CLKOUT 引脚在睡眠模式中是低，而其他情况下是高。

③ RXINTEN 位（CD.5）：复位模式中才能写访问，置位该位允许 TX1 用作专用接收中断输出。当一条已接收的信息成功地通过验收滤波器，在帧的最后一位期间，一位时间长度的接收中断脉冲就会在 TX1 引脚输出。在发送输出阶段 TX1 应该工作在正常输出模式，极性和输出驱动可以通过输出控制寄存器编程。

④ CBP（CD.6）：在复位模式中才能写访问。当 SJA1000 外接 CAN 总线收发器时，置位该位可以旁路 SJA1000 的输入比较器，减少了内部延时，最大可能地增加了总线长度。此时 CAN

总线接收引脚只有 RX0 被激活,RX1 应被连接到一个确定的电平,例如 V_{SS}。

⑤ CAN 模式(CD.7):只有在复位模式中才能写访问,定义了 CAN 的工作模式。如果 CD.7 是 0,CAN 控制器工作于 BasicCAN 模式;否则 CAN 控制器工作于 PeliCAN 模式。

SJA1000 复位时,内部寄存器配置的详细信息见表 7-20。

表7-20　SJA1000内部寄存器的配置

寄存器	位	符号	名称	值	
				硬件复位	软件复位
控制	CR.7~CR.5	—	保留	0	0
	CR.4	OIE	1—超载中断使能	x	x
	CR.3	EIE	1—错误中断使能	x	x
	CR.2	TIE	1—发送中断使能	x	x
	CR.1	RIE	1—接收中断使能	x	x
	CR.0	RR	1—复位请求	1(复位模式)	1(复位模式)
命令	CMR.7~CMR.5	—	保留		
	CMR.4	GTS	1—睡眠,0—正常工作		
	CMR.3	CDO	1—清除数据溢出		
	CMR.2	RRB	1—释放接收缓冲器		
	CMR.1	AT	1—中止传送		
	CMR.0	TR	1—发送请求		
状态	SR.7	BS	1—退出总线活动状态	0(总线开启)	x
	SR.6	ES	出错状态	0(OK)	x
	SR.5	TS	1—正在发送	0(空闲)	0(空闲)
	SR.4	RS	1—正在接收	0(空闲)	0(空闲)
	SR.3	TCS	1—发送完毕状态	1(完毕)	x
	SR.2	TBS	1—释放发送缓冲器	1(释放)	1(释放)
	SR.1	DOS	1—数据溢出状态	0(无溢出)	0(无溢出)
	SR.0	RBS	1—RXFIFO有报文	0(空)	0(空)
中断	IR.7~IR.5	—	保留	1	1
	IR.4	WUI	1—唤醒中断	0(复位)	0(复位)
	IR.3	DOI	1—数据溢出中断	0(复位)	0(复位)
	IR.2	EI	1—错误中断	0(复位)	
	IR.1	TI	1—发送中断	0(复位)	0(复位)
	IR.0	RI	1—接收中断	0(复位)	0(复位)
总线定时0	BTR0.7	SJW.1	x同步跳转宽度1	x	x
	BTR0.6	SJW.0	同步跳转宽度0	x	x
	BTR0.5~BTR0.0	BRP0.5~BRP0.0	波特率预设值5~0	x	x
总线定时1	BTR1.7	SAM	1—采样	x	x
	BTR1.6~BTR1.4	Tseg2.2~Tseg2.0	时间段2.2~2.0	x	x
	BTR0.3~BTR0.0	Tseg1.3~Tseg1.0	时间段1.3~1.0	x	x
输出控制	OC.7	OCTP1	输出控制晶体管P1	x	x
	OC.6	OCTN1	输出控制晶体管N1	x	x
	OC.5	OCPOL1	输出控制极性1	x	1
	OC.4	OCTP0	输出控制晶体管P0	x	x
	OC.3	OCTN0	输出控制晶体管N0	x	x
	OC.2	OCPOL0	输出控制极性0	x	x
	OC.1	OCMODE1	输出控制模式1	x	x
	OC.0	OCMODE0	输出控制模式0	x	x

7.4.5 CAN 总线收发器 82C50

82C250 CAN 总线收发器最初是为汽车中的高速应用（达 1Mbps）而设计的,对总线提供差动发送能力,对 CAN 控制器提供差动接收能力,完全符合 "ISO11898" 标准。器件内部具有限流电路,可防止发送输出级对电源、地或负载短路。当节点温度超过 160℃时,两个发送器输出端的极限电流将减少,由于发送器是功耗的主要部分,因此芯片温度会迅速降低,IC 的其他所有部分将继续工作。双线差分驱动有助于抑制汽车等恶劣电器环境下的瞬变干扰。内部结构如图 7-44 所示。引脚 8（R_S）用于选定 82C250 的三种工作模式。

（1）高速工作模式：把 R_S 引脚接地选择高速工作模式,最高可达 1Mbps,此时发送器输出级晶体管被尽可能快地启动和关闭,内部没有电压输出上升斜率和下降斜率的限制。但在该方式下,最大速率的限制和电缆的长度有关,总线应采用屏蔽电缆以避免射频干扰。

（2）待机模式：R_S 引脚接高电平选择待机工作模式,此时发送器被关闭,接收器处于低电流工作,可以对 CAN 总线上的显性位做出反应,通知 MCU。可防止由于 CAN 控制器失控而造成网络阻塞。电流消耗减少到最低,82C250 最大电流小于 170μA。

（3）斜率控制模式：R_S 脚串接一个电阻（16.5～140kΩ）后再接地选择该模式。当总线使用非屏蔽电缆时,收发器必须满足电磁兼容等条件,为了减少因电平快速上升而引起的电磁干扰,引入了斜率控制方式,R_S 用于控制电压上升和下降斜率,从而减小射频干扰。

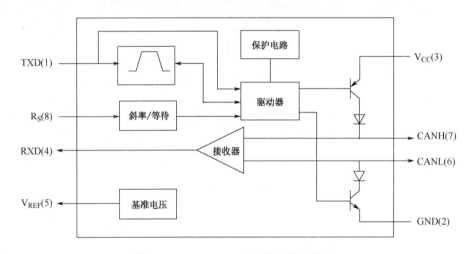

图 7-44 82C250CAN 总线收发器内部结构

82C250CAN 收发器的真值表见表 7-21。

表7-21 CAN收发器真值表

电 源	TXD	CANH	CANL	总线状态	RXD
4.5～5.5V	0	高	低	显性	0
4.5～5.5V	1（或悬空）	悬空	悬空	隐性	1
<2V（未上电）	x	悬空	悬空	隐性	x
2V<V_{CC}<4.5	>0.75V_{CC}	悬空	悬空	隐性	x
2V<V_{CC}<4.5	x	若 V_{RS}>0.75V_{CC} 则悬空	若 V_{RS}>0.75V_{CC} 则悬空	隐性	x

注意：x=随意值

当差动输入电压小于 0.5V 或 0.4V 时,接收节点检测为隐性位；当差动输入电压大于 0.9V 或 1.0V 时,接收节点检测为显性位；输出显性位时最小差动输出电压为 1.5V。

7.4.6 CAN 总线系统智能节点

CAN 总线系统智能节点硬件电路原理图如图 7-45 所示。电路主要由四部分所构成：节点微控制器 AT89S51、CAN 总线控制器 SJA1000、高速光电耦合器 6N137 和 CAN 总线收发器 82C250。微处理器 AT89S51 负责 SJA1000 的初始化，通过控制 SJA1000 实现数据的接收和发送等通信任务。

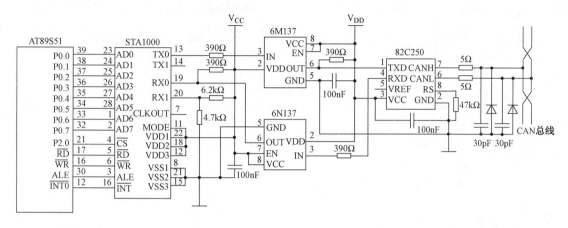

图 7-45 CAN 总线系统智能节点硬件电路原理图

SJA1000 的 AD0～AD7 连接到 AT89S51 的 P0 口，分时提供低 8 位地址和 8 位的数据信号。$\overline{CS}$ 连接到 AT89S51 的 P2.0，P2.0 为 0 可选中 SJA1000。SJA1000 的 $\overline{RD}$、$\overline{WR}$、ALE 分别与 AT89S51 的对应引脚相连，CPU 通过这些信号可对 SJA1000 内部寄存器执行相应的读写操作。$\overline{INT}$ 接 AT89S51 的 $\overline{INT0}$，SJA1000 以中断方式向 AT89S51 发出接收数据请求。

为了增强 CAN 总线节点的抗干扰能力，实现总线上各 CAN 节点间的电气隔离，SJA1000 的 TX0 和 RX0 通过高速光耦 6N137 后与 82C250 相连。此时应注意：光耦部分电路所采用的两个电源 V_{CC} 和 V_{DD} 也必须采用小功率电源隔离模块或带多 5V 隔离输出的开关电源模块实现完全隔离，虽然增加了节点的复杂，但是却提高了节点的稳定性和安全性。

除此以外，82C250 的 CANH 和 CANL 引脚各自通过一个 5Ω 的电阻与 CAN 总线相连，电阻可起到一定的限流作用，保护 82C250 免受过流的冲击。CANH 和 CANL 与地之间并联了两个 30pF 的小电容，可以起到滤除总线上的高频干扰和一定的防电磁辐射的能力。另外，在两根 CAN 总线接入端与地之间分别反接了一个保护二极管，当 CAN 总线有较高的负电压时，通过二极管的短路可起到一定的过压保护作用。82C250 的 R_S 脚上接有一个斜率电阻，在波特率较低，总线较短时，一般采用斜率控制方式。

对 SJA1000 的初始化主要包括 CAN 总线控制器工作方式的设置、验收代码寄存器 ACR、验收屏蔽寄存器 AMR、TX0/TX1 的输出方式、CAN 总线时钟、CAN 总线波特率等参数的设置等。初始化程序如下：

```
void caninit(void)   //SJA1000 的初始化子函数
{control=1;          //禁止超载、出错及接收中断，并置复位请求位使其进入复位状态
while (control&0x01==0);   //若为工作模式，则 CPU 处于等待
acceptancecode=0x01;   //验收码寄存器 ACR（存机号 1 号）
acceptancemask=0xfe;   //验收屏蔽码寄存器 ACM
bustiming0=0x03;   //总线定时寄存器 0，同步跳转宽度 $T_0$=CAN 总线时钟 $T_{SCL}$=8T=0.5μs（$f$=16MHz）
bustiming1= 0x1C;   //总线定时寄存器 1，$T_1$=13$T_{SCL}$, $T_2$=2$T_{SCL}$, 位时间=16$T_{SCL}$, 波特率为 125kbps
outputcontrol=0x1A;   //正常输出方式，TX1 引脚悬浮，TX0 推挽输出：TXD=0，TX0=0，反之则为 1
```

```
Command = 0x04;//命令寄存器 CMR.2=1，释放接收缓冲器，退出睡眠模式
clockdivider = 0x40;     //BasicCAN 模式，外接收发电路，CAN 输入比较器被旁路，仅 RX0 有效
control = 0x1A;    //清复位请求，使其进入工作状态，并置超载、错误、接收中断使能，关发送中断
}
```

发送子程序负责节点报文的发送，由 CAN 控制器 SJA1000 独立完成，将命令寄存器里的发送请求标志置位，即可发送 SJA1000 发送缓冲区中的报文。SJA1000 的报文发送主要有两种方式：中断发送方式和查询发送方式。比较常采用的是查询方式，其发送子程序如下：

```
void cansend(unsigned char ID , char * txdata)   /*该子函数完成一帧数据的发送*/
{while ((status&0x10);    //SR.4=1 正在接收，等待
while (!(status&0x08));    //SR.3=0,发送请求未处理完，等待
while(!(status &0x04));  //SR.2=0,发送缓冲器被锁。等待
Transmitbuffer1= ID; //开始发送 ID$_{10\sim3}$
Transmitbuffer2= 0x08; //开始发送 ID$_{2\sim0}$，RTR=0，DLC$_{3\sim0}$=数据长度=8B
Transmitbuffer3= txdata[0]; //开始发送 8 个字节的数据
Transmitbuffer4= txdata[1];
Transmitbuffer5= txdata[2]:
Transmitbuffer6= txdata[3];
Transmitbuffer7= txdata[4];
Transmitbuffer8= txdata[5];
Transmitbuffer9= txdata[6];
Transmitbuffer10=txdata[7] ;
Command = 0x01;    //发发送请求命令
}
```

接收子程序负责节点报文的接收。SJA1000 自动接收发往该节点的数据并将收到的数据放到它的接收缓冲器中。SJA1000 的报文接收主要有两种方式：中断接收方式和查询接收方式。图 7-45 所示系统采用的是中断接收方式。

```
void CAN_RXD( void ) interrupt 0
{unsigned char ir ;
ir=interrupt;      //获得 SJA1000 的中断状态
EA= 0;
If   (ir&0x04) error( );     //如果是出错中断，则调出错处理函数
If   (ir&0x08) overruN( );     //如果是超载中断，则调超载处理函数
while (ir&0x01)     //如果是接收中断，则开始接收
{ RxID[0] = Receivebuffer1;
RxID[1] = Receivebuffer2;
   If (! (Receivebuffer2&0x10))   /*如果是数据帧，则接收数据*/
{Rxdata[0] = Receivebuffer3;
    Rxdata[1] = Receivebuffer4;
    Rxdata[2] = Receivebuffer5;
    Rxdata[3] = Receivebuffer6;
    Rxdata[4] = Receivebuffer7;
    Rxdata[5] = Receivebuffer8;
    Rxdata[6] = Receivebuffer9;
    Rxdata[7] = Receivebuffer10;
    Command = 0x04;    //SJA1000 的接收缓存器被释放
}
```

```
        else if   (Receivebuffer2&0x10)   /*如果是远程帧，则作相应处理*/
              {   /*相应处理程序*/ }
      }
      EA= 1;
    }
```

习题 7

1. 假定异步串行通信的字符格式为 1 个起始位、8 个数据位、两个停止位及奇校验，请画出传送字符"T"的帧格式。
2. 简述串行通信接口芯片 UART 的主要功能。
3. 51 单片机的标准的串行口共有哪几种工作方式？各有什么特点和功能？
4. 51 单片机标准的串行口四种工作方式的波特率应如何确定？
5. 简述单片机多机通信的原理。
6. 试编写一段中断方式的发送程序：将单片机片内 RAM BUFFER 单元开始存放的 16 个数由串行接口发送。要求发送波特率为系统时钟的 32 分频，并进行奇偶校验。
7. 试编写一段接收程序：串行输入 16 个字符，存入片内 RAM BUFFER 起始的单元。假定波特率为 2400bps（f_{osc}=11.0592MHz），并进行奇偶校验。
8. AT89S51 单片机串行口方式 0 输出时能否外接多个 74LS164 移位寄存器？若不可以，则说明其原因；若可以，则画出逻辑框图并说明数据输出方法。
9. 用 VC++编程实现微机与单片机的串行通信收发一组数据。
10. CAN 现场总线采用 CAN2.0A 规范，接收器 SJA1000 的 ACR（验收代码寄存器）和 AMR（验收屏蔽寄存器）分别设置为 ACR=11001100（二进制）、AMR=00000100（二进制），报文的 ID 分别为 11001100001 和 11001101001，请问上述两个报文是否会被成功接收？
11. 在 CAN 总线中，已知 SJA1000 总线定时寄存器 0 的控制字为 62H 和总线定时寄存器 1 的控制字为 3EH，采用 16MHz 晶振，试计算（1）系统时间额度 TQ；（2）同步调转宽度 t_{sjw}；（3）时间段 1 TSEG1；（4）时间段 2 TSEG2。
12. 简述 CAN 总线的非破坏性逐位仲裁机制。
13. CAN 总线系统智能节点一般由微控制器、CAN 控制器、CAN 收发器及光耦组成，简要说明每部分的功能，并画出原理框图。
14. 试画出 SJA1000 的初始化流程。

第 8 章

51 单片机系统扩展技术

如前所述，51 单片机的芯片内集成了计算机的基本功能部件 RAM、ROM、并口、串口、定时器、中断控制器，智能仪器、仪表、小型检测及控制系统可直接应用单片机而不必再扩展外围芯片，这样的系统称为最小应用系统。当单片机最小系统不能满足系统功能的要求时，就必须在其外围进行系统扩展。扩展的内容包括程序存储器（ROM）、数据存储器（RAM）、输入/输出口（I/O 口）、A/D、D/A 及其他特殊功能芯片。扩展的方式有并行总线扩展、串行总线扩展两种方式。

并行总线扩展是将扩展芯片挂接在 AT89S51 系统总线上，具有数据传送速度快的优点，但需要占用单片机较多的 I/O 脚，硬件连线复杂，如图 8-1 所示。此时要解决的是：单片机与相应芯片的地址线、数据线、控制线的连接，驱动与编程等问题。

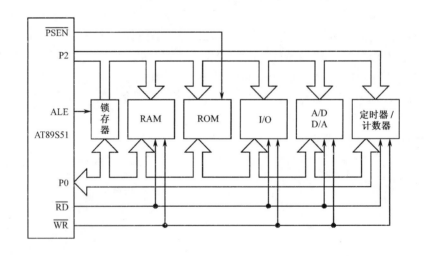

图 8-1　AT89S51 系统并行总线扩展示意图

串行总线扩展是单片机通过串行总线如 SPI 总线、I^2C 总线、1-Wire 总线等来扩展外围器件，具有硬件连接简单、外围器件体积小、占用 I/O 资源少的优点，近几年来得到了广泛应用，成为总线方式扩展技术的主流。

本章将介绍存储器、I/O 口的扩展技术，常用可编程接口芯片 8255 的原理和接口方法，重点讲述串行总线 I^2C、SPI、1-Wire 技术及编程方法。有关 A/D、D/A、显示、键盘等接口技术，将在第 9 章中介绍。

8.1 并行总线扩展技术

8.1.1 并行总线技术

1. 并行总线的三总线结构

为了实现并行扩展，需要将单片机的外部总线扩展成三总线的结构形式，如图 8-2 所示。

(1) 地址总线（A.BUS）：用于传送 CPU 输出的地址信号，以便进行存储单元和 I/O 端口的选择。地址线数目的多少决定了 CPU 寻址空间的大小。AT89S51 由 P2、P0 口提供 16 位地址线，CPU 寻址空间最大为 64KB。P2 口具有输出锁存的功能，能保留高 8 位的地址信息。P0 口为地址、数据分时使用的通道口，为保存地址信息，需外加地址锁存器锁存低 8 位的地址信息，由地址锁存允许信号 ALE 的下降沿控制地址信号的锁存操作。

常用的地址锁存器的引脚配置与 P0 口的连接方法如图 8-3 所示。74LS273 是八 D 触发器，CLR 为清零端，低电平时输出端 Q（Ai）清零；G 端出现上升沿时，输出端 Q（Ai）等于输入端 D（P0.i），AT89S51 的 ALE 信号必须经过反相之后才能与 74LS273 的控制端 G 端相连。74LS373 是输出端带有三态门的八 D 触发器，当 $\overline{OE}$ 端为低电平时，输出三态门导通；当 $\overline{OE}$ 为高电平时，输出端（Ai）处于浮空态；$\overline{G}$ 为数据锁存线，当 $\overline{G}$ 为高电平时，输入与输出直通，$\overline{G}$ 为下降沿锁存；因此可用单片机输出的 ALE 直接作为 74LS373 地址锁存器的锁存允许信号。

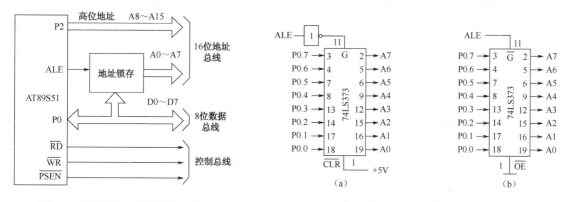

图 8-2 单片机的三总线结构形式　　图 8-3 地址锁存器 273、373 与 ALE、P0 口的连接

(2) 数据总线（D.BUS）：用于单片机与外部存储器、I/O 接口之间的数据传送，其宽度与 CPU 的字长一致。AT89S51 为 8 位机，由 P0 口提供双向、三态控制的数据总线。

(3) 控制总线（C.BUS）：扩展系统时常用的控制信号为地址锁存信号 ALE、片外程序存储器取信号 $\overline{PSEN}$ 及外部数据存储器 RAM 和 I/O 口共用的读/写控制信号 $\overline{RD}$、$\overline{WR}$ 等。

2. 并行总线的驱动

在单片机应用系统中，并行扩展的三总线上挂接很多负载，如存储器、并行接口、A/D 接口、显示接口等，但总线接口的负载能力有限，因此当扩展的芯片过多时，就会造成总线驱动能力不够，系统将不能可靠地工作；为此设计单片机系统时，首先要估计总线的负载情况，以确定是否要连接总线驱动器进行总线驱动。

总线驱动器对于单片机的 I/O 口只相当于增加了一个 TTL 负载，但驱动器除了对后级电路驱动外，还能对负载的波动变化起隔离作用。常用的总线驱动器可分为单向和双向两种。系统总线中的地址总线和控制总线是单向的，因此驱动器可以选用单向的，如 74LS244。系统总线中的数据总线是双向的，其驱动器也要选用双向的，如 74LS245。74LS245 每一路内部有两个双向三态门，受 DIR 端控制，DIR=1 时输出，DIR=0 时输入。当 G=1 时，三态门都处于高阻态。并行三总线的驱动如图 8-4 所示。

8.1.2 存储器的并行扩展

在单片机系统中，存储器分为程序存储器和数据存储器。程序存储器用于存放程序代码或常数；数据存储器用于存放数据。由于单片机应用系统通常是专用系统，故程序存储器一般由半导体只读存储器（ROM）组成，当单片机内部的程序存储器容

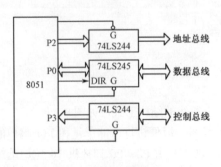

图 8-4 系统总线的驱动

量不够时，就需要在外部扩展程序存储器。同样，当单片机系统数据量较大时，就需要对数据存储器进行外部扩展。外部扩展的程序存储器或数据存储器容量最大不可超过 64KB。

1. 常用存储器的介绍

常用的程序存储器有紫外光可擦除 EPROM 和电擦除 E^2PROM、Flash 等。EPROM 性能可靠，价格低廉，曾得到广泛应用，但由于信息的擦除须用紫外光照射，且封装结构须有一个石英玻璃窗口，故使用不方便，而且擦除时间较长（一般要 10~30min）。电擦除 E^2PROM 和 Flash 存储器的出现，克服了 EPROM 光照和封装结构的弊端，而且容量大、擦除时间短，得到了广大用户的青睐和应用。

（1）EPROM

图 8-5 给出了 EPROM 27512 的引脚图，含义如下：

A0~A15：地址输入线，容量为 64KB。

D0~D7（或 O0~O7）：数据线，三态双向。读时为输出线，编程时为输入线，禁止时为高阻态。

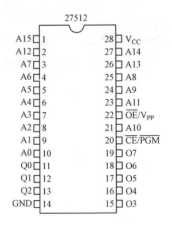

图 8-5 EPROM 27512 的引脚图

$\overline{CE}/PGM$：读操作时，作为选片信号输入 $\overline{CE}$，低电平时有效；程序写入时，作为编程脉冲输入线 $\overline{PGM}$。

$\overline{OE}/V_{PP}$：读操作时，作为读选通信号输入线 $\overline{OE}$，低电平时有效；程序写入时，编程电源输入线。

V_{CC}：电源，一般为+5V。

GND：地线。

表 8-1 列出了 EPROM 27512 在不同操作方式时有关引脚的连接状态，其中 V_L 表示 TTL 低电平，V_H 表示 TTL 高电平。编程电源 V_{PP} 因型号和厂商而异。

表 8-1 EPROM 27512 的工作方式

$\overline{CE}$	$\overline{OE}/V_{PP}$	D0~D7
V_L	V_H	高阻
V_L	V_L	读出数据
负脉冲	V_{PP}	编程写入
V_H	V_L	编程验证
V_H	V_{PP}	编程禁止

（2）E^2PROM

E^2PROM 是电擦除可编程存储器，是 EPROM 改进版，+5V 供电下就可进行编程，而且对编程脉冲宽度一般无特殊要求，具有在线编程和擦除能力，能实现单个存储单元的擦除和编程，可用于存放程序和数据。目前 E^2PROM 品种很多，分串行 E^2PROM 和并行 E^2PROM。串行 E^2PROM 没有地址和数据线，不占用单片机的存

储空间,目前得到广泛应用,请参见 8.4 节串行总线接口技术。图 8-6 给出了并行 E^2PROM 2817 和 2864 的引脚图,各相关引脚的含义如下。

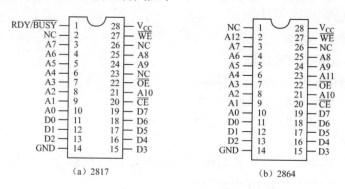

图 8-6 E^2PROM 2817 和 2864 的引脚图

A0~Ai:地址输入线。

D0~D7:双向三态数据线。

$\overline{CE}$:选片信号输入线,低电平时有效。

$\overline{OE}$:读选通信号输入线,低电平时有效。

$\overline{WE}$:写选通信号输入线,低电平时有效。

RDY/$\overline{BUSY}$:2817 的状态输出线,低电平表示正在进行写操作,写入完毕呈高阻态。

V_{CC}:工作电源+5V。

GND:地线。

E^2PROM 的操作方式主要有读、写、维持三种,见表 8-2。

2817 只有字节写方式,通过查询 RDY/$\overline{BUSY}$ 来测试存储操作是否完成。而 2864 写方式有字节写和页写两种工作方式。2864 内部有一个限时定时器和一个 16B 的页缓存器,在按页写入时,页地址由地址的高 9 位所决定。连续的 $\overline{WR}$ 将造成对限时定时器复位,故不会溢出,直到一页 16B 写完;无 $\overline{WR}$ 时,限时定时器溢出,自动开始页存储过程。字节写入时,写入一个字节后,无 $\overline{WR}$ 将造成限时定时器溢出,启动写过程。在页存储期间,对 2864 进行读操作,读出的是最后写入的字节;若与写入的数据相同,则表明页存储周期已完成;若读出的数据的最高位是原数据的反码,表明页转储工作还未完成。因此,2864 不再需要 RDY/$\overline{BUSY}$ 线表明写操作是否完成。

表 8-2 2817 和 2864 的操作方式

		$\overline{CE}$	$\overline{OE}$	$\overline{WE}$	RDY/$\overline{BUSY}$	D0~D7
2817 (2K×8)	读	V_L	V_L	V_H	高阻	数据输出
	写	V_L	V_H	V_L	V_L	数据输入
	维持	V_H	任意	任意	高阻	高阻
2864 (8K×8)	读	V_L	V_L	V_H		数据输出
	写	V_L	V_H	负脉冲		数据输入
	维持	V_H	任意	任意		高阻

(3)Flash 存储器

E^2PROM 虽然编程方便,但集成度低、功耗大,与同容量的 EPROM 相比,成本和功耗要高得多,不能满足工业现场控制的需要。Flash 存储器的性能综合了 EPROM 和 E^2PROM 两者的特点,具有价格便宜、集成度高,电可擦性,且读/写速度快,编程速度约为 10μs/B,至少比 E^2PROM 快 1 个数量级,访问速度为 60ns,可实现零等待状态下全速运行,大大地提高了系统性能，而相同容量的价格仅为 E²PROM 的一半。近年来，Flash 在工业控制系统中得到了广泛应用，典型的芯片有 28F256（32K×8）、28F512（64K×8）、28F010（128K×8）等。28F256 芯片引脚如图 8-7 所示，含义如下。

A0～A14：地址输入线。

DQ0～DQ7：数据输入/输出线。

$\overline{CE}$：选片信号输入线，低电平时有效。

$\overline{OE}$：读选通信号输入线，低电平时有效。

$\overline{WE}$：写选通信号输入线，低电平时有效。

V_{CC}：工作电源。

V_{PP}：擦除/编程电源，当其为高压 12.0V 时，才能向指令寄存器中写入数据。当 $V_{PP}<(V_{CC}+2)V$ 时，存储单元的内容不变。

其主要特性如下。

① 可按字节、区块（Sector）或页面（Page）进行擦除和编程操作。

② 快速页面写入：先将页数据写入页缓存，再在内部逻辑的控制下，将整页数据写入相应页面。整片编程时间在 0.5～4s，擦除时间为 1s。也可通过向发指令向指定地址写入指定数据。

③ 内部设有命令寄存器和状态寄存器，由单片机发命令控制内部逻辑进行写入操作，提供编程结束状态，即 DQ7 上所出现状态为所编程的最后一个字节的最高位的反码，则处于编程态；相同，则编程结束。

④ 可擦写 10 万次，擦除和编程电压为 12V±5%。

⑤ 具有软件和硬件保护能力：当 $\overline{CE}$ 或 $\overline{WE}$ 脉冲延续时间小于 15ns 或处于无效态，或 V_{PP} 不满足要求时，自动禁止编程动作；还可启动软件保护数据。

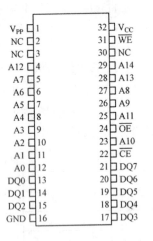

图 8-7 28F256 芯片的引脚图

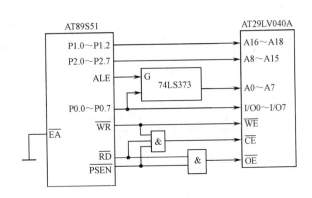

图 8-8 AT89S51 与 AT29LV040A 的连接

大部分 Flash 存储器的容量都超过 64KB，如图 8-8 中的 AT29LV040A 是 Atmel 公司生产的 CMOS Flash 存储器，容量为 512KB，而 51 系列的单片机的寻址空间只有 64KB，此时可将 Flash 的地址范围进行分段，每段小于或等于 64KB。访问的地址分为两部分输出：一部分为段地址，另一部分为偏移量，如图 8-8 中用 P1.0～P1.2 来输出段地址。同时保证在 $\overline{PSEN}$ 或 $\overline{RD}$、$\overline{WR}$ 有效的同时，存储器片选有效。前者作为 ROM 取出信息，后者作为 RAM 用于存取数据。

(4) SRAM 存储器

51 系列单片机内部的数据存储器的容量一般为 128～256B，可以作为工作寄存器、堆栈、位标志和数据缓冲器使用。对数据量较小的单片机系统，内部 RAM 已能满足数据存储的需要，当数据量较大时，就需要在外部扩展 RAM 数据存储器，扩展容量最大可达 64KB。传统的单片机应用系统，数据存储器常采用静态存储器（SRAM），具有存取速度快、使用方便等特点。常用的 SRAM 有 6116（2K×8）、6264（8K×8）、62256（32K×8）等，引脚如图 8-9 所示。

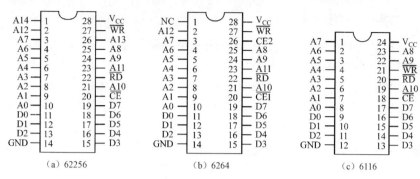

图 8-9 常用 SRAM 引脚图

图 8-9 中有关引脚的含义如下。

A0～Ai：地址输入线，确定寻址的空间。

D0～D7：8 位双向三态数据线。

$\overline{CE}$：选片信号输入线，低电平时有效。

$\overline{RD}$：读选通信号输入线，低电平时有效。

$\overline{WR}$：写选通信号输入线，低电平时有效。

V_{CC}：工作电源+5V。

GND：地线。

NC：不接。

$\overline{CE1}$：片选信号输入线，低电平时有效（对 6264）。

CE2：片选信号输入线，高电平时有效（对 6264）。

6264 芯片充分考虑了掉电保护的需要，具有双片选结构：即电源正常供电时，电源监视芯片产生的信号使 CE2 为"1"电平，由 $\overline{CE1}$、$\overline{RD}$、$\overline{WR}$ 控制芯片进行读/写操作；而在电源掉电保护期间，电源监视芯片产生的信号使 CE2 为"0"电平，从而封锁了失效过程和失效期间的写操作，同时由后备电源供电使 6264 内的数据保持不变。6264 SRAM 有读、写、维持三种操作方式，见表 8-3。

表 8-3 6264 SRAM 的操作方式

信号 方式	$\overline{CE1}$	CE2	$\overline{RD}$	$\overline{WR}$	D0～D7
读	V_L	V_H	V_L	V_H	读操作
写	V_L	V_H	任意	V_L	写操作
维持	V_H	任意	任意	任意	高阻态
	任意	V_L			
	V_L	V_H	V_H	V_H	

静态存储器 SRAM 一旦掉电，内部所存数据便会丢失。为此，目前单片机应用系统采用了下述几种方法实现数据的掉电保护。

① 用 E^2PROM 介质或 Flash 介质的存储器代替 SRAM 作为数据存储器。

② 仍采用 SRAM 作为数据存储器，但采用新型的掉电保护电路（如 Maxim 公司的 MAX813L 或 IMP 公司的 IMP805L 电源监视芯片）。

③ 直接采用 NVSRAM 器件（非易失性存储器），该器件内部含有锂电池和 V_{CC} 控制电路，如 DS1220AB/AD。一旦电源超出正常运行范围，内部锂电池便自动接通，并启动写保护功能，以确保数据不被破坏。操作次数无限，访问时间约为 100ns。无外电源时，数据保存时间约为 10 年。

2. 存储器的并行扩展线路设计

单片机在结构设计上采用了哈佛结构，即程序存储器和数据存储器的地址空间是相互独立的，外部程序存储器采用 EPROM 或 E^2PROM、Flash 芯片，只能读出不能写入，这一点与数据存储器不同。外部程序存储器最大可扩展到 64KB，而外部扩展的数据存储器与 I/O 口共同占用 64KB 的地址空间，即 I/O 口的编址采用数据存储器的映射方式，这一点与微型计算机不同。

单片机与存储器的数据线与地址线的连接已经如前所述，控制线的连接时将程序存储器的 $\overline{OE}$（存储器读信号）与单片机的 $\overline{PSEN}$（片外程序存储器取指信号）相连。数据存储器（如 62256）的读/写控制信号 $\overline{RD}$、$\overline{WR}$ 与单片机的 $\overline{RD}$（P3.7）、$\overline{WR}$（P3.6）相连接。

由于复位之后，PC=0000H，故程序存储器第一条指令必须起始于 0000H。若外部程序存储器起始于 0000H，则单片机的 $\overline{EA}$ 引脚应接地，否则 0000H 指向内部程序存储器。

图 8-10 为 AT89S51 外部程序存储器和数据存储器的扩展图，因 $\overline{EA}$ 接地，故外部程序存储器 27256 起始为 0000H。由于 RAM 和 ROM 的地址空间是分开的，且相互独立，所以 27256 和 62256 的片选信号 $\overline{CE}$ 可直接接地，即不用选片。此时 27256 占据 0000H~7FFFH 的程序存储器空间，62256 占据 0000H~7FFFH 或 8000H~FFFFH 的数据存储器空间（A15 没用，为任意位）。27256 读信号 $\overline{OE}$ 与单片机 $\overline{PSEN}$（取指信号）相连，62256 的读、写控制信号与单片机的 $\overline{RD}$、$\overline{WR}$ 相连。

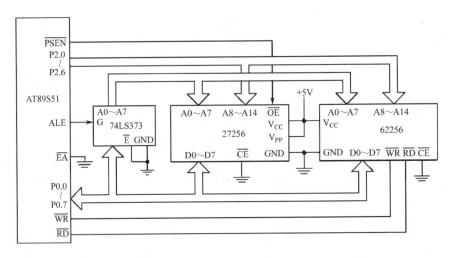

图 8-10 AT89S51 外部程序存储器和数据存储器的扩展图

当扩展系统中含有多个扩展芯片时，由于这些芯片共用 64KB 的地址空间，单片机必须对芯片进行片选，以保证每次只选中一片芯片。片选信号的产生常用两种方法：线选法和译码法。

（1）线选法：线选法不采用专门的译码电路，直接利用单片机地址总线中剩余的高位地址作为芯片的片选信号。这种片选电路设计较为简单，但由于每次只能有一片芯片被选中，使许多地址不能使用，存储空间浪费严重，故一般用在片选信号不多的场合。图 8-11 为用三片 6264 扩展 24KB 数据存储器的接口电路，地址分配见表 8-4。

在图 8-11 中 6264 占用 13 根地址线（A0~A12），剩下的 3 根地址线 P2.5~P2.7（A13~A15）直接作为 3 片 6264 的选片信号。显然，当扩展芯片的数目较多时，使用线选法时地址线有可能不够用（在本例中，扩展芯片最多为 3 片）。

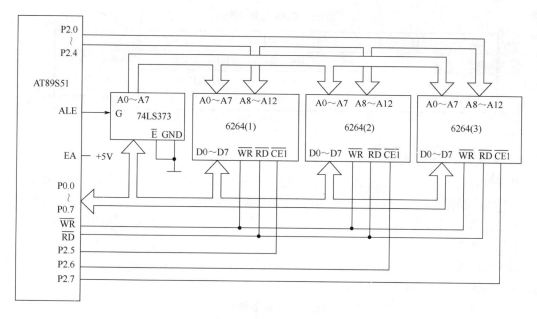

图 8-11 线选法扩展三片 6264

表 8-4 6264 地址分配表

芯片	A15	A14	A13	A12A11A10A9A8A7A6A5A4A3A2A1A0	地 址
6264（1）	1	1	0	0000000000000～1111111111111	C000H～DFFFH
6264（2）	1	0	1	0000000000000～1111111111111	A000H～BFFFH
6264（3）	0	1	1	0000000000000～1111111111111	6000H～7FFFH

（2）译码法：译码法中，高位地址通过译码器产生片选信号。利用译码法可获得地址连续、空间大小相同的片选信号；当需要更多的片选信号时，可采用级联扩展技术，各级之间片选信号对应地址范围大小不同。上例用译码法实现如图 8-12 所示，地址分配见表 8-5，显然用 3 根地址线 P2.5～P2.7 译码，可产生 8 个片选信号，最多可扩展 8 片 6264 达到 64KB，不存在地址空间的浪费。

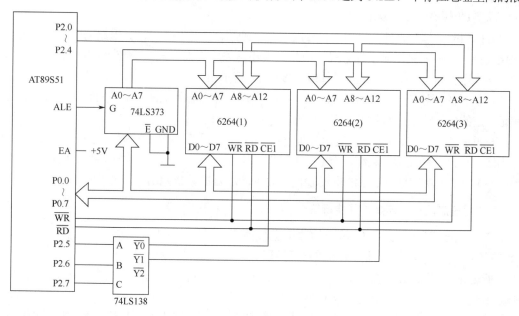

图 8-12 译码法扩展三片 6264

表8-5　6264地址分配表

芯片	A15	A14	A13	A12A11A10A9A8A7A6A5A4A3A2A1A0	地址
6264（1）	0	0	0	0000000000000～1111111111111	0000H～1FFFH
6264（2）	0	0	1	0000000000000～1111111111111	2000H～3FFFH
6264（3）	0	1	0	0000000000000～1111111111111	4000H～5FFFH

8.1.3 I/O接口的并行扩展

由于计算机外部设备（简称外设）与CPU的速度差异很大，且外设的种类繁多，数据信号形式多样，控制方案复杂，所以外设不能与CPU直接相连，必须通过接口电路使CPU与外设之间达到最佳耦合与匹配。所以，接口是CPU与外设连接的桥梁，是信息交换的中转站。接口一般具有如下功能。

（1）数据缓冲功能：接口一般都设置数据寄存器或锁存器，以解决主机高速与外设低速的矛盾，避免因速度不一致而丢失数据。

（2）设备选择功能：一个单片机系统一般带有多种外设，同一种外设也可能有多台，而CPU在同一时间只能与一台外设交换信息，所以要借助接口中的地址译码电路对外设进行寻址，只有被选中的设备或单元才能与CPU进行数据交换或通信。

（3）信号转换功能：由于外设所提供的状态信号和它所需要的控制信号往往与单片机的总线信号不兼容，所以信号转换不可避免。信号转换包括CPU信号与外设信号的逻辑关系、时序及电平匹配的转换。

接口电路的设计常可分为以下三步。

（1）分析CPU与外设的信号差别：首先，要搞清是什么类型的CPU，CPU提供的数据线、地址线宽度和控制线的逻辑定义，时序关系有什么特点，重点分析控制线的控制方式；其次要搞清所连外设的工作原理与特点，找出接口所需的控制信号及接口反馈的信号。

（2）进行信号转换：找出两侧信号的差别之后，可以将CPU的信号进行转换以达到外设的要求；也可以将外设的信号进行转换以达到CPU的要求；经过转换的信号在功能、逻辑和时序上应能满足CPU与外设的要求。

（3）接口驱动程序设计：接口的设计应该是软硬结合，综合考虑，并根据需要与可能进行具体优化选择（例如，采用无条件方式、中断方式还是采用查询方式）。硬件结构一旦确定，相应的软件结构也就确定，接下来就可具体编制接口驱动程序了。

接口信号的预处理一般通过各种集成电路来实现，除了必须保证逻辑上的正确无误外，还必须满足一定的电气特性，如逻辑阈值、扇出能力、传输延时等。

在标准的51系列单片机中，虽然有四个并行的I/O口，但通常P2口作为高8位地址线，P0口作为低8位地址线及数据总线，而P3口一般作为双功能口，因此仅有1个并行I/O口P1和1个串行I/O口，无法满足应用系统输入/输出的要求，需要扩展I/O口。

1. 利用三态门和锁存器扩展并行口

简单的输出口就是对CPU输出的数据进行锁存，以解决CPU与外设速度的不匹配。如图8-13（a）所示，用锁存器74LS273可扩展一个8位并行输出口，当执行写指令时，$\overline{WR}$有效（低电平），P2.7由地址A15控制，当P2.7=0时，通过或非门产生一个上升沿，将P0口数据输出至O0～O7。

简单的输入口相当于一个三态门缓冲器：当CPU访问该输入口时，外设的数据源通过输口与数据总线直接相通；当 CPU 不访问该输入口时，利用输入口的高阻态，将输入设备的数据源与数据总线隔离。图 8-13（b）所示为用三态门 74LS245 扩展一个 8 位并行输入口，当执行读指令时，$\overline{RD}$ 有效（低电平），P2.7 由地址 A15 控制，当 P2.7=0 时，通过或门产生一个 0 电平，打开三态门，将 I0~I7 8 个状态读入 P0 口。

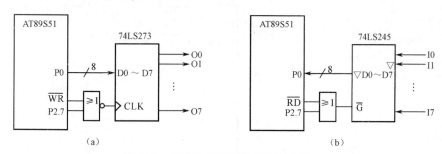

图 8-13 使用三态门和锁存器扩展并行口

2. 利用串行口和移位寄存器扩展并行口

图 8-14（a）中，利用并入/串出的移位寄存器 74LS165 扩展了一个 8 位并行输入口。图 8-14（b）中，利用串入/并出移位寄存器 74LS164 扩展了一个 8 位并行输出口。这种扩展方法，虽然数据传送速度慢一些，但所扩展的并行 I/O 口不占用片外 I/O 口地址。

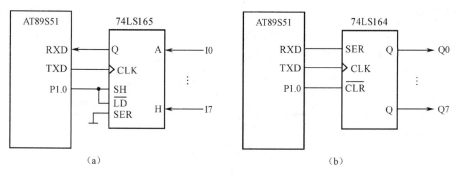

图 8-14 使用串行口和移位寄存器扩展并行口

3. 用可编程并行接口 8255 扩展并行口

8255 是 Intel 公司生产的一种通用的可编程并行 I/O 接口电路。可编程接口电路的最大特点是工作方式的确定和改变要由程序完成，具有较大的灵活性，能实现复杂的控制功能。

（1）8255 结构及其引脚

8255 有 3 个 8 位的并行口 PA、PB、PC，8255 的引脚如图 8-15 所示，逻辑结构如图 8-16 所示。8255 主要引脚含义如下。

D0~D7：双向三态数据总线。

$\overline{CS}$：选片信号输入线，低电平时有效。

RESET：复位信号输入线，高电平时有效，复位后，PA 口、PB 口、PC 口均为输入方式。

PA、PB、PC：3 个 8 位 I/O 口。

$\overline{RD}$：读选通信号输入线，低电平时有效。

$\overline{WR}$：写选通信号输入线，低电平时有效。

A1、A0：端口地址输入线，用于选择内部端口寄存器。

V_{CC}：电源+5V。

GND：地线。

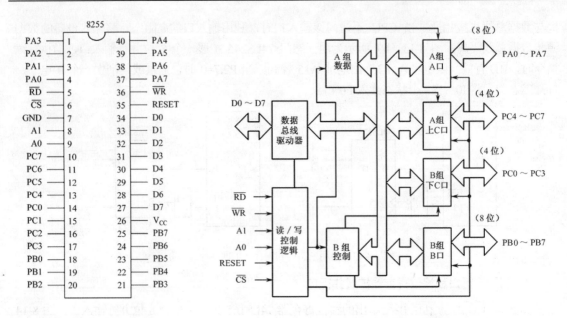

图 8-15　8255 引脚图　　　　　　　　　图 8-16　8255 逻辑框图

（2）8255 控制字

单片机通过地址 A0、A1 及控制信号 $\overline{WR}$、$\overline{RD}$、$\overline{CS}$ 来选择端口的地址和操作状态。当 A0A1 为"00"～"10"时，依次选择 PA、PB、PC 端口，进行数据传送；当 A0A1 为"11"时，所选择端口的为 8255 控制口，读/写控制逻辑选择见表 8-6。

表 8-6　CPU 对 8255 端口的寻址和操作状态

A1	A0	$\overline{RD}$	$\overline{WR}$	$\overline{CS}$	操作状态
输入操作（读）					
0	0	0	1	0	A 口→数据总线
0	1	0	1	0	B 口→数据总线
1	0	0	1	0	C 口→数据总线
输出操作（写）					
0	0	1	0	0	数据总线→A 口
0	1	1	0	0	数据总线→B 口
1	0	1	0	0	数据总线→C 口
1	1	1	0	0	数据总线→控制口
禁止操作					
×	×	×	×	1	数据总线为高阻
1	1	0	1	0	非法操作
×	×	1	1	0	数据总线为高阻

对控制口可写入两种控制字，即方式控制字和 PC 口置位/复位控制字，可设定 8255 的工作方式和 PC 口引脚的状态，如图 8-17 所示。

① 方式控制字：控制 8255PA、PB、PC 三个并行口的工作方式，其格式如图 8-17（a）所示。方式控制字的特征是最高位为"1"。

例如，若要使 8255 的 PA 口为方式 0 输入，PB 口为方式 1 输出，PC4～PC7 为输出，PC0～PC3 为输入，则应将方式控制字 95H（即 10010101B）写入 8255 控制口。

② PC 口置位/复位控制字：是一种对 PC 口的位操作命令，直接把 PC 口的某位置成"1"或

清"0",其格式如图 8-17(b)所示,它的特征是最高位为"0",以与方式字区分。

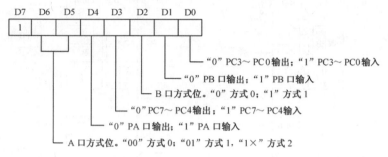

(a)方式控制字格式

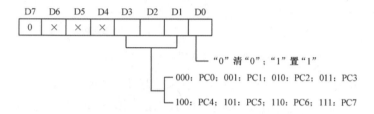

(b) PC 口置位/复位控制字格式

图 8-17 8255 控制字格式

例如,若要使 PC 口的 PC3 为 1,则应将控制字 07H(即 00000111B)写入 8255 控制口。

(3) 8255 操作方式

8255 有三种操作方式,即方式 0、方式 1 及方式 2。

① 方式 0(基本 I/O 方式):是一种基本的输入/输出方式。这种方式适用于 CPU 可随时访问外部的数据设备,如读一组开关状态、控制一组指示灯亮灭,不需要联络信号,8255 的 3 个口都可以方式 0 输入/输出。方式 0 输出具有锁存功能,输入没有锁存功能。PA、PB、PC4~PC7、PC0~PC3 可分别定义为方式 0 输入或输出,共有 16 种不同的组合。

② 方式 1(选通输入/输出方式):为选通输入/输出方式(具有握手信号的 I/O 方式)。8255 的并行口将分为两组。A 组包括 PA 口和 PC 口的高 5 位,B 组包括 PB 和 PC 口的低 3 位,PA、PB 口为输入/输出数据信号,其输入或输出数据都被锁存;PC 口为配合 PA、PB 口工作的状态控制线,PC 口剩下的线才可作为 I/O 线,如图 8-18、图 8-19 所示。图中控制信号含义如下。

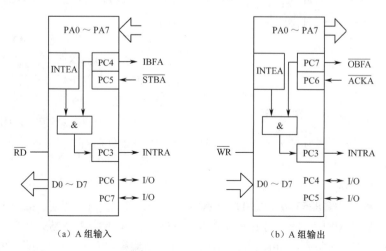

图 8-18 方式 1 A 组输入/输出

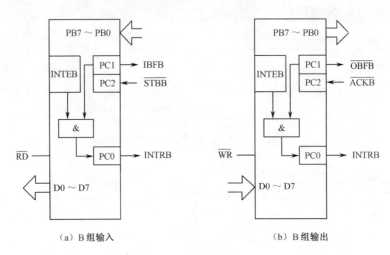

(a) B 组输入　　　　　　　　(b) B 组输出

图 8-19　方式 1 B 组输入/输出

$\overline{STB}$：设备选通输入信号线，低电平时有效。下降沿将端口数据线上的信息打入端口锁存器。

IBF：输入缓冲区满信号，通常由 8255 送给外设。IBF 高电平表示输入缓冲区满，外设不能发送数据，当 CPU 读取端口数据时，IBF 变为低电平。

$\overline{OBF}$：输出缓冲器满信号，低电平时有效。这是 8255 输出给外设的一个信号，当其有效时，表示 CPU 已经将数据输出到指定的端口寄存器，通知外设可以将数据取走。

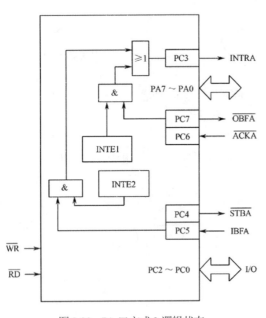

图 8-20　PA 口方式 2 逻辑状态

$\overline{ACK}$：响应信号，低电平时有效。这是外设送来的信号，当该信号有效时，说明 8255 端口的数据已经为外设所接收，CPU 可再发数据。

INTE：8255 端口内部的中断允许触发器。INTE="1" 才允许端口发中断请求，INTEA、INTEB 分别由 PC4/PC6、PC2 的置位/复位字控制。

INTR：中断请求信号，高电平时有效。INTR 是当 $\overline{OBF}$（或 IBF）和 INTE 都为高电平时，才被置成高电平，由 $\overline{RD}$、$\overline{WR}$ 的上升沿清除。

③ 方式 2（双向选通 I/O 方式）：在这种方式下，PA 口为 8 位双向总线口，PC 口的 PC3～PC7 被用做 PA 口输入/输出的控制和状态信号，如图 8-20 所示。应该注意的是，仅 PA 口允许作为双向总线口使用，此时 PB 口和 PC0～PC2 可编程为方式 0 或方式 1 工作。INTE1、INTE2 分别由 PC6、PC4 的置位来实现，控制信号的含义同方式 1。

(4) 8255 应用举例

【例 8-1】图 8-21 中，8255 数据线直接与 AT89S51 总线数据口 P0 相连，8255 的 $\overline{RD}$、$\overline{WR}$、最低两位地址线 A1、A0 与 AT89S51 的对应相接；AT89S51 的 P2.7 接 8255 的 $\overline{CS}$，8255 采用线选法寻址，设 PA 口接一组开关，PB 口接一组指示灯。请编程将变量 x 的内容送 PB 口指示灯显

示,将 PA 口开关状态读入变量 b。

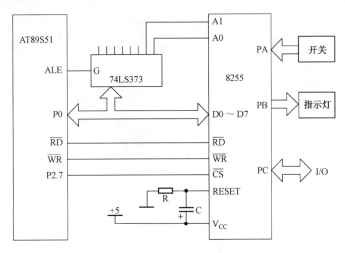

图 8-21　AT89S51 和 8255 方式 0 的接口逻辑图

分析图 8-21 可知:8255 的 PA 口、PB 口、PC 口、控制口的地址分别为 7FFCH、7FFDH、7FFEH、7FFFH。

解:根据题意,PA 口为输入口,输入开关状态;PB 口为输出口,输出信息点亮指示灯。无应答信号,PA、PB 口可工作在方式 0,由此可写出方式控制字。

	D7	D6	D5	D4	D3	D2	D1	D0	
控制字	1	0	0	1	1	0	0	0	98H

C51 程序如下:

```
#include  <reg51.h>
#include  <absacc.h>
#define  P8255ct  0x7FFF
#define  P8255A   0x7FFC
#define  P8255B   0x7FFD
char  data  x=0xff, b;
main()
    { ……
    XBYTE[P8255ct]=0x98;      //写方式控制字
    XBYTE[P8255B]=x           //将 x 写入 PB 口
    b = XBYTE[P8255A];        //将 PA 口读入 b
    ……
    }
```

【例 8-2】图 8-22 中,8255 的 PA 口被用做输入口,PB 口被用做输出口,设备 A 和 B 输入/输出数据都有应答信号,其分别与 PC 口输入/输出的状态和控制线相连。若设备 B 为打印机,则打印机每打印完一个字符后便输出"打印完"信号(负脉冲),CPU 采用中断方式控制打印机打印,要求把 AT89S51 内部 RAM 中 BUFFER 开始的 32 个单元的字符输出打印。

解:图 8-22 可知,PA、PB 口方式 1 输入、输出,控制字为 10111100B。程序如下:
C51 程序如下:

```
#include  <reg51.h>
#include  <absacc.h>
```

```
#define  P8255ct  0x7FFF
#define  P8255B   0x7FFD
char data buffer[32]={'ABCD……'}
char data i=0;
main()
 {  XBYTE[P8255ct]=05;          //写置/复字使 PC2（即 INTEB）置 1
    XBYTE[P8255ct]=0xBC;        //写方式字，A 口与 B 口工作于方式 1 输入和输出
    EX1=1;                       //开 INT1 中断，B 口中断允许
    EA=1;                        //开 CPU 中断
    while (i<32);                //等待 32 个字符打印，关中断
    EX1=0;                       //关 INT1 中断
 }
    void int1() interrupt 2 using 2  //INT1 中断服务程序
    { XBYTE[P82555B]=buffer[i]; //从 PB 口输出第一个数据打印
      i++;
    }
```

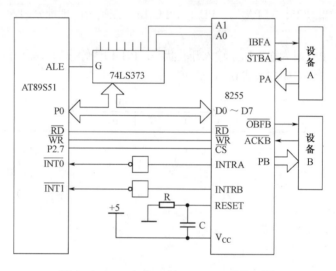

图 8-22 8255 方式 1 时与 AT89S51 的接口图

8.2 串行总线扩展技术

常用的串行总线除了前述的 CAN 总线外，还有 I^2C 总线、SPI 串行接口、1-Wire 总线、等。本节主要讲述这些串行总线的结构、接口技术及编程方法。

8.2.1 I^2C 串行总线

1. I^2C 总线特性

I^2C 总线（Inter Integrated Circuit Bus）是 Philips 公司推出的二线制同步串行总线。它只需要数据线 SDA 和时钟线 SCL，就可在连接于总线上的器件之间传送信息。图 8-23 为 I^2C 总线外围扩展示意图。

在图 8-23 中，所有挂接在 I^2C 总线上的器件和接口电路都应具有 I^2C 总线接口，而且所有器件 SDA、SCL 的同名端相连，采用器件地址和引脚地址联合寻址，故 I^2C 总线具有简单的电路扩

展方式。I²C 总线输出为开漏结构,必须有上拉电阻 RP,上拉电阻通常可选 5～10kΩ,可参考有关数据手册确定。所有带 I²C 总线接口的器件都具有自动应答和地址自动加 1 功能,读/写多个字节时,只需提供读/写操作的首地址。I²C 总线的驱动能力为 400pF,通过驱动扩展可达 4000pF,传输速率可达 400Kbps。

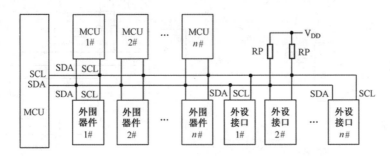

图 8-23 I²C 总线扩展示意图

2. I²C 总线节点的寻址方式字节

在任何时刻 I²C 总线上只有一个主控器件(主节点),对总线上的所有外围器件、外设接口等从节点寻址,分时实现点——点的数据传送的操作控制。因此,总线上每个节点都有一个固定的节点地址。节点地址由 7 位组成,它和数据读写方式 R/$\overline{W}$ 位构成了 I²C 总线器件的寻址字节 SLA。寻址字节格式如下:

	D7	D6	D5	D4	D3	D2	D1	D0
SLA	DA3	DA2	DA1	DA0	A2	A1	A0	R/$\overline{W}$

器件地址(DA3、DA2、DA1、DA0):I²C 总线接口器件固有的地址编码,在器件出厂时就已给定。例如,I²C 总线型 E²PROM AT24Cxx 的器件地址为 1010,4 位 LED 驱动器 SAA1064 的器件地址为 0111。

引脚地址(A2A1A0):由 I²C 总线器件的地址引脚 A2、A1、A0 在电路中接高电平(V_{CC})或接低电平(GND),形成系统中相同器件不同的引脚地址。

数据方向(R/$\overline{W}$):规定了总线上主节点对从节点的数据传送方向,1:接收,0:发送。

表 8-7 列出了 AT24Cxx E²PROM 的寻址字节。

表 8-7 AT24Cxx E²PROM 的寻址字节

型 号	容 量	器件地址及寻址字节	备 注
AT24C02	256×8	1010 A2 A1 A0 R/$\overline{W}$	引脚地址 A2A1A0
AT24C04	512×8	1010 A2 A1 P0 R/$\overline{W}$	引脚地址 A2A1、页地址 P0
AT24C08	1024×8	1010 A2 P1 P0 R/$\overline{W}$	引脚地址 A2、页地址 P0、P1
AT24C10	2048×8	1010 P2 P1 P0 R/$\overline{W}$	页地址 P0、P1、P2,无引脚地址
AT24C128B	16384×8	1010 A2 A1 A0 R/$\overline{W}$	引脚地址 A2A1A0

3. I²C 总线时序及虚拟技术

I²C 总线可构成多主、单主的应用系统。但在多主的 I²C 总线应用系统中,会出现多主竞争的复杂状态,一定要使用带 I²C 总线接口的单片机,利用 I²C 总线完善的软、硬件协议,保证多主竞争时的协调管理。对于没有 I²C 总线接口的单片机,要构成多主系统就比较困难,一般只能构成单主的应用系统。例如,AT89S51 单片机就没有专用的 I²C 总线接口,在单主的应用系统中，I^2C 总线上只有一个单片机，其余都是带 I^2C 总线的外围接口器件，不会出现总线竞争，可以用单片机的两根 I/O 口线来虚拟 I^2C 总线的 SDA 数据线和 SCL 时钟线。

图 8-24（a）是 E^2PROM AT24C02 封装引脚示意图，图 8-24（b）是 AT24C02 与 AT89S51 的接口电路。

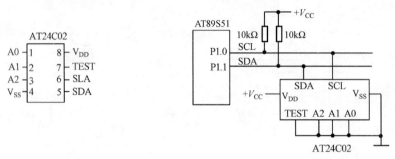

(a) E^2PROM AT24C02封装引脚示意图　　(b) AT89S51与MCS-51的接口电路

图 8-24　AT24C02 与 AT89S51 的接口图

AT24C02 的 TEST 脚为测试端，系统中可接地处理。AT24C02 片内子地址采用 8 位地址指针寻址，最大为 256B。超过 256B 时，通过 AT24C02 的引脚地址 A2、A1、A0 的组合，采用多片 AT24C02 级联。因此 I^2C 总线上最多可连接 8 片 AT24C02，总容量为 2KB。

AT24Cxx 的器件地址是 1010，按照图 8-24（b）中的连接方式，引脚地址为 000，因此，AT24C02 写寻址字节为 SLAW=A0H，读寻址字节为 SLAR=A1H。

（1）信号时序的要求

I^2C 总线上一次完整的数据传送时序如图 8-25 所示。以信号 S 启动 I^2C 总线后，先发送的数据为寻址字节 SLAR 或 SLAW，其决定了数据的传送对象和方向，然后再以字节为单位收发数据，首先传送的是数据的最高位，传送的字节数没有限制，只要求每传送一个字节后，对方回应一个应答位，直至终止信号 P，结束本次传送。

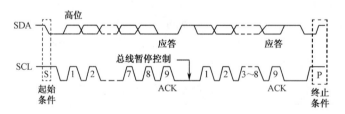

图 8-25　I^2C 总线上一次完整的数据传送时序

其中起始信号（S）、终止信号（P）、发送"0"或应答信号（A）、发送"1"或非应答位（$\bar{A}$）4 个基本信号的时序要求如图 8-26 所示。

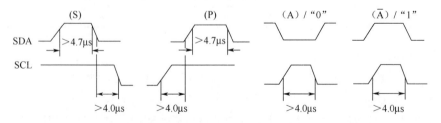

图 8-26　I^2C 总线的 4 个基本信号的时序要求

设 AT89S51 单片机晶体振荡频率为 12MHz，则相应的单周期指令（如 NOP 指令）执行时间为 1μs；用 P1.0 和 P1.1 作为 I²C 总线 SCL 时钟线和 SDA 数据线。应用下述①~③子程序，可以产生满足图 8-26 时序要求的启动（S）、停止(P)、应答位（"0"）、非应答位（"1"）四个时序信号。初始化程序定义如下：

```c
#include    <reg51.h>
#include    <intrins.h>
#define    Some5NOP();    _nop_();_nop_();_nop_();_nop_();_nop_();
#define    Some3NOP();    _nop_();_nop_();_nop_();
#define    Some2NOP();    _nop_();_nop_();
sbit    SDA=P1^1;
sbit    SCL=P1^0;
```

① 起始信号（S）：在时钟 SCL 为高电平时，数据线 SDA 出现由高电平向低电平变化，启动 I²C 总线。其 C51 程序如下：

```c
Void   I2CStart（void）
{ SDA=1;              /*发送起始条件的数据信号*/
_nop_();
SCL=1;
Some5NOP();           /*起始条件建立时间>4.7μs*/
SDA=0;                /*发送起始信号*/
Some5NOP();           /*起始条件锁定时间>4.0μs*/
SCL=0;                /*钳住 I²C 总线，准备发送或接收数据*/
Some2NOP();
}
```

② 终止信号（P）：在时钟 SCL 为高电平时，数据线 SDA 出现由低到高的电平变化，将停止 I²C 总线数据传送。其 C51 程序如下：

```c
void   I2CStop(void)
{  SDA=0;             /*发送结束条件的数据信号*/
_nop_();
SCL=1;                /*发送结束条件的时钟信号*/
Some5NOP();           /*结束条件建立时间>4.7μs*/
SDA=1;                /*发送结束信号*/
Some5NOP();
}
```

③ 应答信号 ACK：I²C 总线上第 9 个时钟脉冲对应于应答位。主节点接收数据时，由主节点发送"应答信号（0）"和"非应答信号（1）"。其 C51 程序如下：

```c
void SendACK(bit   a)
{  if(a)    SDA=1;    /*发送非应答位*/
else     SDA=0;       /*发送应答位*/
Some3NOP();
SCL=1;
Some5NOP();           /*时钟高电平周期>4μs*/
SCL=0;
Some2NOP();
}
```

(2) 主节点查收的应答程序

当主节点发送数据时，则由从节点发送应答信号（A）和非应答信号（$\overline{A}$），此时，主节点处于查收应答信号：将 SDA 线拉到高电平，若 SDA 线被从节点拉到低电平，则说明从节点发出了一个 ACK 信号，返回 1 表示操作成功，否则返回 0 表示操作有误，其 C51 程序如下：

```c
bit   RecACK()
{     SDA=1;                    /*将 SDA 置 1*/
      Some2NOP();
      SCL=1;
      Some3NOP();
      if(SDA)   return(0);      /*为非应答信号，返回 0*/
      else                      /*为应答信号，返回 1*/
      {SCL=0;Some2NOP();return(1);}
}
```

(3) 写、读 1 个字节的程序

在 I^2C 总线启动信号或应答信号后的第 1~8 个时钟脉冲对应于 1 个字节的 8 位数据传送。在 SCL 脉冲高电平期间，SDA 上的数据必须稳定，否则被认为启动信号 S 或停止信号 P，SDA 只能在 SCL 低电平期间变化。在传送完 1 个字节后，可以通过对时钟线 SCL 的控制，使传送暂停。

① 发送 1 个字节的 C51 程序如下：

```c
void I2CSendByte(char ch)
{   unsigned char data   i=8;
    while (i--)
    {
        if(ch&0x80)    SDA=1;         /*判断发送位*/
        else           SDA=0;
        ch<<=1;
        _nop_();
        SCL=1;                        /*置时钟线为1，通知对方开始接收数据位*/
        Some5NOP();                   /*保证时钟高电平时间>4.0μs */
        SCL=0;
    }
    Some2NOP();
}
```

② 接收 1 个字节 C51 程序如下：

```c
char   I2CReceiveByte(void)
{
    unsigned char data i=8,ddata=0;
    SDA=1;                       /*置数据线为输入方式*/
    while (i--)
    {
        ddata<<=1;
        SCL=0;                   /*置时钟线为低，准备接收数据位*/
        Some5NOP();              /*保证时钟低电平时间>4.7μs*/
        SCL=1;                   /*时钟线为高时，接收数据有效*/
        Some2NOP();
        if(SDA) ddata+=1;
```

```
            Some2NOP();
        }
        SCL=0;
        Some2NOP();
        return (ddata);
}
```

(4) 写 n 个字节的程序

I²C 总线器件写操作的数据可以是 1 个字节，也可以是页（n 个字节）；可从当前地址开始写，也可以进行随机写操作。对随机写操作，除了要发送寻址字节外，还必须指定器件的子地址（SUBADR），其随机连续写 n 个字节数据的操作格式如下：

| S | SLAW | A | SUBADR | A | data1 | A | … | data n-1 | A | data n | A | P |

其中，"灰色"代表主节点发送，从节点接收；"白色"代表主节点接收，从节点发送；"SLAW"代表写寻址字节；"SUBADR"代表器件的子地址；"data1～data$n$"代表写入节点的 n 个数据；"A"为应答信号；"P"为终止信号。

设从 S1 指向的内部 RAM 发送 n 个字节，到器件 AT24C04 内部的 address 处，AT24C04 的容量为 512B，页写方式允许连续发送 16 个数据。C51 程序如下：

```
#define EEPROM_WriteADDR  0xA0
bit WriteStrI2C_24C04(unsigned int address,unsigned char *s1,unsigned char n)
{
    unsigned char idata page, address_in_page;
    unsigned char idata i;
    if(n>16)   return (0);
    page=(unsigned char)(address>>8) & 0x01;    /*求取 AT24C04 的子地址的第 9 位*/
    page=page<<1;
    address_in_page=(unsigned char)(address);   /*求取 AT24C04 的子地址的低 8 位*/
    I2CStart();                                  /*发送启动信号*/
    I2CSendByte(EEPROM_WriteADDR|page);          /*发送写寻址方式字节*/
    if (!RecACK()) return (0);
    I2CSendByte(address_in_page);                /*发送器件低 8 位地址*/
    if (!RecACK()) return (0);
    for(i=0;i<n;i++)
        {I2CSendByte(*s);                        /*发送数据*/
         if (!RecACK()) return (0);              /*等待应答信号*/
         s++;
        }
    I2CStop();                                   /*发送停止信号*/
    return (1);
}
```

(5) 读 n 个字节的程序

同样，在作 I²C 总线的随机读操作时，除了要发送读寻址方式字节外，还要发送页内子地址 SUBADR。因此，在读 n 个字节操作前，要进行 1 个字节子地址 SUBADR 的发送（写）操作，然后重新启动读操作。读 n 个字节数据的操作格式如下：

| S | SLAW | A | SUBADR | A | S | SLAR | A | data1 | A | … | data n | $\overline{A}$ | P |

其中,"灰色"代表主节点发送,从节点接收;"白色"代表主节点接收,从节点发送;"SLAW"代表写寻址字节;"SLAR"代表读寻址字节;"SUBADR"代表器件的子地址;"data1～data$n$"代表读节点的n个数据;"A"为应答信号;"$\overline{A}$"为非应答信号;"P"为终止信号。

设 AT89S51 从器件 AT24C04 内部的 address 处,读取 n 个字节到内部 RAM S1 处。其 C51 程序如下:

```c
#define  EEPROM_ReadADDR   0xA1
#define  EEPROM_WriteADDR  0xA0
bit ReadStrI2C_24C04(unsigned int  address,unsigned char*s1,unsigned char n)
{
    unsigned char idata page,address_in_page,i;
    page=(unsigned char)(address>>8) & 0x01;    /*求取 AT24C04 子地址的第 9 位*/
    page=page<<1;
    address_in_page=(unsigned char)(address);   /*求取 AT24C04 的子地址的低 8 位*/
    I2CStart();                                  /*发送启动信号*/
    I2CSendByte(EEPROM_WriteADDR|page);         /*发送器件写寻址方式字节*/
    if (!RecACK()) return (0);
    I2CSendByte(address_in_page);               /*发送器件低 8 位地址*/
    if (!RecACK()) return (0);
    I2CStart();                                  /*发送启动信号*/
    I2CSendByte(EEPROM_ReadADDR|page);          /*发送器件读寻址方式字节*/
    if (!RecACK()) return (0);
    for(i=0;i<n-1;i++)
    { *s=I2CReceiveByte();                      /*读取数据*/
      SendACK(0);                                /*发送应答信号*/
      s++;
    }
    *s=I2CReceiveByte();                        /*读取最后一个字节数据*/
    SendACK(1);                                  /*发送非应答信号*/
    I2CStop();                                   /*发送停止信号*/
    return (1);
}
```

8.2.2 SPI 总线

1. SPI 总线概述和串行通信协议

SPI(Serial Peripheral Interface,串行外设接口)总线是 Motorola 公司提出的一种高速、全双工、同步串行通信总线,主要应用在 E^2PROM、Flash、实时时钟、AD 转换器及数字信号处理器和数字信号解码器之间。SPI 总线以主从方式工作,有一个主设备和一个或多个从设备,双向传输至少需要 4 根线,单向传输时需要 3 根线。

(1) MOSI:主设备数据输出,从设备数据输入。

(2) MISO:从设备数据输出,主设备数据输入。

(3) SCK:时钟信号,由主设备产生。

(4) $\overline{CS}$:从设备片选信号,由主设备控制。只有片选信号有效时(一般为低电位),对此芯片的操作才有效。这就允许在 SPI 总线上连接多个 SPI 设备,如图 8-27 所示为 SPI 总线扩展的典型结构。

SPI 的串行通信协议是器件只有在接收到主机发出的命令、地址字节（可无）后，才可接收数据或向主机发送数据。要注意的是，SCK 信号线只由主设备控制，从设备不能控制。主设备通过对 SCK 时钟线的控制可以完成对通信的控制，当没有时钟跳变时，从设备不采集或传送数据。SPI 总线的输入/输出线分开，可同时进行数据传送，为全双工的通信方式。

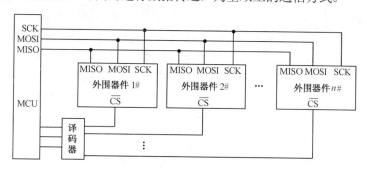

图 8-27　SPI 总线扩展示意图

不同的 SPI 设备，数据的改变和采集在时钟信号上升沿或下降沿有不同定义，将各种不同 SPI 接口片连到 MCU 的 SPI 总线时，应特别注意这些串行 I/O 芯片的输入/输出特性。

一般的 51 系列单片机没有 SPI 接口，这时可用软件来模拟 SPI 接口的操作时序，包括串行时钟、数据输入/输出。下面以 E^2PROM 芯片 CAT93C46 为例，说明 SPI 总线的接口及时序的虚拟技术。

2. SPI 总线接口 E^2PROM 芯片 CAT93C46

CAT93C46/56/57/66/86 是 1K/2K/4K/16K 位的串行 E^2PROM 存储器器件，它们可配置为 16 位或者 8 位的寄存器。每个寄存器都可通过 DI（或 DO 引脚）串行写入（或读出）。其引脚如图 8-28 所示，引脚信号说明如下。

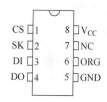

图 8-28　CAT93C46 引脚图

CS：片选输入，高电平有效。

SK：同步时钟输入线。

DI：串行输入线。指令、地址和写入的数据在时钟信号（SK）的上升沿时由 DI 引脚输入。

DO：串行输出线。

GND：地。

ORG：存储器结构选择，ORG 管脚接 V_{CC}/GND，每个寄存器为 16 位/8 位；

V_{CC}：电源。

NC：不连接。

CAT93C46 有 7 条 10 位的指令，由它们来控制对器件的读、写和擦除操作。CAT93C46 的所有操作都在单电源上进行，执行写操作时需要的高电压由芯片产生。DO 引脚将在时钟 SK 的下降沿进入高阻态（读取器件的数据或在写操作后查询器件的 READY/BUSY 工作状态的情况除外）。写操作开始后，可通过使 CS 为高电平，查询 DO 引脚来确定 READY/BUSY 状态：DO 为低电平时表示写操作还没有完成，而 DO 为高电平时则表示器件可以执行下一条指令。如果需要的话，可在 CS 有效时向 DI 引脚移入一个虚"1"使 DO 引脚重新回到高阻态。

发送到器件的所有指令的格式：一个高电平"1"的起始位，一个 2 位（或 4 位）的操作码，6 位（选择 16 位结构时）或 7 位地址域（当选择 8 位结构时），以及 16 位（选择 16 位结构时）或 8 位的数据域（选择 8 位结构时）。

(1) 读操作指令和时序

如图 8-29 所示，在时钟作用 SK 下，当从 DI 引脚接收到一个读命令"110"和 N 位地址后，CAT93C46 的 DO 引脚将退出高阻态，且在发送完一个初始的虚 0 位后，DO 引脚将开始移出寻址的数据（高位在前）。输出数据位在时钟信号（SK）的上升沿触发，经过一定的延迟时间后才能稳定（t_{PD0} 或 t_{PD1}）。在第一个数据字移位输出后且保持 CS 有效和时钟信号 SK 连续触发时，CAT93C46 将自动加 1 到下一地址，并且在连续读模式下移出下一个数据字。只要 CS 持续有效且 SK 连续触发，器件使地址不断增加直至到达器件的末地址，然后再返回到地址 0。在连续读模式下，只有第一个数据字在前面有虚拟 0 位。所有后续的数据字将没有虚拟 0 位。

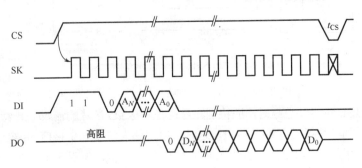

图 8-29　CAT93C46 读时序

从指定的 addr 单元取数的 C51 程序如下：

```
#define   READCode   0x06
#define   uchar   unsigned char
#include<reg51.h>
#include<stdio.h>
#include  <intrins.h>
sbit   CS=P2^0;
sbit   SK=P2^3;
sbit   DI=P2^2;
sbit   DO=P2^4;
uchar MicrowareRead(uchar addr)
{  unsigned char receivedata=0,  x,i;
 CS=1;
x= READCode ;    //发送读指令（3 位）、地址 addr（7 位）
  for(i=0;i<3;i++)   {   DI=(bit)(x&0x04);   x<<=1;
                  SK=0; _nop_();_nop_(); SK=1; _nop_();_nop_(); }
  for(i=0;i<7;i++)   {  DI=(bit)(addr&0x40);  addr<<=1;
                 SK=0; _nop_();_nop_(); SK=1; _nop_();_nop_(); }
                 SK=0; _nop_();_nop_(); SK=1; _nop_();_nop_();//发送一个读时钟
  for(i=0;i<8;i++)        //接收 8 位数据
              {  receivedata<<=1;   if(DO)receivedata++;
               SK=0; _nop_();_nop_(); SK=1; _nop_();_nop_();   }   //发送下一个读时钟
  CS=0;
  return receivedata;
}
```

(2) 擦除/写使能和禁止指令和时序

CAT93C46 在写禁止状态下上电。上电或写禁止指令"0000"后的所有写操作都必须在写使能指令"0011"之后才能启动。一旦写指令被使能,它将保持使能直到器件掉电或写禁止指令被发送。写禁止指令可用来禁止所有对 CAT93C46 的写入和擦除操作,将防止意外地对器件进行写入或擦除。无论写使能还是写禁止的状态,数据都可以照常从器件中读取。擦除/写使能和写禁止指令和时序如图 8-30 所示。

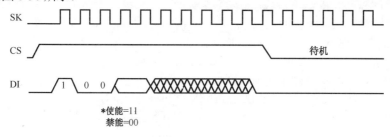

图 8-30 CAT93C46 擦除/写使能和写禁止时序

CAT93C46 写使能 C51 程序如下:

```c
#define EWENCodeH 0x04
#define EWENCodeL 0xC0        //写禁止为 0x00
void MicrowareEnable(void)
{   unsigned char x,i;
    CS=1;
    x=EWENCodeH ;       //发送写使能指令高 3 位 100
    for(i=0;i<8;i++)  {  DI=(bit)(x&0x80);   x<<=1;
                         SK=0; _nop_();_nop_(); SK=1; _nop_();_nop_(); }
    x= EWENCodeL ; //发送写使能指令低 2 位 11
    for(i=0;i<8;i++)  {  DI=(bit)(x&0x80);   x<<=1;
                         SK=0; _nop_();_nop_(); SK=1; _nop_();_nop_();}
    CS=0;
}
```

(3) 写操作指令(WRITE)和时序

如图 8-31 所示,在 DI 线上接收到写指令"01"、N 位地址和数据以后,通过拉低 CS 至少 250ns 将启动对指令指定的存储单元的自动时钟擦除和数据保存周期(典型值为 3ms),SK 时钟无效。CAT93C46 的 READY/BUSY 状态可通过 CS 有效和查询 DO 管脚来确定,为"1"表示写操作完成,为"0"表示写操作正在进行。

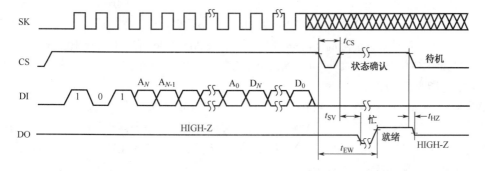

图 8-31 CAT93C46 写时序

写数据 Wdata 到指定的 addr 单元取数的 C51 程序如下：

```
#define WRITECode 0x05
void   MicrowareWrite(uchar addr,uchar Wdata)
{   MicrowareEnable();
    CS=1;
x= WRITECode ;        //发送读 3 位指令、7 位地址 addr、8 位数据 Wdata
    for(i=0;i<3;i++)  {  DI=(bit)(x&0x04);  x<<=1;
                         SK=0;_nop_();_nop_();SK=1;_nop_();_nop_(); }
    for(i=0;i<7;i++)  {  DI=(bit)(addr&0x40);  addr<<=1;
                         SK=0;_nop_();_nop_();SK=1;_nop_();_nop_(); }
    for(i=0;i<8;i++)  {  DI=(bit)( Wdata &0x80);   Wdata <<=1;
                         SK=0;_nop_();_nop_();SK=1;_nop_();_nop_(); }
    CS=0;  _nop_();_nop_();  _nop_();_nop_(); //拉低 CS，启动自动时钟擦除周期
    CS=1;  _nop_();_nop_();  _nop_();_nop_();
    while(!DO);   //查询写是否完成，没有完成，则等待；
    CS=0;
}
```

（4）擦除指令和时序

如图 8-32 所示，CAT93C46 在 DI 线上接收到擦除指令 "11" 和 N 位地址后，拉低 CS，CS 为低电平的时间必须大于 t_{CSMIN}。在 CS 的下降沿时，器件启动对所选择的存储单元的自动时钟清除周期，SK 时钟无效。CAT93C46 的 READY/BUSY 状态可通过 CS 有效和查询 DO 引脚来确定。一旦清除，已清除单元的内容返回到逻辑 "1" 状态。

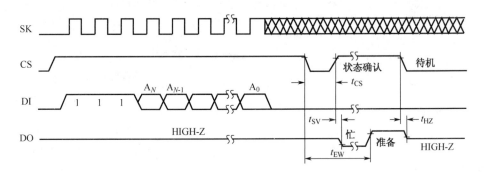

图 8-32 CAT93C46 擦除时序

（5）全擦除指令和时序

如图 8-33 所示，在 DI 接收到全擦除指令 "0010xxxx" 时，CS 为 "0" 时间至少保持 250ns，器件将启动对整片自动时钟清除周期，SK 时钟无效。CAT93C46 的 READY/BUSY 状态可通过 CS 有效和查询 DO 引脚来确定。一旦清除，整个存储器内容返回到逻辑 "1" 状态。

（6）全写指令和时序

如图 8-34 所示，在 DI 线上接收到全写 "0001xxxx" 指令和特定数据时，CS 为 "0" 时间至少保持 250ns。在 CS 的下降沿，器件将启动自动时钟周期，把整个存储器都填充指定数据，SK 时钟无效。CAT93C46 的 READY/BUSY 状态可通过选择器件和查询 DO 引脚来确定，没有必要在全写指令执行之前先擦除所有存储器。

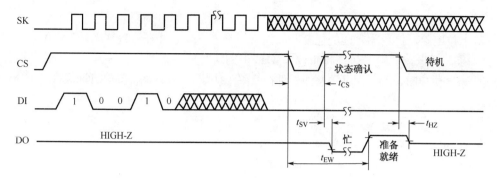

图 8-33　CAT93C46 全擦除时序

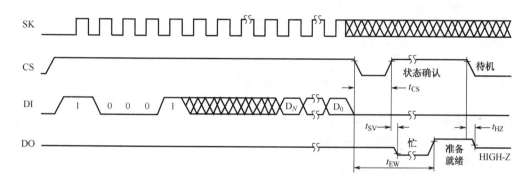

图 8-34　CAT93C46 全写时序

8.2.3　1-Wire 单总线

1. 1-Wire 单总线的特性

单总线（1-Wire）是 Dallas 公司推出的外围串行扩展总线，它采用单根信号线，既传输时钟又传输数据，而且数据传输是双向的。单总线具有线路简单、I/O 口资源节省、成本低廉、便于总线扩展和维护等诸多优点。除此之外，还具有两个显著的特点。

（1）通过一根信号线进行地址信息、控制信息和数据信息的传送，并通过该信号线为单总线器件提供电源。当数据线电平为高时，给器件内的电容充电，为低时，电容上的电压给器件供电，称为"总线窃电"技术，如 DS18B20，采用总线窃电时 V_{DD} 接地。

（2）每个单总线芯片具有全球唯一的访问序列号，当多个单总线器件挂在同一单总线上时，对所有单总线芯片的访问都通过序列号区分。

图 8-35 所示为 1-Wire 单总线多节点系统图。单总线适用于单主机系统，能够控制一个或多个从机设备。单总线系统主机可以是单片机，从机是单总线器件，它们之间的数据交换只通过一条信号线。单总线器件内一般都具有控制、收/发、存储等电路。当只有一个单总线器件时，系统可按单节点体系操作；当有多个单总线器件时，系统则按多节点系统操作。

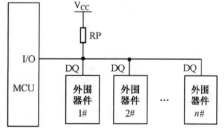

图 8-35　1-Wire 单总线多节点系统图

图 8-36 所示为 1-Wire 单总线接口器件内部结构示意图，图中从机或主机的发送端内部通过一个漏极开路 MOS 管或三态门端口连接至单总线，这样的结构可允许设备在不发送数据时释放

总线,以便总线被其他设备使用。为了保证单总线在闲置状态时为高电平,总线上必须外接一个 4.7kΩ 的上拉电阻。位传输之间的恢复时间没有限制,只要总线在恢复期间处于空闲状态——高电平。如果总线保持低电平(≥480μs),总线上的所有器件将被复位。另外在单总线器件"总线窃电"方式供电时,为了保证单总线器件在某些工作状态下(如温度转换期间、E^2PROM 写入等)具有足够的电源电流,必须在总线上提供强上拉。

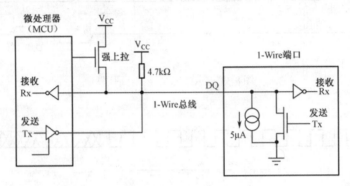

图 8-36 1-Wire 单总线器件接口内部结构示意图

2. 1-Wire 单总线的串行通信协议

Dallas 公司为 1-Wire 单总线的寻址及数据传送提供了严格的时序规范,以保证数据传输的完整性。主机和从机的通信协议必须通过三步完成:初始化 1-Wire 器件,识别 1-Wire 器件(主机发 ROM 命令),交换数据(主机发功能命令和数据传送命令)。如果出现序列混乱,1-Wire 器件将不响应主机命令(搜索 ROM 命令、报警搜索命令除外,但在执行这两条命令之后,主机不能执行其后的功能命令,必须返回至初始化)。

目前,Dallas 公司采用单总线技术生产的芯片包括数字温度传感器(DS18B20)、A/D 转换器(如 DS2450)、身份识别器(如 DS1990A 信息按钮)、单总线控制器(如 DS1WM)等。下面以美国 Dallas 公司生产的 1-Wire 智能温度传感器 DS18B20 为例来进行介绍。

(1)初始化时序

初始化时序包括主机发出的复位脉冲和从机发出的应答脉冲。

主机:首先由主机 Tx 引脚拉低总线,产生复位脉冲(低电平,≥480μs);然后释放总线,由上拉电阻置高电平,由 Rx 引脚接收应答脉冲。

从机:单总线器件检测到总线上"0"到"1"的上升沿后,延时 15~60μs,通过拉低总线 60~240μs 来产生应答脉冲。初始化时序如图 8-37 所示。

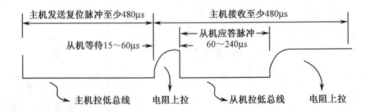

图 8-37 1-Wire 单总线初始化时序图

从时序图可看出,1-Wire 单总线操作对时序要求严格,在实际编程时需要做较精确的延时。例如,在 DS18B20 与单片机接口中,若单片机主频为 12MHz,则机器周期为 1μs,使用"while (--delay);"语句时,循环体耗时 delay×2μs(delay 初始值不能为 0)。

主机发出复位脉冲和接收复位响应的 C51 程序如下：

```c
void Sendreset_ds18b20(void)
{   unsigned char delay=250;
    ds18b20_io=1;
    ds18b20_io=0;
    while (--delay);                //延时 500μs
    ds18b20_io=1;
    delay=15;
    while (--delay);                //延时 30μs
}
void ack_ds18b20(void)
{   unsigned char  delay=15;
    while(ds18b20_io);
    while(!ds18b20_io);
    while (--delay);                //延时 30μs
}
```

（2）发 ROM 命令

主机接收到从机的应答脉冲后，说明有单总线器件在线且准备就绪，然后主机就可以开始对从机发 ROM 命令和功能命令操作。通过 ROM 命令，主机能在多个单总线设备中指定某个设备，还能够检测到总线上有多少个从机设备以及其设备类型或者有没有设备处于报警状态。

单总线器件 ROM 命令的最小配置为只有读 ROM 和搜 ROM 命令，如 DS199A，若单总线器件收到一个其所不支持的 ROM 命令时，将保持沉默，这样就允许在单总线上挂不同的器件。以 DS18B20 为例，共有 5 条 ROM 命令，这些命令与每个单总线器件唯一的 64 位 ROM 代码相关，见表 8-8。

表 8-8 DS18B20 的 ROM 命令

指　令	说　明
读 ROM（33H）	用于单节点系统，允许主机直接读出从机的 64 位序列号而无须搜索
匹配 ROM（55H）	后跟 64 位序列号，在多节点系统中对某个指定的从机设备进行操作
跳过 ROM（CCH）	主机能够同时对总线上的所有从机设备进行同一种操作，读操作仅适用于单节点系统
搜 ROM（F0H）	通过重复执行搜索 ROM 循环，识别总线上各器件的编码，为操作各器件做好准备
报警搜索（ECH）	仅温度越限的器件对此命令做出响应

读 ROM 指令[33H]：此命令允许主机读取单总线器件的 8 位家族码、唯一的 48 位序列码和 8 位 CRC 校验码。此命令仅在总线上只有一个单总线器件时可以使用。若总线上的单总线器件超过一个，各器件同时发送数据时将会引发数据冲突（开漏输出将产生"线与"的结果），所得到的家族码和 48 位序列号将导致不匹配的 CRC。

搜 ROM 指令[F0H]：当一个系统启动初始化时，总线主机可能并不知道有哪些器件挂接在 1-Wire 总线上或不知道它们的注册号。利用总线的"线与"特点，总线主机采用排除法可以识别总线上所有单总线器件的注册号，获取注册号的每一位。从最低有效位开始，总线主机每一位都需要经过三个时隙。第一个时隙，每个参与搜索的单总线器件发送一位其注册号的真实码；第二个时隙，每个参与搜索的单总线器件发送该位注册号的反码；第三个时隙，主机写其选择位的真实码，与主机写入位不同的所有从机器件停止参与搜索操作。如果在前两个时隙中读取位为 0，主机可以获悉现有的从机器件存在两种位状态（1 和 0）。主机选择写入位后，ROM 码"树"出现"分枝"。完成一次 64 位重复测试操作流程，总线主机可以获得一个器件的注册号。

所有的单总线命令序列（ROM 命令，功能命令）都是以位为单位，由写"0/1"的时序信号组成的，以低位在前进行发送。每一个写时序至少需要 60μs，连续的两个独立的时序之间至少需要 1μs 的恢复时间（T_{rec}）。在这些写时序中，初态都由主机拉低总线 1μs，然后若写"1"，则主机释放总线，由上拉电阻将总线拉至高电平，逻辑"1"被写入从机器件；反之，主机保持低电平，则逻辑"0"被写入从机器件，如图 8-38 所示。

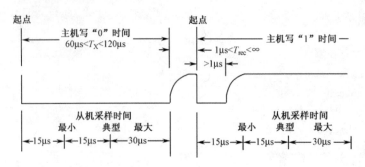

图 8-38　1-Wire 单总线的写时序

发送 1 个字节的 C51 程序如下：

```
void write_ds18b20(unsigned char data)
{ unsigned char i=0, delay=30;
  for(i=0;i<8;i++)
    { ds18b20_io=0;                  //启动写时序开始，延时 2μs
      _nop_();
      _nop_();
      If  (data&0x01)                //先发送低位
        { ds18b20_io=1;              //发"1"状态
          while (--delay);           //延时 60μs
        }
      else                           //发"0"状态
        { ds18b20_io=0;
          while (--delay);           //延时 60μs
          ds18b20_io=1;              //释放总线
          _nop_();                   //恢复时间，延时 2μs
          _nop_();
        }
      data>>=1;
    }
}
```

（3）发功能命令（以 DS18B20 为例）

在主机发出 ROM 命令以确定所访问的单总线器件（如 DS18B20）后，接着就可以发出对相应器件某个功能的操作命令。这些命令允许主机对器件内部的暂存器进行读/写操作、启动某种操作以及判断从机的供电方式。DS1990A 内部仅有 64 位 ROM 识别码，没其他的存储空间，所以也没有功能命令，直接可以读 64 位 ROM。DS18B20 的功能操作命令见表 8-9。

当主机向单总线器件发出读数据命令后，必须马上产生读时序，即拉低总线 1μs 后释放总线，以便单总线器件向主机发送数据。若发送"1"，则总线继续保持高电平；若发送"0"，则拉低总线,在该时序结束后释放总线,由上拉电阻将总线置为"1"状态。单总线器件发出的数据在起始时序之后,保持有效时间 15μs,因此主机需在 15μs 内采样总线状态,以便接收单总线器件发送来的数据,如图 8-39 所示。

表 8-9 DS18B20 功能控制命令

指 令	说 明
温度转换(44H)	启动在线 DS18B20 作温度 A/D 转换
读数据(BEH)	DS18B20 传送 9B 到主机,包括暂存器的全部内容和 CRC 值
写数据(4EH)	主机传送 TH、TL 和配置字节到 DS18B20 高速暂存器的第 3、4 和第 5 字节中
复制(48H)	将暂存器中的 TH、TL 和配置字节复制到 E^2PROM 中
读 E^2PROM(88H)	将 TH、TL 和配置字节从 E^2PROM 回读至暂存器中
读电源供电方式(B4H)	了解 DS18B20 的供电方式

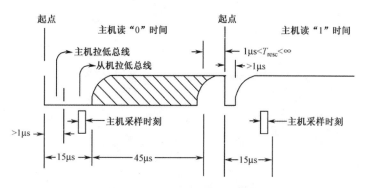

图 8-39 1-Wire 单总线的读时序

接收 1 个字节的 C51 程序如下:

```
unsigned char read_ds18b20(void)
{
    unsigned char   data=0; delay=8;
    unsigned char   i=0;
    for(i=0;i<8;i++)
      {
        data>>=1;
        ds18b20_io=0;              //启动读开始
        _nop_();                   //延时 1μs
        ds18b20_io=1;              //释放总线
        while (--delay);           //延时 16μs
        if(ds18b20_io)    data|=0x80;
        delay=30;
        while (--delay);           //延时 60μs
      }
    return(data);
}
```

3. DS18B20 的接口技术

DS18B20 是美国 Dallas 半导体公司继 DS1820 之后最新推出的一种改进型智能温度传感器。

与传统的热敏电阻相比,它能够直接读出被测温度并且可根据实际要求通过简单的编程实现 9～12 位的数字值读数方式,可以分别在 93.75ms 和 750ms 内完成 9 位和 12 位的数字量转换。采用单总线与主机相连,总线本身可以向所挂接的 DS18B20 供电,而无须额外电源。因而使用 DS18B20 来设计测温系统,可使系统结构更趋简单,可靠性更高,给硬件设计工作带来了极大的方便,能有效地降低成本,缩短开发周期。同时,它在测温精度、转换时间、传输距离、分辨率等方面更方便了用户,带来了更令人满意的效果。

(1) DS18B20 的内部结构

DS18B20 采用 3 脚 PR35 或 8 脚 SOIC 封装,其内部结构如图 8-40 所示,可分为以下几个部分:

① 存放 DS18B20 序列号的 64 位 ROM:低 8 位是 DS18B20 产品类型编号 10H,中间 48 位是每个器件唯一的序号,这也是多个 DS18B20 可以采用一线进行通信的原因。高 8 位是前 56 位的 CRC 校验码,其结构如下:

8 位检验 CRC	48 位序列号	8 位工厂代码(10H)

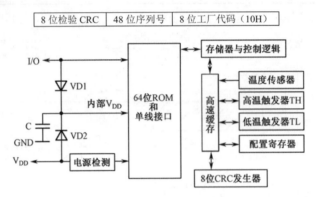

图 8-40 DS18B20 的内部结构图

② 高速暂存存储器:DS18B20 温度传感器的内部存储器包括一个高速暂存 RAM 和一个非易失性的可电擦除的 E^2PROM。后者用于存储温度报警的上限 T_H、下限 T_L 和配置字节。数据先写入 RAM,经校验后再传给 E^2PROM。高速暂存 RAM 占 9 个字节,包括温度寄存器(第 1、2 字节)、温度上下限 T_H 和 T_L 值(第 3、4 字节)、配置寄存器(第 5 字节)、第 9 字节(读出的是前面所有 8 个字节的 CRC 码,可用来保证通信正确),第 6、7、8 字节不用,表现为全逻辑 1。其配置如下:

温度低位	温度高位	T_H	T_L	配置	保留	保留	保留	8 位 CRC

当 DS18B20 接收到温度转换命令后,开始启动转换。转换完成后的温度值就以 16 位带符号扩展的二进制补码形式存储在高速暂存 RAM 的第 1～2 字节。可通过发读数据的功能命令取到该数据,读取时低位在前,高位在后,数据格式以 0.0625℃/LSB 形式表示。温度寄存器的格式如下:

2^3	2^2	2^1	2^0	2^{-1}	2^{-2}	2^{-3}	2^{-4}
MSB							LSB
S	S	S	S	S	2^6	2^5	2^4
MSB							LSB

对应的温度计算:当符号位 S=0 时,直接将二进制位按权展开,即得温度的十进制值;当 S=1 时,由补码求得原码,再计算十进制值。如读取的数据为 0008H,则对应的温度为 0.5℃;如读取的数据为 FFF8H,则对应的温度为–0.5℃。DS18B20 完成温度转换后,就把测得的温度值与 T_H、T_L 比较,若 $T>T_H$ 或 $T<T_L$,则将该器件内的告警标志置位,并对主机发出的告警搜索命令做出响应。因此,可用多只 DS18B20 同时测量温度并进行告警搜索。

③ 上、下限报警寄存器为 T_H、T_L：通过软件对 T_H 和 T_L 操作，可设定用户报警的上下限。T_H 设定上限值，T_L 设定下限值，其格式如下：

S	2^6	2^5	2^4	2^3	2^2	2^1	2^0
MSB							LSB

④ 配置寄存器：用于设定温度 A/D 转换的分辨率，为高速暂存器中的第 5 个字节。各位的定义如下：

TM	R1	R0	1	1	1	1	1

低 5 位都是 1。最高位 TM 是测试模式位，用于设置 DS18B20 在工作模式还是在测试模式，在出厂时该位被设置为 "0"，即工作模式，用户不要去改动。R1 和 R0 决定温度转换的精度位数，即设置分辨率，由表 8-10 可见，设定的分辨率越高，所需的温度数据转换时间就越长（出厂时被设置为 12 位）。因此，在实际应用中要在分辨率和转换时间权衡考虑。

表 8-10 R1 和 R0 模式表

R1	R0	分辨率	温度最大转换时间（ms）
0	0	9 位	93.75（tconv/8）
0	1	10 位	187.5（tconv/4）
1	0	11 位	375.00（tconv/2）
1	1	12 位	750.00（tconv）

⑤ 循环冗余校验码 CRC：在 64 位 ROM 的最高有效字节中存储有循环冗余校验码（CRC）。主机根据 ROM 的前 56 位来计算 CRC 值，并和存入 DS18B20 中的 CRC 值比较，以判断主机收到的 ROM 数据是否正确。

（2）DS18B20 与单片机的典型接口设计

以 DS18B20 为温度传感器，AT89C2051 为控制核心组成的单点温度检测系统的电路如图 8-41 所示。DS18B20 的供电方式为外部电源，其 I/O 数据线加一个上拉电阻 4.7kΩ，并与 P1.0 相连。测得的温度值最终显示在串口扩展的 LED 显示器上。

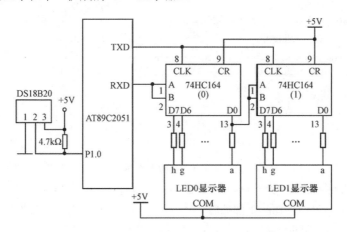

图 8-41 DS18B20 与单片机构成的温度检测线路图

温度检测程序如下：

```
unsigned char code table[10]={0x03,0x9f,0x25,0x0d,0x99,0x49,0x41,0x1f,0x01,0x09};//共阳极 LED 表
unsigned char temperature_low, temperature_high;
void convert_ds18b20(void)              //启动 DS18B20 温度转换
{
    reset_ds18b20();                    //发初始化命令
    ack_ds18b20();                      //等待响应脉冲
    write_ds18b20(0xCC);                //发跳过 ROM 命令
```

```c
            write_ds18b20(0x44);                    //发启动 DS18B20 温度转换功能命令
}
void read_temperature(void)                         //读 DS18B20 的温度值
{   unsigned char    delay=250;
    reset_ds18b20();                                //发初始化命令
    ack_ds18b20();                                  //等待响应脉冲
    while(--delay);                                 //延时 1ms
    delay=250;
    while(--delay);
    write_ds18b20(0xcc);                            //发跳过 ROM 命令
    write_ds18b20(0xbe);                            //发读 DS18B20 温度值功能命令
    temperature_low=read_ds18b20();                 //读温度的低位字节
    temperature_high=read_ds18b20();                //读温度的高位字节
}
void disp(char x,char y)                            //利用串行口扩展的 LED 显示温度值
{   SBUF=table[x];                                  //将数据发送串行口
    while(!_testbit_(TI));                          //等待发送结束
    SBUF=table[y];                                  //将数据发送串行口
    while(!_testbit_(TI));                          //等待发送结束
}
void main()
{   unsigned char t,x,y,delay=250;
    unsigned int i;
    SCON=0x00;                                      //设置串行口工作于方式 0
    while(1)
    {   convert_ds18b20();                          //启动温度采集
        for(i=0;i<750;i++,delay=250) while(--delay);//延时 750ms，等待温度转换完成
        read_temperature();                         //读取温度字节
        t= (temperature_low>>4)|(temperature_high<<4)
        x=t%10;
        y=t/10;
        disp(x,y);                                  //显示温度值
    }
}
```

因其为单节点系统，故可选用跳过 ROM 的 ROM 命令，不再需要获取单总线器件的序列号。若需测试多点温度，则只需将多个 DS18B20 的数据端互连，启动温度采集时，仍然发跳过 ROM 的 ROM 命令，使所有的 DS18B20 都被启动，但读各点的温度值时，必须发匹配 ROM 的 ROM 命令，以读到各测试点不同的温度值，并且不发生总线冲突。上述程序虽然是针对 DS18B20 所写的，但适用于所有的单总线器件。

习题 8

1. 如何构造 AT89S51 扩展的系统总线？
2. 在 AT89S51 单片机系统中，外接程序存储器和数据存储器共用 16 位地址线和 8 位数据线，为什么不会发生冲突？
3. 请设计一个 AT89S51 应用系统硬件逻辑图，使该系统扩展一片程序存储器 27256、一片

6264 RAM 数据存储器、一片 8255、一片 8251，并分别写出这些器件的地址。

4. 一个 AT89S51 应用系统扩展了一片 2764 程序存储器和一片 8255，晶振为 12MHz，具有人工复位、上电自动复位功能。请画出该系统逻辑图，并说明各个器件地址。

5. 在一个 AT89S51 应用系统中，接有一片 8255（地址为 0BFFCH~0BFFFH）和 2KB RAM（称为工作 RAM，地址为 7800H~7FFFH），再通过 8255 接 16KB 的后备 RAM 存储器。试画出这个系统的逻辑框图，并说明 8051 对后备 RAM 的读/写原理。

6. 有一个 AT89S51 学习机，它用一片 EPROM 2732 存放监控核心程序（地址为 0000H~0FFFH），用一片 E^2PROM 2817 作为可由用户在线改写的用户程序存储器（地址为 1000H~1FFFH）。试画出该系统的程序存储器框图。

7. 一个 AT89S51 应用系统扩展了一片 8255，晶振为 12MHz，具有上电自动复位功能，P2.7~P2.1 作为 I/O 口线使用。试画出该系统的逻辑图，并编写一个初始化程序，使 PA 口、PB 口作为无选通的输出口，PC 口作为输入口。

8. I^2C 总线有哪些特点？试阐述 I^2C 总线的数据传送时序。

9. SPI、1-Wire 单总线各有哪些特点？它们的串行通信协议是什么？

10. 请编写程序将 P0 口所接的八个开关状态读入，存放在 AT24C02 地址 50H 中，后将 AT24C02 地址 50H 中的内容读出，送 P1 口所驱动的 LED 发光管显示。

第 9 章 单片机与外设接口技术

在单片机应用系统中，键盘、显示、过程通道是最常用的接口。键盘能实现数据录入、命令传送等功能，是人工干预计算机的主要手段。显示器用于显示控制的过程或结果。过程通道实现模数转换、信号调理与匹配。本章主要介绍键盘的工作原理及按键的识别过程与识别方法，LED 显示器工作原理及编码，LCD 点阵液晶显示器，A/D 和 D/A 工作原理及它们与单片机的接口技术和编程方法，红外遥控技术等内容。

9.1 键盘接口技术

9.1.1 键盘的基本工作原理

键盘实际上是一组开关的集合：当键按下时，两根导线接通；释放时，两根导线不通。常用键盘电路有两种：独立式键盘和矩阵式键盘。

1. 独立式键盘的原理

最简单的键盘为独立式键盘电路，如图 9-1 所示。每个键对应 P1.0～P1.7 的一位，没有键闭合时，通过上拉电阻（单片机内部有上拉电阻，外部可省略）使 P1 口处于高电位。当有一个键按下时，就使 P1.x 接地成为低电位，因此，CPU 只要检测到 P1.x 为 "0"，便可以判别出对应键已按下。

但是，用图 9-1 的结构来设计键盘有一个很大的缺点，就是当键较多时，引线太多，占用的 I/O 端口也太多。例如，一个有 64 键的键盘，采用这种方法来设计时，就需要 64 根连线和 8 个 8 位并行端口才能满足要求。所以，这种独立式键盘结构适用在系统仅有几个键的小键盘中。

2. 矩阵式键盘的原理

当按键较多时，应用系统通常使用的是如图 9-2 所示的矩阵式键盘结构，该矩阵键盘共有 4 行（X0～X3）4 列（Y0～Y3），16 个键，即需要 4 条位线、4 条列线，1 个 8 位 I/O 口便可实现键盘扫描。矩阵键盘工作时，按照行列线上的电平相等来识别闭合键。若图 9-2 中第 5 号键按下，则第 X1 行线和第 Y1 列线接通而形成通路，如果第 X1 行输出 "0" 电平，则由于键 5 的闭合，会使 Y1 列线也为 "0" 电平，而平时由于上拉电阻的存在 Y1 处于 "1" 电平。

3. 抖动和重键问题

在键盘设计时，除了对键码的识别外，还有两个问题需要解决：一个是抖动问题；另一个是重键问题。

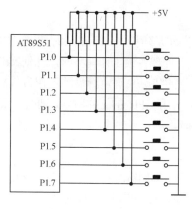
图 9-1 独立式键盘电路

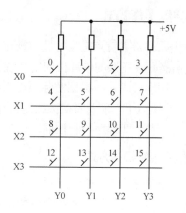
图 9-2 矩阵式键盘结构

（1）抖动

当用手按下一个键时，往往出现按键在闭合和断开位置之间来回跳动多次才能到闭合稳定状态的现象；在释放一个键时，也会出现类似的情况。这就是抖动，如图 9-3 所示。按下一个键时产生前沿抖动，释放一个键时产生后沿抖动。抖动的持续时间随键盘簧片的材料和操作员而异，通常在 5~10ms。显而易见，抖动问题不解决，就会引起对闭合键的多次识别。

去除抖动的方法有硬件电路法（如 RS 触发器）和软件延时法。软件延时法就是通过延迟来等待抖动消失，即延迟一段时间后，再读入键盘值，如图 9-4 所示。由于软件延时成本低，且实现简单，故在实际中常常被采用。

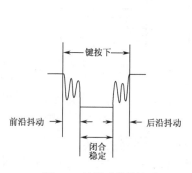
图 9-3 键抖动信号波形

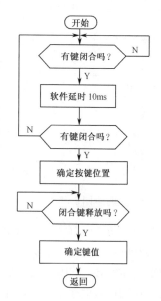
图 9-4 软件法去抖动流程框图

（2）重键

所谓重键就是指有两个或多个键同时闭合。对重键的处理方法一般采用两种方法：连锁法和巡回法。

用连锁法处理重键的原则是，在所有键释放后，只承认此后闭合的第一个键，对此键闭合时按下的其他键均不做识别，直到所有键释放以后，才读入一个键。

巡回法识别重键的思想是，等前面所识别的键被释放以后，再识别其他闭合键。巡回法比较适合于快速的键入操作。

9.1.2 键盘工作方式

键盘电路的最大特点是实时性,操作人员对键盘的操作是随机的,不论何时按键,CPU 都需响应键盘信息。在复杂的单片机应用系统中,CPU 在忙于处理各项工作任务时,如何实时响应键盘的输入、识别键码,应根据实际应用系统中 CPU 工作的状况来确定键盘的工作方式。选取的原则是既要保证 CPU 能及时响应按键操作,但又不过多占用 CPU 的工作时间。通常,键盘工作方式主要有三种,即程序控制扫描、定时扫描和中断扫描。

1. 程序控制扫描方式

键盘的扫描采取程序控制方式,仅在 CPU 空闲时,才调用键盘扫描子程序,并反复地扫描键盘,直到用户从键盘上输入命令或数据,而在执行键入命令或处理键入数据过程中,CPU 将不再响应键盘输入要求,直到 CPU 重新调用键盘扫描子程序为止。键盘扫描子程序流程如图 9-5 所示。键盘扫描子程序主要完成如下功能:

(1)判别有无键按下。如图 9-6 所示,PA 口输出全 0,读 PC 口状态,若 PC0~PC3 全为 1,则说明无键按下;若不全为 1,则说明有键按下。

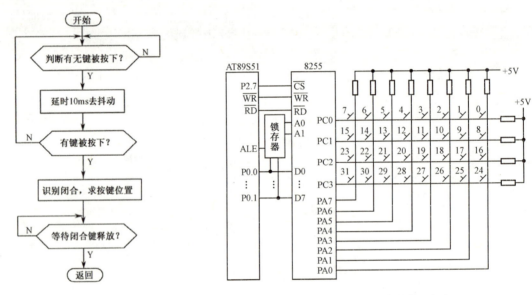

图 9-5 键盘扫描程序框图　　　　图 9-6 矩阵式键盘的接口电路

(2)延时去抖动:在判断有键按下后,软件延时 10ms,再判断键盘状态,如果仍为有键按下状态,则认为确实有一个键被按下,否则当做按键抖动处理,重新开始判键按下。

(3)识别矩阵键盘上的闭合键,求按键位置。单片机中通常采用行扫描法。行扫描法识别按键的思想为:在确认有键按下后,逐个置行线为"0"电位,检查各列线电平,如果某列线为低电位"0",则可确定此行此列交叉点处的键被按下,从而确定按键的键号,键号=行首键号+列号;若为全 1,则说明该行无键按下,继续扫描下一行。

(4)等待键释放。键闭合一次,仅进行一次按键的处理;释放之后,再进行按键功能的处理操作。

设 8255 控制口地址为 7F03H, PA 口地址为 7F00H, PC 口地址为 7F02H,键盘行扫描的C51 程序清单如下:

```
#include   <reg51.h>
#include   <absacc.h>
```

```c
#include    <intrins.h>
#define    P8255ct    0x7F03
#define    P8255A    0x7F00
#define    P8255C    0x7F02
delay()
  { unsigned  int  data  k;
    for (k=0;k<1000;k++);}                //延时去抖动
char    keyscan()
  { unsigned  char  data  i,y,row,col=0,x=0xfe,key;
      XBYTE[P8255ct]=0x81;                //写 8255 方式控制字，PA 口输出，PC 口输入
      XBYTE[P8255A]=0;                    //判是否有键按下，无键按下等待
      while ((XBYTE[P8255C]&0x0f)==0xf);
      delay();                            //有，则延时去抖动
      while ((XBYTE[P8255C]&0x0f)==0xf) return(0xff);//判是否有键按下，无键按下返回 FFH
      x=0xfe;
      for (i=0;i<8;i++)                   //逐行扫描，识别键
        { XBYTE[P8255A]=x;                //输出行扫描码
          y=XBYTE[P8255C];                //读列值
          if (~(y&1)){row=0;break;}       //若 PC0 行有键按下，首行号为 0
          else  if (~(y&2)){row=08;break;}//若 PC1 行有键按下，首行号为 8
          else  if (~(y&4)){row=16;break;}//若 PC2 行有键按下，首行号为 16
          else  if (~(y&8)){row=24;break;}//若 PC3 行有键按下，首行号为 24
          else  {x=_crol_(x,1);col++;}    //扫描下一行
        }
      key=row+col;
      XBYTE[P8255A]=0;                    //判键是否释放，没释放，则等待
      while ((XBYTE[P8255C]&0x0f) !=0xf);
      delay();                            //延时去抖动
      return (key);
  }
```

2. 定时扫描方式

定时扫描方式就是每隔一定时间对键盘扫描一次。例如，利用单片机内部的定时器产生定时中断（如 10ms），CPU 响应中断后对键盘进行扫描，并在有键被按下时，识别出该键，执行响应的键功能程序。

定时扫描方式的软件流程框图如图 9-7 所示。设置两个标志位 sign1 和 sign2，位于单片机内部 RAM 可位寻址区，sign1 为去除抖动标志位，sign2 为识别完按键的标志位。

初始时将这两个标志位均设置"0"。执行定时中断服务程序时，首先判别有无键闭合。如无键闭合，则将 sign1、sign2 置"0"返回；如有键闭合，则先检查 sign1 标志位：当 sign1=0 时，则说明还没有去抖动处理，此时置 sign1=1 并中断返回，由于定时中断返回后要经过 10ms 才会再次中断，相当于延时了 10ms，因此在程序中不需要再延时处理。

在下一次定时中断服务程序中，因为 sign1=1，再检查 sign2 标志位：如 sign2=0，则说明还没有进行按键的识别处理，这时置 sign2 为"1"并进行按键的识别处理和执行相应按键的功能子程序，最后定时中断返回；如果 sign2=1，则说明此次按键已做过识别处理，只是还没有释放按键，定时中断返回。当按键释放后，在下一次定时中断服务程序中，sign1、sign2 重又被置"0"，为下一次按键识别做准备。

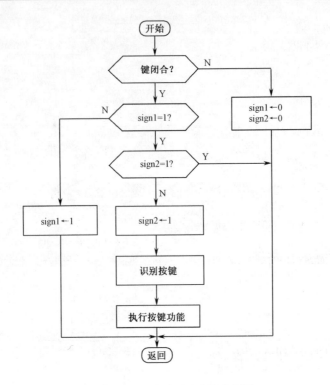

图 9-7　定时扫描方式中断程序框图

3. 中断扫描方式

键盘工作在程序控制扫描方式时，即使没有键被按下，CPU 也要不间断地扫描键盘，直到有键被按下为止。这种工作方式长期占用 CPU 时间，如果 CPU 要处理其他事情，则这种工作方式将不能适应。

在定时扫描方式中，只要定时时间到，则 CPU 就去扫描键盘，CPU 工作效率相比程序控制扫描方式有了一定的提高，但总体效率仍然不高。由此可见，程序控制扫描和定时扫描两种方式常使 CPU 处于空扫状态。

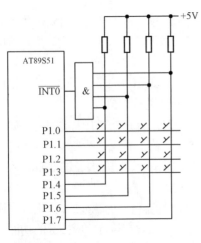

图 9-8　中断方式键盘接口

在中断扫描方式中，CPU 可一直处理其他事务，直到有键闭合时才发出中断申请，CPU 响应中断后，执行相应的键盘中断服务程序，对键盘进行处理。这样的工作过程，大大提高了 CPU 的工作效率。

图 9-8 为采用行扫描中断方式的键盘接口，该键盘直接由 AT89S51 的 P1 口构成 4×4 矩阵键盘。P1.0～P1.3 作为键盘的行扫描输出线，P1.4～P1.7 一方面作为键盘列输入线，另一方面，相"与"后接至 AT89S51 的外部 0 中断输入引脚 $\overline{INT0}$。初始化时，行线置为全 0，当有键被按下时，$\overline{INT0}$ 变为低电平，向 CPU 发出外部中断申请。若 CPU 开放外部中断，则 CPU 响应外部中断并执行相应的中断程序。必须注意，为了在中断服务中不因按键的识别而再引起中断，在中断程序中，首先应关闭中断，再进行键扫描、消抖动、识别按键等工作。

其键盘的具体处理方法类同"程序控制扫描方式"。

9.2 显示器接口技术

目前常用的显示器有 LED、LCD、CRT 等。CRT（Cathode Ray Tube）即阴极射线管，R（红）、G（绿）、B（蓝）是三基色信号，在高压作用下汇聚在屏幕上，显示出彩色图像，应用十分广泛。其特点是显示的图像色彩丰富，还原性好；缺点是亮度较低、操作复杂、辐射大、体积大，对安装环境要求较高，因而在单片机应用系统中很少采用。本节主要讲述 LED 和 LCD 显示器的接口技术。

9.2.1 LED 显示器

常用 LED 显示器有七段型数码管、点阵型数码管两种：七段型数码管主要用于显示 ASCII 码，显示信息量小；点阵型数码管除了可显示 ASCII 码外，还可显示各种图形、字符。数码管按驱动电流分，可分为普通亮度、高亮、超高亮等，是单片机产品中最常用的廉价输出设备。

1. 七段型 LED 数码管

常用的七段型 LED 数码管的结构如图 9-9 所示，由 8 个发光二极管组成，其中 7 个发光二极管 a～g 控制 7 个笔画（段）的亮或暗，另一个发光二极管控制一个小数点的亮或暗。阴极连在一起的称为共阴极显示器，阳极连在一起的称为共阳极显示器。这种笔画式的七段显示器能显示 0～9 数字和少量的字符，控制简单，使用方便，得到广泛应用。

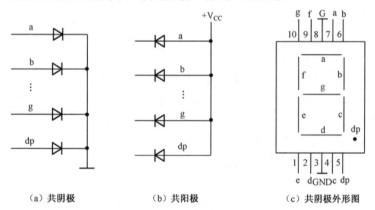

图 9-9　七段码 LED 显示器结构

七段 LED 显示器字形编码与硬件电路连接形式有关，如果段数据口的 D0～D7 分别与显示器的控制端 a～dp 相连，即 LED 字形码数据编码格式如下：

D7	D6	D5	D4	D3	D2	D1	D0
dp	g	f	e	d	c	b	a

假若要显示数字"3"，则共阴极 LED 字形编码为 4FH（dp、f、e 为 0，其余为 1），共阳极 LED 字形编码为 B0H（dp、f、e 为 1，其余为 0）。表 9-1 所示为数字及常用字形编码表。

如果段数据口低位到高位（D0～D7）分别与七段码 LED 显示器的 dp、g～a 相连，则数字"3"的字形码为 0F2H（共阴极）或 0DH（共阳极），七段 LED 字形码的格式如下：

D7	D6	D5	D4	D3	D2	D1	D0
a	b	c	d	e	f	g	dp

由此可见，字形编码与硬件电路的连接形式密切相关，请读者务必注意。

表 9-1 七段 LED 显示字形编码

显示字符	共阳极	共阴极	显示字符	共阳极	共阴极
0	C0H	3FH	C	C6H	39H
1	F9H	06H	D	A1H	5EH
2	A4H	5BH	E	86H	79H
3	B0H	4FH	F	8EH	71H
4	99H	66H	P	8CH	73H
5	92H	6DH	U	C1H	3EH
6	82H	7DH	R	CEH	31H
7	F8H	07H	Y	91H	6EH
8	80H	7FH	亮	00H	FFH
9	90H	6FH	灭	FFH	00H
A	88H	77H	H	89H	76H
B	83H	7CH	L	C7H	38H

在控制系统中，一般利用 n 块 LED 显示器件构成 n 位显示。n 位 LED 显示器件的工作方式有静态显示和动态显示两种。

① 静态显示方式：就是当显示器显示某一个字符时，相应的发光二极管恒定地导通或截止。这种显示方式要求每一个七段码 LED 显示器的控制端与一个并行接口相连，共阴极 LED 显示器的公共端接地，共阳极 LED 显示器的公共端接电源。

图 9-10 为采用 74LS595 和 74HC541 驱动两位共阳 LED 的静态显示电路。74LS595 内部含有 1 个通用的 8 位串行输入、并行输出移位寄存器，1 个带三态输出的八 D 触发器。时钟 SRCLK 的上升沿将 SER 端输入的串行数据通过内部的移位寄存器由 Q0 逐步移到 Q7，8 个脉冲后由 Q7 串行输出，Q7 为级联端，可接到下一片的 SER 端；RCLK 的上升沿将移位寄存器中的数据锁存到八 D 触发器，$\overline{G}$ 为 "0" 时，打开内部八 D 触发器输出三态门，允许输出，否则输出引脚 Q0~Q7 呈高阻态。采用 74LS595 锁存显示字符，只占用单片机三根 I/O 口线。如果需要驱动更多的 LED 时，只需级联多片 74LS595 即可。

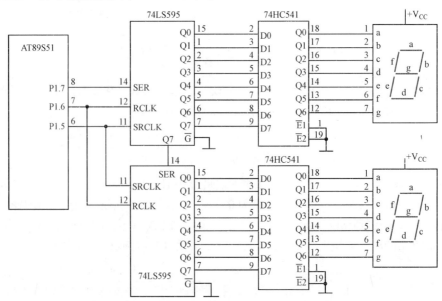

图 9-10 用 74LS595 实现的两位 LED 静态显示电路

下面的显示程序实现在 LED 上显示"19"。

```c
#include  <reg51.h>
#include  <intrins.h>
#define  uint  unsigned int
#define  uchar unsigned char
#define  nop()  _nop_();_nop_()
sbit  SRCLK=P1^5;
sbit  SER=P1^7;
sbit  RCLK=P1^6;
uchar code tab[]={0xc0,0xf9,0xa4,0xb0,0x99,0x92,0x82,0xf8,0x80,0x90};    //0～9 的段码
void sendbyte(uchar byte)           //串行输出段码到 74LS595
{   uchar num,c;
    num=tab[byte];
       for(c=0;c<8;c++)
           {  SRCLK=0;
             if (num&0x80)SER=1;
              else  SER=0;
             num=num<<1;
           SRCLK=1; }
}
void out595(void)     //发出 74LS595 的锁存允许信号，显示数据
    {  RCLK=0;
       nop();
       RCLK=1;
    }
void display(uchar word)   //分离十进制的两个数位，并逐个输出
    {
        uchar i,j;
        i=word/10;
        j=word%10;
        sendbyte(j);
        sendbyte(i);
        out595();
    }

main()
{……
display(19);
}
```

　　静态显示的优点是显示稳定、亮度大，仅仅在需要更新显示内容时 CPU 才执行一次显示更新子程序 display，这样大大节省了 CPU 的时间，提高了 CPU 的效率；缺点是 LED 位数较多时显示口随之增加，且功耗随 LED 位数增多而加大，LED 位数较多时则用动态显示方式。

　　② 动态显示方式：就是将所有 LED 显示器的控制端 a～dp 并联在一起，由一个 8 位 I/O 口控制，而每个 LED 的公共端 COM 则由其他的 I/O 口控制，用定时程序动态地轮流点亮各个 LED，扫描频率应小于人体视觉的暂留时间，当扫描频率达 50 次/秒时，显示将无闪烁感。显然，LED 显示器的亮度既与导通电流有关，也与 LED 显示器点亮时间和间隔时间的比例有关。通过导通

电流和时间比例参数，可实现较高亮度且稳定的显示。由于每次只点亮一个 LED，故功耗比静态小得多，尤其是位数增多，这一特点尤为明显。

图 9-11 给出了 8 位共阴极七段码 LED 显示器和 8255 的接口逻辑图。8255 的 PA 口输出位码，位码中只有 1 位为高电平，经反向驱动器（75452）接 LED 显示器共阴极，即 8 位显示器中仅有 1 位 LED 的共阴极为低电平，也就只能点亮 1 个 LED。PB 口输出段码（字形码），经同相驱动器（7407）接 LED 显示器的 a～dp 各段。在内部 RAM 中设置 8 个显示缓冲器单元分别存放 8 位显示器的显示数据。程序清单如下：

```
#include <reg51.h>
#include <absacc.h>
#define  P8255ct  0x7FFF
#define  P8255A   0x7FFC
#define  P8255B   0x7FFD
char  data  buff[]={1,2,3,4,5,6,7,8};
char  code  table[]={0x3F,0x06,0x5B,0x4F,0x66,0x6D,0x7D,0x07,0x7F,0x6F} //0～9 的段码
unsigned  char  data  i,j,x;
unsigned  int  data  k;
main()
{  XBYTE[P8255ct]=0x80;              //写 8255 方式控制字
   while (1)
   { i=1;                            //设置位码初值
     for  (j=0;j<8;j++)
     {  x=buff[j];                   //从显示缓冲器取显示字符
        XBYTE[P8255B]= table[x];     //查表，将显示字符转换为段码送到 PB 口
        XBYTE[P8255A]= i;            //从 PA 口输出点亮 1 位 LED 的位码
        i<<=1;                       //位码左移
        for  (k=0;k<5000;j++);       //延时程序
     }
   }
}
```

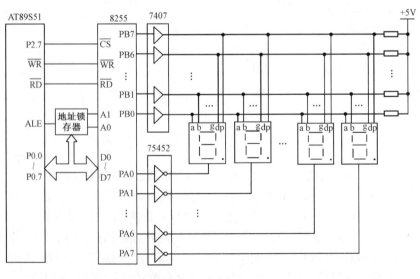

图 9-11 用 8255 实现的 8 位 LED 动态显示接口逻辑图

2. 点阵型 LED 显示器

点阵型 LED 显示器按同一列二极管的接法，也分为共阴极、共阳极。图 9-12 所示是一块共阳极的 8×8 点阵显示屏，由 64 个独立 LED 发光二极管封装而成，每行的 8 只发光二极管的阴极相连，每列的 8 只发光二极管的所有阳极相连。点阵屏为降低功耗，常采用动态显示，在同一时间只点亮一列，要让某列全点亮，只要将对应的列线置为高电平，行线输出为 00H。要使一个字符在显示器整屏显示，就必须通过扫描程序周期性、快速地点亮点阵 LED 各列。

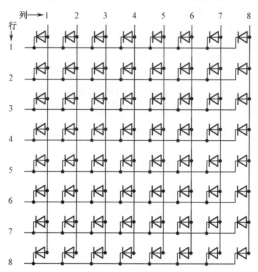

图 9-12　8×8 LED 共阳极点阵显示屏的结构

现以 16×16 点阵屏为例，阐述 LED 点阵显示汉字的原理（显示图形、字符的原理相同）。16×16 点阵屏是由 4 块 8×8 点阵屏，共 256 个像素组成。显示汉字时，先要生成所需显示的汉字点阵字模，形成一组汉字编码，送入数组，在程序中扫描输出显示，如下所示：

如图 9-13 所示为汉字"常"的 16×16 的点阵图，在笔画下落到的小方格填上"1"，无笔画处填上"0"，以行或列的 8 个点为一个字节，选取点阵码，一个 16×16 汉字字模占 32 字节。左侧为列扫描所取的点阵码，第一行为最低位；右侧为行扫描所取的点阵码，第 1 列为最低位，共 32 字节，用于行扫描的显示方式。

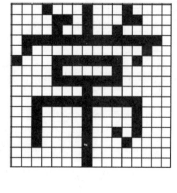

第1列	0x20	0x00
第2列	0x18	0x00
第3列	0x08	0x3E
第4列	0x09	0x02
第5列	0xEE	0x02
第6列	0xAA	0x02
第7列	0xA8	0x02
第8列	0xAF	0xFF
第9列	0xA8	0x02
第10列	0xA8	0x02
第11列	0xEC	0x12
第12列	0x0B	0x22
第13列	0x2A	0x1E
第14列	0x18	0x00
第15列	0x08	0x00
第16列	0x00	0x00

第1行	0x88	0x08
第2行	0xB0	0x18
第3行	0x90	0x04
第4行	0xFE	0x7F
第5行	0x02	0x20
第6行	0xF1	0x17
第7行	0x10	0x04
第8行	0xF0	0x07
第9行	0x80	0x00
第10行	0xFC	0x1F
第11行	0x84	0x10
第12行	0x84	0x10
第13行	0x84	0x14
第14行	0x84	0x08
第15行	0x80	0x00
第16行	0x80	0x00

图 9-13　汉字"常"的 16×16 的点阵图

图 9-14 为 16×16 共阳极 LED 点阵显示屏与 AT89S51 单片机的接口线路图,P1.4 串行输出列扫描的点阵码,由两片 74LS595 实现串/并转换,经 74LS244 驱动后与点阵 LED 的行(阴极)相连,"0"电平有效;P1.5 与 $\overline{SRCLR}$ 相连,低电平使 74LS595 内部移位寄存器清零。AT89S51 的 P1.0~P1.3 输出列扫描信号,列扫描信号经 74LS154(4-16 译码器)译码后产生 16 个输出信号 Y0~Y15,驱动 Q0~Q15 共 16 个 PNP 大功率管 TIP127。TIP127 的发射极与电源相连,集电极与点阵 LED 的列扫描线相连,作为点阵 LED 的阳极驱动。当 74LS154 输出低电平时,仅需要提供几毫安的灌入电流,即可使 TIP127 导通,实现某一列的选中,可提供 2A 左右的电流。

通常,LED 点阵显示方式按字模的移动的方式主要包括按行平移、按列平移和按对角线移动三种。其他的移动形式都可以在这三种运动的基础上改造而成。下面以按列向左平移为例介绍字模移动的控制思想。

字模显示的控制可以分为移动和刷新的控制。由于点阵屏按列进行动态显示,每次只能显示一列,一屏内容的显示是靠列的移动显示实现的;同时为了保证所显示的内容不出现闪烁,还需要对屏幕显示的内容进行多次刷新。可以预先保存好本屏显示字模的首地址,当完成一次刷屏操作后,恢复显示字模的首地址,重复按列输出字模的操作即可实现刷屏。

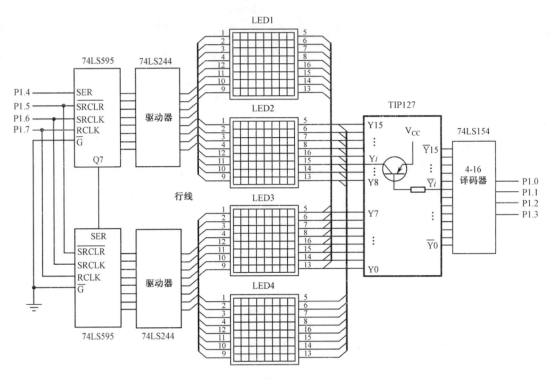

图 9-14 基于 AT89S51 的 16×16 的 LED 点阵屏行列驱动线路图

所谓的字模平移其实质就是相邻的两屏显示内容在位置上平行移动了一列,而原先处于显示边缘的显示内容(第 1 列)则被移出显示屏。只需控制读取字模的地址指针,在完成一屏的显示后,将地址指针后移一列,在点阵屏上显示的便是第一个字的后 15 列和第二个字的第 1 列,这样在视觉上就实现了显示内容向左平移了一列。据此原理稍加修改就可以实现任意形式的平移。按列向左平移显示汉字的具体程序如下:

```
#include <reg52.h>
#include <absacc.h>
#define nop()  _nop_();_nop_()
```

```c
sbit  SER=P1^4;
sbit  SCLR=P1^5;
sbit  SCLK=P1^6;
sbit  RCLK=P1^7;
char  code huan[]={0x00,0x20,0x00,0x18,0x3E,0x08,0x02,0x09, //"常"的列扫描点阵字模
                   0x02,0xEE,0x02,0xAA,0x02,0xA8,0xFF,0xAF,
                   0x02,0xA8,0x02,0xA8,0x12,0xEC,0x22,0x0B,
                   0x1E,0x2A,0x00,0x18,0x00,0x08,0x00,0x00,
                   ……0xff,0xff}     //其他汉字字模和结束符
void  send (uchar  num )            //串行输出段码到74LS595
{   char  c;
        for(c=0;c<8;c++)
            {  SCLK=0;
          if (num&0x80)SER=1;
             else   SER=0;
            num=num<<1;
           SCLK=1; }
        }
void out595(void)                   //发出74LS595的锁存允许信号，显示数据
         {  RCLK=0;
           nop();
           RCLK=1;
           }
void main()
  {char J,k;
    char *p1=huan,*p2
    unsigned   int m;
    while(1)
    {P1=0xF0;
    for (k=0;k<48;k++)               //控制刷屏次数
      { p2=p1;
         for(J=0;J<16;J++)
         { P1|=J;                    //P1.0~P1.3输出列选通信号
           if (*p2==0xff)&&(*(p2+1)==0xff) {p1= huan;p2=p1;}//取到结束符，则重新开始
            send(~(*p2));            //显示第J列
            p2++;
            send(~(*p2));
            p2++;
            out595();
            for(m=0;m<300;m++); //第J列的显示时间
            send(0xff);              //第J列消隐
            send(0xff);
            out595();
          }
      }
      p1=p1+2;                       //一屏显示完，字模指针右移一列，继续显示
    }
}
```

英文字符的显示比汉字简单，因为一个英文字符通常为汉字的一半大小，即若汉字为 16×16 的点阵，则英文字符为 8×16 点阵，占 16 字节。其他显示原理则与汉字显示方式相同。

3. LED 显示器的驱动

LED 每一段发光二极管通过的平均电流为 10～20mA。这么大的电流无法通过一般的并行 I/O 接口线直接驱动，故 LED 的接口电路都必须外加驱动器，这时驱动器的驱动能力就显得尤为重要。若驱动器的驱动能力不足，则会因电流太小，导致 LED 的亮度不够；反之，电流太大，LED 则会因长期超负荷导致损坏，降低寿命。

LED 的驱动方式还与显示方式有关。静态显示时，点亮的二极管通过恒定的电流，因公共端接地或电源，故只需考虑段的驱动，此时驱动器的驱动能力与 LED 显示器的工作电流相匹配即可。动态显示时，以脉冲电流的方式不断刷新点亮每一个 LED，LED 显示亮度与峰值电流和电流脉冲的占空比有关。理论分析表明，在同样的亮度下，动态显示方式段的驱动能力为静态显示方式的 n 倍，n 为显示位数，而位的驱动能力等于各段的驱动能力之和。

简单的驱动电路可利用三极管的放大作用构成，但当位数较多时，驱动电路过于复杂，可利用小规模集成电路构成。如图 9-11 中，用 7407 和 75452 分别作为段和位的驱动。7407 为六同相高电压 OC 驱动门，其输出端所加的最大电压为 15～30V；当其输出低电平时，可承受的最大灌电流为 30～40mA。75452 为二双输入与非门，最大的驱动电流为 300mA。常见的驱动器 ULN2003 内部含有 7 个达林顿管，集电极最大的驱动电流可达 500mA，耐压为 30V，都能用来驱动 LED。

9.2.2 LCD 点阵液晶显示器及其接口

LCD（Liquid Crystal Display）即液晶显示器，通过液晶和彩色过滤器过滤光源，在平面面板上产生图像，是一种被动发光器件，在黑暗的环境下必须加入背光才能清晰显示。LCD 分为字段、字符和点阵三种类型，其中字段型 LCD 只能显示 ASCII 字符，字符式 LCD 可显示 ASCII 字符和少量自定义的字符，显示效果比字段型好；而点阵式 LCD 不仅可以显示字符、数字，还可显示各种图形、曲线及汉字，应用十分广泛。但 LCD 点阵式显示器引线较多，用户使用极不方便，所以制造商将点阵液晶显示器和驱动器做在一块板上成套出售，这种产品称为液晶显示模块（LCM）。

在液晶显示模块上，线路板为双面印制电路板，正面布有电极引线，并固定液晶显示器件；背面装配好了液晶显示驱动电路和分压电路，并提供了驱动电路的接口。有的液晶显示模块内部有控制电路，这种内置控制器的液晶显示模块所给出的接口可以直接与微处理器连接，用户可以把主要精力投入到显示屏画面的软件设计上。下面以点阵式液晶显示器 SMG12864 为例，介绍液晶显示器的功能、使用方法及与单片机的接口。

1. SMG12864 的结构和引脚

SMG12864 是一种 128 列×64 行的点阵液晶显示器。由两片控制器控制各自的 64 行×64 列，每个控制器内部带有 512 字节的 RAM 缓冲区，分 8 页寻址，1 页包含 8（行）×64（列）点，占据 64 字节，第 0 页第 0 列对应于最左边的一列 D0～D7，如图 9-15 所示。用户可以通过设定控制器的页指针和列

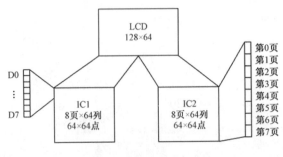

图 9-15 RAM 地址映射图

指针来访问内部 512 字节的 RAM。汉字点阵的生成方式应选用列扫描方式。液晶显示器引脚功能见表9-2。

表9-2 液晶显示器的引脚

编号	符号	引脚说明	编号	符号	引脚说明
1	V_{SS}	地	15	CS1	片选IC1信号
2	V_{DD}	电源（+5V）	16	CS2	片选IC2信号
3	V0	液晶显示偏压输入	17	RST	复位端（低电平复位）
4	RS	数据/命令选择端（1/0）	18	V_{EE}	负电源输出（−10V）
5	R/$\overline{W}$	读/写控制信号（1/0）	19	BLA	背光源正极（+4.2V）
6	E	使能信号，"1"有效	20	BLK	背光源负极
7～14	DB0～DB7	数据线 D0～D7			

2. SMG12864 控制器基本操作时序

（1）读状态操作：当数据/命令端 RS＝"0"，读/写控制端 R/$\overline{W}$＝"1"，片选端 CS1 或 CS2＝"1"，允许端 E＝"1"，对 SMG12864 进行读状态操作，D7～D0 线上为状态字，其格式见表 9-3。每次对控制器进行读/写操作之前，都必须进行 SMG12864 状态检测，确保 STA7 为 0，否则表明 SMG12864 当前处于忙状态。

表9-3 SMG12864 状态字

D7	D6	D5	D4～D0
STA7	STA6	STA5	STA4～STA0
读/写操作使能 1：禁止，0：允许	未用	液晶显示状态 1：关闭，0：显示	未用

（2）写指令：当数据/命令端 RS＝"0"，读/写控制端 R/$\overline{W}$＝"0"，CS1 或 CS2＝"1"，允许端 E＝"1"，对 SMG12864 进行初始化操作，此时 D7～D0 线为指令码。SMG12864 有三个初始化命令字和两个指针设置命令，具体见表 9-4。

表9-4 SMG12864 指令表

初始化指令码	功能	指针指令码	功能
3EH	关显示器	B8H+页码（0～7）	设置数据地址页指针
3FH	开显示器	40H+列码（0～63）	设置数据地址列指针
C0H	设置显示初始行		

（3）读数据：当数据/命令端 RS＝"1"，读/写控制端 R/$\overline{W}$＝"1"，CS1 或 CS2＝"1"，允许端 E＝"1"时，对 SMG12864 进行读数据操作，D7～D0 线上为读到的数据。

（4）写数据：数据/命令端 RS＝"1"，读/写控制端 R/$\overline{W}$＝"0"，CS1 或 CS2＝"1"，允许端 E＝"1"时，对 SMG12864 进行写数据操作，此时 D7～D0 线为将要写到 SMG12864 RAM 中的数据。

3. SMG12864 与单片机接口的原理图

在图 9-16 中，SMG12864 作为单片机并行扩展的 I/O 口，数据线与 P0 口相连，按 RS、CS1 和 CS2 和 R/$\overline{W}$ 的含义，片 1 和片 2 命令口的地址为 0x8400、0x8200，写数据口的地址为 0x8500、0x8300，读数据口的地址为 0x8D00、0x8B00，读状态口的地址为 0x8C00、0x8A00。

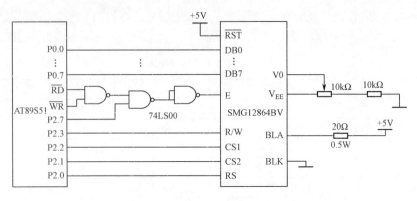

图 9-16　SMG12864 与单片机总线的接口

显示程序清单如下：

```
#define  LCD_CMD_COL    0x40  //设置列地址指针为 0 列，0x7F 对应于 63 列
#define  LCD_CMD_PAGE   0xB8  //设置页地址指针为 0 页，0xBF 对应于 7 页
#define  LCD_CMD_ON     0x3F  //开显示器命令
#define  LCD_CMD_OFF    0x3E  //关显示器命令
#define  LCD_CMD_STARTLINE  0xC0  //设置显示的初始行
#define  LCD_LEFT       0     //列地址为 0～127，由 CS1 控制 0～63 列，CS2 控制 64～127 列
#define  LCD_RIGHT      127
#define  LCD_TOP        0     //行地址为 0～63
#define  LCD_BOTTOM     63
#define  CHINESECHARDOTSIZE 32  //1 个汉字点阵码占据的字节数
#define  CHINESECHARSIZE 16   //1 个汉字点阵的显示宽度
#define  ENGLISHCHARSIZE 8    //1 个 ASCII 码点阵的显示宽度
#define  ENGLISHCHARDOTSIZE 16  //1 个 ASCII 码点阵占据的字节数
#include <reg51.h>
#include <math.h>
#include <intrins.h>
unsigned char xdata Lcd_Chip1_Cmd     _at_  0x8400;
unsigned char xdata Lcd_Chip2_Cmd     _at_  0x8200;
unsigned char xdata Lcd_Chip1_DataWR  _at_  0x8500;
unsigned char xdata Lcd_Chip2_DataWR  _at_  0x8300;
unsigned char xdata Lcd_Chip1_DataRD  _at_  0x8d00;
unsigned char xdata Lcd_Chip2_DataRD  _at_  0x8b00;
unsigned char xdata Lcd_Chip1_State   _at_  0x8c00;
unsigned char xdata Lcd_Chip2_State   _at_  0x8a00;
unsigned char data X,Y;
unsigned int code ChineseCode[]={欢迎您}//汉字内码表
unsigned char code ChineseCharDot[]={//汉字点阵码表
0x14, 0x20,0x24, 0x10,0x44, 0x4C 0x84, 0x43,0x64, 0x43,0x1C, 0x2C,0x20, 0x20,0x18, 0x10,
0x0F, 0x0C,0xE8, 0x03,0x08, 0x06,0x08, 0x18,0x28, 0x30， 0x18,0x60,0x08, 0x20,0x00, 0x00,//欢
0x40,0x40,0x41,0x20,0xCE,0x1F,0x04,0x20,0x00,0x40,0xFC,0x47,0x04,0x42,0x02,0x41,
0x02,0x40,0xFC,0x5F,0x04,0x40,0x04,0x42,0x04,0x44,0xFC,0x43,0x00,0x40,0x00,0x00//迎
0x80,0x00,0x40,0x20,0x30, 0x38,0xFC, 0x03,0x03,0x38,0x90,0x40,0x68, 0x40,0x06,0x49,
0x04,0x52,0xF4,0x41,0x04,0x40,0x24,0x70,0x44,0x00,0x8C,0x09,0x04, 0x30,0x00,0x00}//您
void delay(unsigned int t)    //延时子程序
```

```c
{   unsigned int i,j;
    for (i=0;i<t;i++)
        for(j=0;j<10;j++);
}

void lcdwc(unsigned char cmdcode)     //写指令代码（指令码）
{   if((Lcd_CurrentX)<0x40)           //列地址为 0~63，写片 1
      { while(((Lcd_Chip1_State)&0x80)==0x80);//读状态字的最高位，忙等待，空继续
        Lcd_Chip1_Cmd=cmdcode;}
    else                              //列地址为 64~127，写片 2
     { while(((Lcd_Chip2_State)&0x80)==0x80);//读状态字的最高位，忙等待，空继续
        Lcd_Chip2_Cmd=cmdcode;}
}


void lcdwd(unsigned char dispdata)    //写数据（显示字节）
{   if(Lcd_CurrentX<64)               //列地址为 0~63，写片 1
      { while(((Lcd_Chip1_State)&0x80)==0x80);//读状态字的最高位，忙等待，空继续
           Lcd_Chip1_DataWR=dispdata;}
        else                          //列地址为 64~127，写片 2
          { while(((Lcd_Chip2_State)&0x80)==0x80);//读状态字的最高位，忙等待，空继续
            Lcd_Chip2_DataWR=dispdata;}
}

void lcdpos(void) //内部数据地址指针定位，用于对内部 512B 的 RAM 读/写操作之前
{   lcdwc(LCD_CMD_COL|(Lcd_CurrentX&0x3f));      //设置地址列指针
    lcdwc(LCD_CMD_PAGE|((Lcd_CurrentY/8)&0x7));  //设置地址页指针
}

void lcdcursornext(void) //当前坐标右移 1 列，超过右边界时，行号加 8
{   Lcd_CurrentX++;
    if(Lcd_CurrentX>LCD_RIGHT)
       {  Lcd_CurrentX=LCD_LEFT;
          Lcd_CurrentY+=8;
          if(Lcd_CurrentY>LCD_BOTTOM)
              Lcd_CurrentY=LCD_TOP;
       }
}

void displaybyte(unsigned char dispdata)   //显示单字节的点阵码
{   lcdpos();           //根据 X（列）、Y（行）写当前行、列地址指针命令
    lcdwd(dispdata);    //写数据
    lcdcursornext();    //当前坐标右移 1 列
}

void lcdfill(unsigned char FillData) //整屏显示同一个字节点阵码（单字节点阵码）
{   for(Lcd_CurrentX=LCD_LEFT,Lcd_CurrentY=LCD_TOP;1;)
      { displaybyte(FillData);
        if((Lcd_CurrentX==LCD_LEFT)&&(Lcd_CurrentY==LCD_TOP))
```

```c
            break;
    }
}

void lcdreset()    //初始化程序，开显示并设置写初始行命令
{   while(((Lcd_Chip1_State)&0x80)==0x80); //读片1状态字的最高位，忙等待，空继续
        Lcd_Chip1_Cmd=LCD_CMD_ON ; //开显示
    while(((Lcd_Chip2_State)&0x80)==0x80); //读片2状态字的最高位，忙等待，空继续
        Lcd_Chip2_Cmd=LCD_CMD_ON ; //开显示
    while(((Lcd_Chip1_State)&0x80)==0x80); //读片1状态字的最高位，忙等待，空继续
        Lcd_Chip1_Cmd=LCD_CMD_STARTLINE ;   //设置显示初始行命令
    while(((Lcd_Chip2_State)&0x80)==0x80); //读片2状态字的最高位，忙等待，空继续
        Lcd_Chip2_Cmd= LCD_CMD_STARTLINE ;  //设置显示初始行命令
}
void displaychinesechardot(unsigned int Index)      //写一个16×16汉字点阵码至内部RAM
{ unsigned char code *s;
  unsigned char data i;a;
    s=ChineseCharDot+Index*CHINESECHARDOTSIZE;   //求取汉字点阵首地址
     { if(Lcd_CurrentX>LCD_RIGHT-CHINESECHARSIZE+1)    //判是否出左界，是到下一行
        { Lcd_CurrentX=LCD_LEFT;
          Lcd_CurrentY+=CHINESECHARSIZE;
          if(Lcd_CurrentY>LCD_BOTTOM-CHINESECHARSIZE+1) //判是否出下界，是到第一行
            Lcd_CurrentY=LCD_TOP;
    for(i=0;i<16;i++)
            { lcdpos();          //对内部RAM定位
                a=*s;
              lcdwd(a);       //写上半个汉字
              Lcd_CurrentY+=8;
                s++;
              lcdpos();          //对内部RAM定位
                a=*s;
              lcdwd(a);       //写下半个汉字
                s++;
              Lcd_CurrentY-=8;
              Lcdcursornext();   //右移1列
    }
 }
void displayenglishchardot(unsigned int Index)     //写一个8×16的ASCII点阵码至内部RAM
 { unsigned char code *s;
   unsigned char data i;a;
    s=englishCharDot+Index*ENGLISHDOTSIZE;   //求取ASCII码点阵首地址
     { if(Lcd_CurrentX>LCD_RIGHT-ENGLISHCHARSIZE+1)    //判是否出左界，是到下一行
        { Lcd_CurrentX=LCD_LEFT;
          Lcd_CurrentY+=CHINESECHARSIZE;
          if(Lcd_CurrentY>LCD_BOTTOM-CHINESECHARSIZE+1) //判是否出下界，是到第一行
            Lcd_CurrentY=LCD_TOP;
         for(i=0;i<8;i++)
            { lcdpos();
```

```c
                    a=*s;
                  lcdwd(a);                    //写上半个ASCII码
                  Lcd_CurrentY+=8;
                   s++;
                  lcdpos();
                   a=*s;
                  lcdwd(a);                    //写下半个ASCII码
                   s++;
                  Lcd_CurrentY-=8;
                  Lcdcursornext();
    }
}

void put_str_xy(unsigned char x,unsigned char y,unsigned char code *s) //指向汉字或ASCII的字模表
{ unsigned int i; uChar
    Lcd_CurrentX=x;
    Lcd_CurrentY=y;
    for(;*s!=0;s++)
         { uChar =*s;        //求取汉字的内码或西文字符的ASCII码
           if(*s>127)   //若输出字符为汉字,则求取汉字的机内码
               {  s++;   uChar= uChar *256+*s;   }
          if(uChar =='\n')  // uChar 为回车键,则另起一行
              { Lcd_CurrentX=LCD_LEFT;
                  if(Lcd_CurrentY>LCD_BOTTOM-CHINESECHARSIZE+1)
                    Lcd_CurrentY=LCD_TOP;
                  else
                    Lcd_CurrentY+=CHINESECHARSIZE;
              }
           if(uChar<128)   //ASCII码,在英文字符表中找相应的字符,调用显示ASCII码程序
              for(i=0;i!=ENGLISHCHARNUMBER;i++)
                  if(uChar==EnglishCode[i])   { displayenglishchardot(i); break; }
         else                 //汉字,在汉字字符表中找相应的字符,调用显示汉字程序
              for(i=0;i!=CHINESECHARNUMBER;i++)
                  if(uChar==ChineseCode[i])   { displaychinesechardot(i);   break; }
      }
    }
main()
{   while(1)
    {  lcdreset();        //初始化
       lcdfill(0xff);     //整屏显示
       delay(5000);
       lcdfill(0);        //清屏
       delay(5000);
       put_str_xy(0,0,"欢迎您");
       delay(5000);
    }
}
```

9.3 D/A 转换接口技术

9.3.1 后向通道概述

后向通道是指单片机与控制对象的输出通道接口。单片机输出信号的形态主要有开关量、二进制数字量和频率量,如图 9-17 所示。后向通道的设计需考虑以下三个方面。

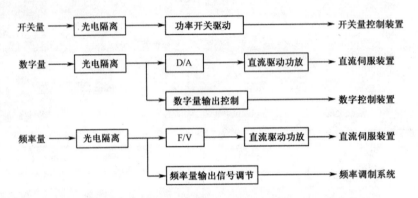

图 9-17 控制系统的后向通道的结构

(1) 功率驱动。对于数字式控制系统,单片机输出的数字信号可直接控制对象,这时需考虑的是单片机输出信号能否满足被控对象的功率要求。常见开关量的功率驱动有逻辑门驱动、三极管驱动、MOS 管驱动、晶闸管驱动、继电器驱动等,如图 9-18 所示。固态继电器 SSR 是一种四端器件,两个输入端和两个输出端,输入端到输出端的信号传输采用光电隔离,按负载电源类型可分为直流和交流型两种,直流型采用功率晶体管作为开关器件,而交流型采用双向晶闸管作为开关管。由于固态继电器输入驱动电流在 10mA 左右,所以输入端一般需加功率晶体管驱动。

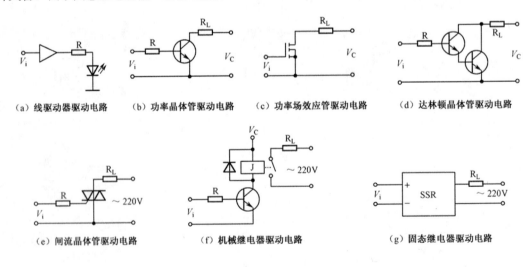

图 9-18 开关量的功率驱动

(2) 抗干扰处理。伺服驱动系统会通过信号通道、电源及空间电磁场对单片机系统产生干扰,通常采用光电耦合隔离、DC-DC 电源隔离等方法进行抗干扰技术处理。

(3) 数/模转换。对于模拟量控制对象,若单片机输出的是二进制数字量,输出可采用数/模转换(D/A);若输出的是频率量控制信号,则可采用 F/V 转换器变换成模拟量。

本节主要讲述后向通道中 D/A 转换器的原理及接口技术。

9.3.2 D/A 转换器的技术指标

D/A 转换器用来将数字量转换成模拟量，基本要求是输出电压 V_O 应该和输入数字量 D 成正比，即

$$V_O = D \cdot V_R$$

式中，V_R 为参考电压。

$$D = d_{n-1} \cdot 2^{n-1} + d_{n-2} \cdot 2^{n-2} + \cdots + d_1 \cdot 2^1 + d_0 \cdot 2^0$$

为了将数字量转换成模拟量，应该将其每一位都转换成相应的模拟量（即"权"），然后求和即得到与数字量成正比的模拟量，一般的 D/A 转换器都是按这一原理设计的。D/A 转换器的类型很多，常用的有 T 型电阻网络 D/A 转换器和权电流型 D/A 转换器。

D/A 转换器主要技术指标如下。

（1）分辨率：最小输出电压（对应的输入数字量只有最低有效位为"1"）与最大输出电压（对应的数字输入信号所有有效位全为"1"）之比。例如对于 10 位 D/A 转换器，其分辨率为

$$\frac{1}{2^{10}-1} = \frac{1}{1023} \approx 0.001$$

分辨率越高，转换时对应数字输入信号最低位的模拟信号电压数值越小，也就是越灵敏。有时，也用数字输入信号的有效位数来给出分辨率。例如，单片集成 D/A 转换器 DAC1208 的分辨率为 12 位，DAC0832 的分辨率为 8 位等。

（2）线性度：D/A 转换器的实际转移特性与理想直线之间的最大误差或偏差。

（3）转换精度：转换后所得的实际值对于理想值的最大偏差。应注意精度和分辨率是两个不同的概念，分辨率是指能够对转换结果发生影响的最小输入量，分辨率很高的 D/A 转换器并不一定具有很高的精度。

（4）建立时间：D/A 转换器中的输入代码有满刻度值的变化时，其输出模拟信号电压（或模拟信号电流）达到满刻度值±1/2LSB 时所需的时间。对于一个理想的 D/A 转换器，数字输入信号从一个二进制数变到另一个二进制数时，输出模拟信号电压应立即从原来的输出电压跳变到与新的数字信号相对应的新的输出电压。但是在实际的 D/A 转换器中，电路中的电容、电感和开关电路会引起电路时间延迟。电流输出 D/A 转换器的建立时间比较短。电压输出 D/A 转换器的建立时间主要取决于输出运算放大器所需的响应时间。

（5）温度系数：在满刻度输出的条件下，温度每升高 1℃，输出变化的百分数。例如，单片集成 AD561J 的温度系数≤10ppmFSR/℃。ppm 为英文百万分之一的缩写，FSR 为 Full Scale Range（输出电压满刻度）的缩写。

（6）电源抑制比：满量程电压变化的百分数与电源电压变化的百分数之比。对于高质量的 D/A 转换器，要求开关电路及运算放大器所用的电源电压发生变化时，对输出的电压影响极小。

（7）输出电平：一般为 5~10V。不同型号的 D/A 转换器件的输出电平相差较大。有的高压输出型的输出电平高达 24~30V。还有些电流输出型的 D/A 转换器，低的为几毫安到几十毫安，高的可达 3A。

（8）输入数字电平：输入数字信号分别为 1 和 0 时，所对应的输入高低电平的数值。例如，单片集成 D/A 转换器 AD7541 的输入数字电平：$V_{IH}>2.4V$，$V_{IL}<0.8V$。

（9）工作温度范围：由于工作温度会对运算放大器和加权电阻网络等产生影响，所以只有在一定的温度范围内，才能保证 D/A 转换器额定精度指标。较好的 D/A 转换器工作温度范围为

–40～85℃，较差的转换器工作温度范围为 0～70℃。

9.3.3 12 位电压输出型串行 D/A 转换器 TLV5616

TLV5616 是 TI 公司生产的 12 位串行 D/A 转换器，其内部结构和引脚如图 9-19 所示。DIN 为 16 位串行数据输入脚，高位在前，低位在后，16 位数据包括 12 位待转换的数据（D11～D0）和两位控制位（D14～D13）。SPD（D14）为速度控制位：1 为快速（建立时间为 3μs、典型功耗为 2.1mW），0 为慢速（建立时间为 9μs、典型功耗为 900μW）。PWR（D13）为功耗控制位：1 为低功耗，0 为正常功耗。设置为低功耗时，TLV5616 的所有放大器处于禁止状态。SCLK 为串行移位时钟输入，经过 16 个时钟后，16 位串行数据进入移位寄存器。$\overline{CS}$ 为片选信号，低电平有效。FS 为帧同步信号输入，当 $\overline{CS}$ 有效后，FS 下降沿启动 TLV5616 在 SCLK 的下降沿采样 DIN 线上的数据，并送到内部的移位寄存器；FS 的上升沿，将移位寄存器的低 12 位送到 DAC 锁存器，继而在 OUT 脚上输出新的电压。时序图见图 9-20，V_{REF} 为参考电压输入端，待转换的数据经数据锁存器进入电阻网络完成 D/A 转换，转换后的模拟电压再经过两倍增益的放大器从 OUT 输出，即输出电压 V_{OUT} 为

$$V_{OUT} = 2 \times V_{REF} \times \frac{N}{2^n} \qquad N \text{ 为 D/A 转换数据：} 0\sim(2^n-1)$$

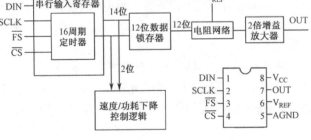

图 9-19 TLV5616 的内部结构和引脚

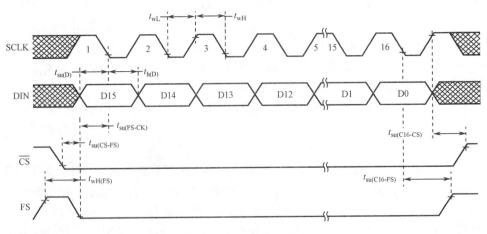

图 9-20 TLV5616 时序图

图 9-21 为 AT89S51 与 TLV5616 接口线路，AT89S51 的串行口工作在方式 0，TXD 输出移位脉冲。RXD 以字节为单位输出串行数据，P3.4 和 P3.5 输出片选信号和帧选通信号。现从正弦波上采样 32 个点，将它们编制成 TLV5616 的数据表，用 T0 作为定时器，每隔 56μs 利用 TLV5616 输出一个转换结果，即能产生正弦波。由于串口输出低位在前，高位在后。而 TLV5616 的时序为

先接收高位，后接收低位，故数据表中的数据应按 D8→D15、D0→D7 的格式排列，数据 0x800 应变为 0x1000。

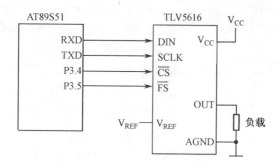

图 9-21　单片机与 TLV5616 接口线路

```
#include <reg51.h>
#include <intrins.h>
sbit CS5616=P3^4;
sbit FS5616=P3^5;
unsigned int sintable[]={0x1000,0x903E,0x5097,0x305C,0xB086,0x70CA,0xF0E0,0xF06E
0xF039,0xF06E,0xF0E0,0x70CA,0xB086,0x305C,0x5097,0x903E,0x1000,0x6021,0xA0E80xC063,0x40F9,
0x80B5,0x009F,0x0051,0x0026,0x0051,0x009F,0x80B5,0x40F9,0xC063,0xA0E8,0x6021}
unsigned  char  *x=sintable;  //x 指向 TLV5616 正弦函数表的首地址
unsigned char i=0;
main()
    {SCON=0;                   //设置串行口工作于方式 0
    TMOD=2;                    //设置定时器 T0 工作于方式 2
    TH0=0xC8; TL0=0xC8;        //设置 T0 每隔 56μs 产生一次中断
    FS5616=1;                  //置 FS 为高电平
    CS5616=1;                  //置 CS 为高电平
    ET0=1;                     //设置 T0 中断允许
    EA=1 ;                     //开放 CPU 的所有中断
    TR0 =1;                    //启动定时器 T0
    while(1);}
    void timer0() interrupt 1 using 1    //T0 中断服务程序
    { FS5616=0;                //置 FS 为低电平
    CS5616=0;                  //置 CS 为低电平
    SBUF=*x;x++;               //发送高 8 位
    while (!_testbit_(TI));    //等待发送完成
    SBUF=*x;x++;               //发送低 8 位
    while (!_testbit_(TI));    //等待发送完成
    i++;
    if (i==32)   x=sintable,i=0;  //发送完 32 个数据又从首地址开始发送
    FS5616=1;                  //置 FS 为高电平
    CS5616=1;                  //置 CS 为高电平
    }
```

9.3.4 电压/电流转换电路设计

在某些应用场合,需要向系统外输出直流电流信号,此时,需要在前述的 D/A 转换电路后设计电压/电流转换电路。图 9-22 是一种结构简单、转换精度高、温度稳定性好、应用广泛的电压/电流转换电路,电流输出 $I_{OUT}=V_{OUT}/R$,当前级 D/A 转换的模拟输出电压 V_{OUT} 一定时,通过调整 R1 可以获得需要的 I_{OUT} 电流输出范围,转换误差为 $1/\beta_1\beta_2$,β_1、β_2 分别为三极管 VT1、VT2 的静态电流放大倍数。

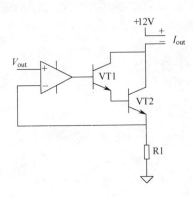

图 9-22 电压/电流转换电路

9.4 A/D 转换接口技术

9.4.1 前向通道概述

前向通道是单片机系统的信号采集通道。从被测对象信号输出到单片机的输入,其结构形式取决于被测对象的环境和输出信号的类型、数量、大小等,如图 9-23 所示。

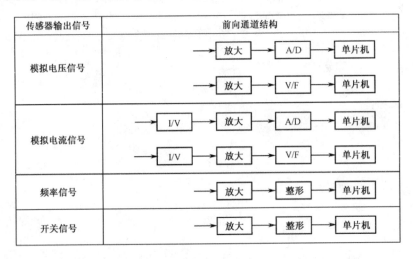

图 9-23 前向通道的结构

对于多输入系统,如多点巡回检测、多参数测量系统,前向通道中往往只有一套数据采集系统,可通过多路开关切换。根据多路开关所处的位置不同,前向通道的结构如图 9-24(a)、(b)所示。在前向通道的设计中必须考虑信号的拾取、调节、A/D 转换及抗干扰等诸多方面的问题。

(1)信号拾取:通过敏感元件,将被测的物理量变换成 R、L、C 等参量的变化;也可通过传感器,输出与被测的物理量相关的模拟信号或频率信号;还可通过测量仪表实现,但成本较大,在大型的应用系统中使用较多。

(2)信号调节:将传感器或敏感元件输出的电信号转换成能满足单片机 TTL 电平或 A/D 转换输入要求的标准信号。这种转换除了小信号放大、滤波外,还有诸如零点校正、线性化处理、温度补偿、误差修正、量程切换等方面的任务。在单片机系统中,许多原来依靠硬件实现的信号调节任务都可以通过软件实现,这就大大简化了单片机系统的前向通道结构。

（3）抗干扰：前向通道紧靠在被测对象所在的现场中，而且传感器输出的是小信号，因此，前向通道是干扰侵袭的主要渠道。在设计时必须充分考虑到干扰的抑制与隔离：在前向通道中常采用 DC/DC 变换器、隔离放大器、光电耦合器实现电源、模拟通道、数字通道的隔离。

（4）A/D 转换电路的选择：A/D 转换电路的性能直接决定了前向通道的精度与速度。

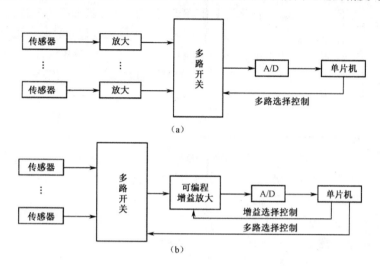

图 9-24　多输入系统前向通道的结构

9.4.2　A/D 转换器工作原理及分类

A/D 转换器的功能是将模拟量转化为数字量，一般要经过采样、保持、量化、编码四个步骤。

（1）采样、保持

在图 9-25 中，当电子开关 S 加"1"电平时，开关闭合，为采样阶段；当电子开关 S 加"0"电平时，开关断开，为保持阶段。当电子开关 S 上加上周期性的采样时钟信号 V_S，便将输入的连续时间信号 $V_i(t)$ 变成离散时间信号 $V_i'(t)$。为了不失真地恢复原始信号，根据香农采样定理，采样时钟信号 V_S 的频率至少应是原始信号最高有效频率的两倍。

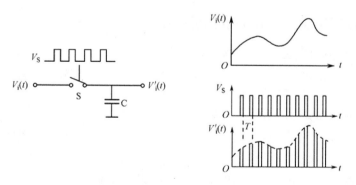

图 9-25　模拟信号的离散化过程

（2）量化

量化就是将采样-保持后的信号幅值转化成某个最小数量单位（量化间隔，用 Δ 表示）的整数倍。量化过程分为以下两个步骤：

① 确定量化间隔。

$$\Delta = \frac{\text{模拟输入电压范围}}{\text{分割数}} = \frac{V_{REF}}{2^n}$$

设输入模拟信号的幅值范围为 0~1V，要转化为 3 位二进制代码，则其量化间隔$\Delta=1/8V$。

② 将连续的模拟电压近似成离散的量化电平。

方式一：只舍不入量化方式。取两个相近离散电平中的下限值作为量化值。如图 9-26 中，当 $3/8V \leq V_i < 4/8V$ 则 V_i 量化为 $3\Delta=3/8V$；最大的量化误差为 $\Delta=1/8V$。

方式二：四舍五入量化方式。取两个离散电平中的相近的值作为量化电平，其最大的量化误差为 $1/2\Delta=1/16V$。当 $7/16V \leq V_i < 9/16V$，则 V_i 量化为 $4\Delta=4/8V$。

在实际的 ADC 中，大多采用舍入量化方式，经量化后的信号幅值均为Δ的整数倍。

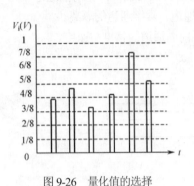

图 9-26 量化值的选择

（3）编码

编码就是将量化后的幅值用一个数制代码与之对应，这个数制代码就是 A/D 转换器输出的数字量，如常用的是二进制编码。

（4）A/D 转换器的主要参数

① 分辨率：用输出二进制数的位数表示，位数越多，误差越小，转换精度越高。

② 转换时间与转换速率：转换时间是完成一次 A/D 转换所需的时间，转换速率为转换时间的倒数。

③ 相对精度：在理想情况下，所有的转换点应当在一条直线上。相对精度是指实际的各个转换点偏离理想特性的误差。

④ 量程：A/D 转换器输入的模拟电压的范围，如 0~5V、±5V 等。A/D 转换电路型号很多，在精度、价格、速度等方面也千差万别。

根据 A/D 转换的工作原理，A/D 转换器分为三种类型：双积分型 A/D 转换器、逐次逼近型 A/D 转换器、并行比较型 A/D 转换器。一般双积分式 A/D 的转换时间为毫秒级，逐次逼近型为微秒级，而转换时间最短的是并行式 A/D 转换器，用双极性 CMOS 工艺制作的并行 A/D 的转换时间为 20~50ns，即转换速率达 20~50MSPS，逐次逼近型则达到 0.4μs，转换速率为 2.5MSPS（注：SPS 是 Sample Per Second 的缩写，采样速率的单位；M 是 10^6 含义）。

9.4.3 串行 A/D 转换器 TLC1542 的应用

TLC1542 是由美国 TI 公司生产，带串行控制和 11 路输入端的 10 位 CMOS、开关电容逐次逼近串行模数转换器。采用开关电容可以使器件在整个温度范围内有较小的转换误差。该器件片内有一个 14 通道的选择器，可以选择外部 11 个输入信号和内部 3 个自测试（self-test）电压中的一个作为模拟量输入，采样和保持是自动进行的，转换结束信号 "EOC" 变高指示 A/D 转换完成。引脚如图 9-27 所示，功能如下。

ADDRESS：串行地址输入端，一个 4 位串行地址选择 14 个模拟量中的一个，串行地址以 MSB 为前导在 I/O CLOCK 的前 4 个上升沿被移入。在 4 位地址读入地址寄存器后，这个输入端对后续的信号无效。

A0~A10：11 路模拟信号输入端。

图 9-27 TLC1542 引脚图

$\overline{CS}$：片选信号输入端，下降沿将复位内部计数器和控制电路，并允许 DATA OUT 输出数据、ADDRESS 输入地址和 I/O CLOCK 输入时钟；上升沿将禁止 I/O CLOCK 和 ADDRESS 输入、DATA OUT 数据输出。

DATAOUT：当 CS 为高电平时，处于高阻状态；当 CS 为低电平时，根据转换值的 MSB 将 DATAOUT 驱动成相应的逻辑电平，以后在每一个 I/O CLOCK 的下降沿，从高到低依次输出其余的 9 位数据，第 10 个下降沿后，DATAOUT 端被驱动为逻辑低电平。

EOC：转换结束信号，在最后一个 I/O CLOCK 的下降沿 EOC 变低，转换结束后变高。

REF+、REF−：基准电压的正、负端。最大输入电压由 REF+ 与 REF− 之间的差值决定。

I/O CLOCK：串行时钟信号输入，如图 9-28 所示，I/O CLOCK 完成以下四种功能。

① 在 I/O CLOCK 的前 4 个上升沿，它将输入的 4 位地址存入地址寄存器。在第 4 个上升沿之后，输入到多路选择器的地址有效。

② 在 I/O CLOCK 的第 4 个下降沿，将所选定通道的模拟输入电压开始向电容器充电并继续到 I/O CLOCK 的第 10 个下降沿。

③ 将前一次转换的数据的 10 位移出 DATA OUT 端。

④ 在 I/O CLOCK 的第 10 个下降沿，将转换的控制信号传送到内部的状态控制器。

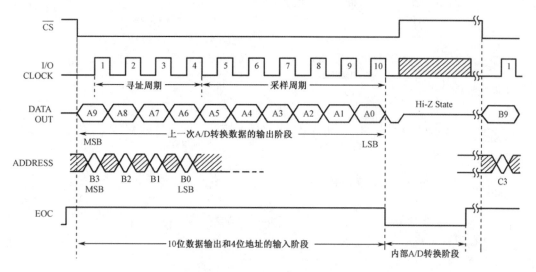

图 9-28 TLC1542 的通信时序图

TLC1542 与单片机接口电路如图 9-29 所示，其采用光电耦合器件 TLP521-1 来实现 A/D 转换电路与单片机之间信号的隔离，使模拟信号与单片机数字电路之间在电气上无公共点，可以有效抑制共模干扰，提高系统的抗干扰能力，图中光耦的驱动门采用 74LS244。

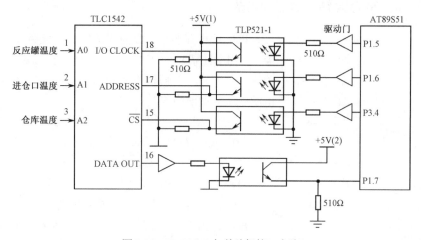

图 9-29 TLC1542 与单片机接口电路

采集反应罐温度、进仓口温度、仓库温度三路信号的 A/D 转换程序如下：

```
#include <reg51.h>
#include <intrins.h>
sbit  IOCLK=P1^5;              //时钟线
sbit  CS=P3^4;                 //CS 线
sbit  DATAOUT=P1^7;            //数据线
sbit  ADDRESS=P1^6;            //地址线
void ad_read(int data *x)
{   unsigned char i,j,addr=0;  //addr 的高 4 位表示采集的通道数
    unsigned int t;
    CS=1;                      //禁止 I/O CLOCK
    IOCLK=0;
    CS=0;                      //开启控制电路，使能 DATA OUT 和 I/O CLOCK
    for(j=0,addr=0;j<4;j++,addr+=0x10,x++)   //采集 3 路温度
     {for(i=0,k=addr;i<10;i++)  //读取上次 A/D 转换的 10 位数字量
      { if (i<4)                //第 0～3 个 CLK 输出地址，启动新的采样
        { if (k&0x80) ADDRESS =1;
          else        ADDRESS =0;
          k<<=1;
        }
        if (j>0) {*x =*x <<1;    //采样值左移一位，第一次不采样
          if  (DATAOUT) (*x)++;  //若 Di 为 1，则采样值加 1
        }
        IOCLK=1; _nop_(); IOCLK=0;
      }
      for (t=0;t<100;t++);       //等待 A/D 转换结束
    }
    CS=1;                        //禁止 I/O CLOCK
}
main()
{ unsigned int data adtemp[3];   //定义数组存放 3 路温度
  ad_read(adtemp);}              //调用 A/D 采样函数
```

9.4.4　8 位 A/D 及 D/A 转换器 PCF8591

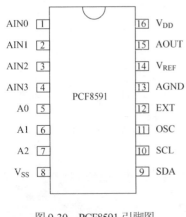

图 9-30　PCF8591 引脚图

PCF8591 是具有 I^2C 总线接口的 8 位 A/D 及 D/A 转换器，有 4 路 A/D 转换输入，1 路 D/A 模拟输出，A/D 转换为逐次比较型，引脚如图 9-30 所示，结构如图 9-31 所示，电源电压典型值为 5V。

AIN0～AIN3：4 路模拟信号输入端。

A0～A2：I^2C 总线的引脚地址端。

V_{DD}、V_{SS}：电源端，2.5～6V。

SDA、SCL：I^2C 总线的数据线、时钟线。

OSC：外部时钟输入端，内部时钟输出端。

EXT：内部/外部时钟选择线，接地选择内部时钟。

AGND：模拟信号地。

AOUT：D/A 转换输出端。
V_{REF}：基准电源端。

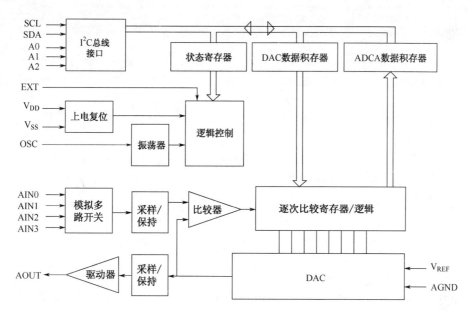

图 9-31　PCF8591 内部结构图

PCF8591 采用典型的 I^2C 总线接口器件寻址方法，即 8 位寻址方式字节由器件地址、引脚地址和读写方向位 R/W 组成。飞利浦公司规定 A/D 接口的器件地址为 1001，引脚地址为 A2A1A0，由用户选择，因此 I^2C 系统中最多可接 8 个具有 I^2C 总线接口的 A/D 器件。当主控器对 A/D 器件进行读操作时 R/W 位为 1，进行写操作时 R/W 位为 0。总线操作时，寻址方式字节 SLA 为主控器发送的第一字节。若按图 9-32 设计，则寻址方式字节 SLA：写为 90H，读为 91H。

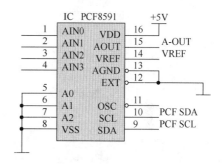

图 9-32　PCF8591 接口电路

控制字节用于实现器件的各种功能，如模拟信号由哪几个通道输入等，见表 9-5。控制字节存放在控制寄存器中。总线操作时为主控器发送的第二字节，跟在 SLA 后面。

在进行 DA 转换时，由于寻址方式字节、控制字、待转换的数字值都是通过输出方式输出，故只需启动一次 I^2C 总线传输，具体见 DAC 变换转换函数。

而在进行 AD 转换时，其寻址方式字节、控制字为输出方式，而 AD 转换的数据值为输入方式，故需启动二次 I^2C 总线传输。一次为 AD 发送字节函数，一次为 AD 读数据函数。

表 9-5　PCF8591 控制字

D7	D6	D5	D4	D3	D2	D1	D0
0	模拟输出允许有效： 1 为 D/A 0 为 A/D：	模拟量输入选择： 00 为四路单输入 01 为三路差分输入 10 为单端与差分配合输入 11 为二路差分输入		0	自动增益选择 1 有效	A/D 通道选择： 00 通道 0，01 通道 1， 10 通道 2，11 通道 3	

```c
/*****************************************************************
    DAC 变换转化函数
*****************************************************************/
bit DACconversion(unsigned char sla,unsigned char c, unsigned char Val)
{
    Start_I2c();              //启动I²C 总线
    SendByte(sla);            //发送I²C 总线写寻址方式字节
    if(!RecACK())return(0);
    SendByte(c);              //发送控制字节
    if(!RecACK())return(0);
    SendByte(Val);            //发送 DAC 的数值
    if(!RecACK())return(0);
    Stop_I2c();               //结束总线
    return(1);
}
/*****************************************************************
    ADC 发送字节[命令]数据函数
*****************************************************************/
bit ISendByte(unsigned char sla,unsigned char c)
{
    Start_I2c();              //启动I²C 总线
    SendByte(sla);            //发送I²C 总线写寻址方式字节
    if(!RecACK())return(0);
    SendByte(c);              //发送控制字节
    if(!RecACK())return(0);;
    Stop_I2c();               //结束总线
    return(1);
}
/*****************************************************************
    ADC 读数据函数
*****************************************************************/
unsigned char IRcvByte(unsigned char sla)
{   unsigned char c;
    Start_I2c();              //启动I²C 总线
    SendByte(sla+1);          //发送I²C 总线读寻址方式字节
    if(!RecACK())return(0);
    c=RcvByte();              //读取数据0
    SendACK(1);               //发送非就答位"1"
    Stop_I2c();               //结束总线
    return(c);
}
//****************************************************************/
#define  PCF8591   0x90
main()
{ char  AD_CHANNEL=0;
  while(1)
  {/*******以下程序实现 AD-DA 的循环处理,并将第四路采集的 AD 信号经 DA 输出*********/
    switch(AD_CHANNEL)
```

```
        {
            case 0: ISendByte(PCF8591,0x40); D[0]=IRcvByte(PCF8591);break;
            case 1: ISendByte(PCF8591,0x41); D[1]=IRcvByte(PCF8591);break;
            case 2: ISendByte(PCF8591,0x42); D[2]=IRcvByte(PCF8591);break;
            case 3: ISendByte(PCF8591,0x43); D[3]=IRcvByte(PCF8591);break;
            case 4:DACconversion(PCF8591,0x40, D[3]); break; //DAC，数模转换
        }
        if(++AD_CHANNEL>4) AD_CHANNEL=0;
    }
```

9.5 红外遥控

红外线遥控是目前使用最广泛的一种通信和遥控手段。由于红外线遥控装置具有体积小、功耗低、功能强、成本低等特点，因而，继彩电、录像机之后，在录音机、音响设备、空调机以及玩具等其他小型电器装置上也纷纷采用红外线遥控。工业设备中，在高压、辐射、有毒气体、粉尘等环境下，采用红外线遥控不仅完全可靠，而且能有效地隔离电气干扰。

9.5.1 红外遥控系统

通用红外遥控系统由发射和接收两大部分组成。应用编/解码专用集成电路芯片来进行控制操作，如图 9-33 所示。发射部分包括键盘矩阵、编码调制电路、LED 红外发送器，接收部分包括光电转换放大器、解调电路、解码单片机。

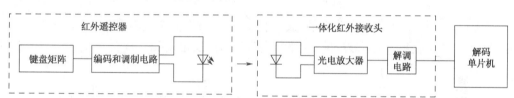

图 9-33 红外线遥控系统框图

9.5.2 遥控发射器及其编码

遥控发射器专用芯片很多，根据编码格式可以分成两大类，现以普遍使用的日本 NEC 的 uPD6121G 组成发射电路为例说明编码原理。当发射器按键按下后，即有遥控码发出，所按的键不同遥控编码也不同。这种遥控码具有以下特征：

采用脉宽调制的串行码，以脉宽为 0.56ms、间隔为 0.565ms、周期为 1.125ms 的组合表示二进制的"0"；以脉宽为 0.56ms、间隔为 1.69ms、周期为 2.25ms 的组合表示二进制的"1"，其波形如图 9-34 所示。

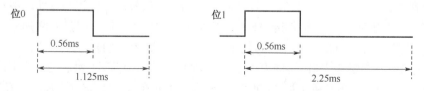

图 9-34 遥控码的"0"和"1"发射波形图（注：所有波形为接收端的与发射相反）

上述"0"和"1"组成的 32 位二进制码经 38kHz 的载频进行二次调制以提高发射效率,也使红外光以特定的频率闪烁。红外接收器会适配这个频率,其他的噪音信号都将被忽略,同时达到降低电源功耗的目的。然后再通过红外发射二极管产生红外线向空间发射,如图 9-35 所示。

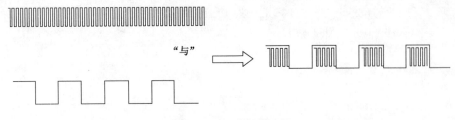

图 9-35 二进制码的调制

当一个键按下超过 36ms,振荡器使芯片激活,uPD6121G 将发射遥控编码,包含了 1 位引导码、16 位用户码、16 位数据码,周期为 108ms。用户码用于区别不同的电器设备,防止不同机种遥控码互相干扰。16 位数据位为 8 位数据码及其反码,用来检验编码接收的正确性,防止误操作,增强系统的可靠性。引导码由 9ms 高电平的起始码和 4.5ms 的低电平结束码所构成,如图 9-36 所示。

图 9-36 遥控信号编码发射波形图

一组码本身的持续时间随它包含的二进制"0"和"1"的个数不同而不同,大约在 45~63ms,图 9-37 为接收到的发射波形图。接收端与发射端成反相关系。

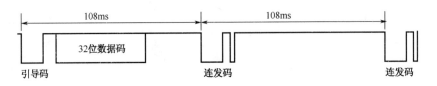

图 9-37 遥控连发信号波形(接收端)

如果键按下超过 108ms 仍未松开,接下来发射的代码(连发码)将仅由起始码(9ms)和结束码(2.25ms)组成,如图 9-38 所示。

9.5.3 遥控信号接收

红外接收需先进行解调,解调的过程是通过红外接收管进行接收的。其基本工作过程为:当接收到调制信号时,输出低电平,否则输出为高电平,是调制的逆过程。HS0038 是一体化集成的红外接收器件,直接就可以输出解调后的高低电平信号;而体积和普通的塑封三极管大小一样,它适合于各种红外线遥控和红外线数据传输。接收解码电路如图 9-39 所示,接收器对外只有 3 个引脚:1 脚为 Out,与单片机的 P3.2 相连,2 脚为 GND,3 脚接 V_{CC},单片机采用 INT0 外部边沿触发中断方式来识别起始码、二进制的"1"、"0"码,并将 32 位编码提取出来存放于数组 a[0]~a[3]。单片机主频 11.0592MHz,T0 工作在方式 1 定时方式,初值为 0,每隔 1.085μs 计数器加 1。

第9章 单片机与外设接口技术

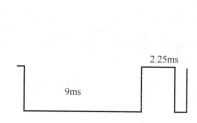

图 9-38 连发码(接收端)

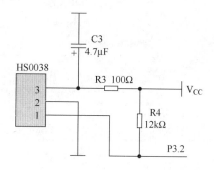

图 9-39 红外遥控接收解码电路

程序如下:

```
/***********************************************
函数功能:对 4 个字节的用户码和键数据码进行解码
说明:解码正确,返回 1,否则返回 0
出口参数:a[4]
***********************************************/
bit DeCode(void)
{   unsigned char   i,j;
    unsigned char temp;     //储存解码出的数据
    for(i=0;i<4;i++)        //连续读取 4 个用户码和键数据码
    {
      for(j=0;j<8;j++)  //每个码有 8 位数字
      {
        temp=temp>>1;   //temp 中的各数据位右移一位,因为先读出的是高位数据
        TH0=0;          //定时器清 0
        TL0=0;          //定时器清 0
        TR0=1;          //开启定时器 T0
        while(IR==0);   //如果是低电平就计时等待
        TR0=0;          //高电平关闭定时器 T0
        LowTime=TH0*256+TL0;    //保存低电平宽度
        TH0=0;          //定时器清 0
        TL0=0;          //定时器清 0
        TR0=1;          //开启定时器 T0
        while(IR==1);   //如果是高电平就等待
        TR0=0;          //关闭定时器 T0
        HighTime=TH0*256+TL0;   //保存高电平宽度
        if((LowTime<370)||(LowTime>640))
            return 0;           //如果低电平长度不在合理范围,则认为出错,停止解码
        if((HighTime>420)&&(HighTime<620))
            //如果高电平时间在 560ms 左右,即计数 560 / 1.085=516 次
            temp=temp&0x7f;     //(520-100=420, 520+100=620),则该位是 0
        if((HighTime>1300)&&(HighTime<1800))
            //如果高电平时间在 1680ms 左右,即计数 1680 / 1.085=1548 次
            temp=temp|0x80;     //(1550-250=1300,1550+250=1800),则该位是 1
      }
      a[i]=temp;//将解码出的字节值储存在 a[i]
    }
    if(a[2]!=~a[3])     //验证键数据码和其反码是否相等,一般情况下不必验证用户码
```

```
            return 1;          //解码正确，返回1
    }
    /**********************************************************
    函数功能：红外线触发的外中断处理函数
    **********************************************************/
    void Int0(void) interrupt 0
    {   EX0=0;          //关闭外中断0，不再接收二次红外信号的中断，只解码当前红外信号
        TH0=0;          //定时器T0的高8位清0
        TL0=0;          //定时器T0的低8位清0
        TR0=1;          //开启定时器T0
        while(IR==0);              //如果是低电平就等待，给引导码低电平计时
        TR0=0;                     //关闭定时器T0
        LowTime=TH0*256+TL0;    //保存低电平时间
        TH0=0;          //定时器T0的高8位清0
        TL0=0;          //定时器T0的低8位清0
        TR0=1;          //开启定时器T0
        while(IR==1);   //如果是高电平就等待，给引导码高电平计时
        TR0=0;          //关闭定时器T0
        HighTime=TH0*256+TL0;//保存引导码的高电平长度
        if((LowTime>7800)&&(LowTime<8800)&&(HighTime>3600)&&(HighTime<4700))
        {               //如果是引导码，就开始解码，否则放弃，引导码的低电平计时
                        //次数=9000us/1.085=8294，判断区间：8300－500＝7800，8300＋500＝8800。
            if(DeCode()==1) //  执行遥控解码功能
            {   beep();//蜂鸣器响一声 提示解码成功     }
        }
        EX0=1;    //开启外中断EX0
    }
```

习题9

1. 键盘输入有什么特点？为什么要消除键盘抖动？
2. 什么是独立式按键？什么是矩阵式按键？它们各有什么优缺点？
3. 键盘有哪几种工作方式？

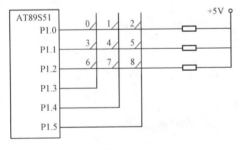

图9-40

4. 对图9-1所示的独立式按键接口电路，编制出识别按键的程序。

5. 直接用AT89S51的P1.0～P1.5连接3×3矩阵键盘接口电路如图9-40所示。试编制出识别按键的程序。

6. LED显示器有哪两种显示形式？它们各有什么优缺点？

7. 对图9-11如果将LED显示器由共阴极改成共阳极，线路和程序应如何修改？

8. 若AT89S51和TLC1542的连接采用图9-29的方式，用单片机内部定时器来控制对的3通道信号进行数据采集和处理，每分钟对3通道采集一次数据，连续采集5次。若5次的平均值超过100，将FLAG置为"1"，否则将FLAGH清"0"。请编制相应的程序。

第 10 章 系统设计及抗干扰技术

由于单片机用户系统的多样性，技术要求各不相同，因此单片机应用系统的设计方法和研制步骤不尽相同。本章将针对多数单片机应用系统的共性做一般的分析，供读者在研制过程中参考。

10.1 单片机应用系统的开发过程

单片机的应用系统由硬件和软件组成。硬件指单片机、扩展的存储器、输入/输出设备等组成系统的硬部件。软件是各种工作程序的总称。硬件和软件只有紧密配合、协调一致，才能组成高性能的单片机系统。在系统的研制过程中，软、硬件设计的功能总是在不断地调整，以便互相适应，故硬件设计和软件设计不能截然分开。硬件设计应考虑软件的设计方法，而软件设计应了解硬件的工作原理，在整个研制过程中互相协调，以利于提高工作效率。

单片机应用系统的研制过程包括方案论证、硬件设计、软件设计、在线调试及程序固化等几个阶段。但它们不是绝对分开的，有时候是交叉进行的。图 10-1 描述了单片机应用系统开发设计的一般过程。

10.1.1 技术方案论证

单片机应用系统的研制是从确定目标任务开始的，在着手进行系统设计之前，必须根据系统的应用场合、工作环境、具体用途提出合理的、详尽的功能技术指标和方案。这是系统设计的依据和出发点，也是决定系统成败的关键，所以必须认真做好这个工作。

在制定技术方案时，应对产品的可靠性、通用性、可维护性、先进性及成本等进行综合考虑，考虑国内、外同类产品的有关资料，使确定的技术指标合理而且符合有关标准。其具体要求如下：

（1）了解用户的需求，确定设计规模和总体框架。

（2）摸清软、硬件技术难度，明确技术主攻问题。

（3）针对主攻问题开展调研工作，查找中外有关资料，确定初步方案。

（4）单片机应用开发技术是软、硬件结合的技术，方案设计要权衡任务的软、硬件分工，有时硬件设计会影响到软件程序结构。如果系统中增加某个硬件接口芯片，而给系统程序的模块化带来了可能和方便，那么这个硬件开销是值得的。在无碍大局的情况下，以软件代替硬件正是计算机技术的长处。

（5）尽量采纳可借鉴的成熟技术，减少重复性劳动。

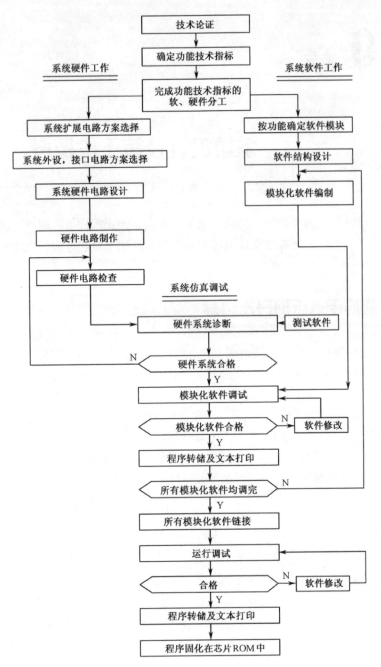

图 10-1 单片机应用系统开发设计流程图

10.1.2 硬件系统的设计

硬件系统设计的任务是根据技术方案的要求,在所选择的单片机型号的基础上,具体确定系统中所要使用的元器件,设计出系统的电路原理图,必要时做一些部件实验,以验证电路图的正确性、工艺结构的设计加工、印制电路板的制作及样机的组装等。

单片机应用系统的设计可划分为两部分:一部分是与单片机直接接口的数字电路范围的电路芯片的设计,如存储器和并行接口的扩展,定时系统、中断系统扩展,一般的外部设备的接口,甚至于 A/D、D/A 芯片的接口;另一部分是与模拟电路相关的电路设计,包括信号的整形、变换、隔离和选用传感器，输出通道中的隔离和驱动及执行元件的选用。其具体步骤如下：

（1）从应用系统的总线观念出发，各局部系统和通道接口设计与单片机要做到全局一盘棋。例如，芯片间的时间是否匹配、电平是否兼容及能否实现总线隔离缓冲等，避免"拼盘"战术。

（2）尽可能选用符合单片机用法的典型电路。

（3）尽可能采用新技术，选用新的元件及芯片。

（4）抗干扰设计是硬件设计的重要内容，如看门狗电路、去耦滤波、通道隔离及合理的印制板布线等。

（5）当系统扩展的各类接口芯片较多时，要充分考虑到总线驱动能力。当负载超过允许范围时，为了保证系统可靠的工作，必须加总线驱动器。

（6）可用印制板辅助设计软件，如用 PROTEL 进行印制板的设计，提高设计的效率和质量。

10.1.3 应用软件的设计

单片机系统应用软件的设计应注意以下几个方面：

（1）采用模块程序设计；

（2）采用自顶向下的程序设计；

（3）外部设备和外部事件尽量采用中断方式与 CPU 联络，这样既便于系统的模块化，也可提高程序的效率；

（4）近几年推出的单片机开发系统，有些是支持高级语言的，如 C51 与 PL/M96 的编程和在线跟踪调试；

（5）目前已有一些成熟的实用子程序在程序设计时可适当参考使用，其中包括运行子程序和控制算法程序等；

（6）系统的软件设计应充分考虑到软件抗干扰措施。

10.1.4 硬件、软件系统的调试

系统调试可检验所设计系统的正确性与可靠性，并从中发现组装的问题或设计的错误。这里所指的设计错误，是指设计过程中所出现的小错误或局部错误，决不允许出现重大错误。对于系统调试中发现的问题或错误及出现的不可靠因素，要提出有效的解决方法，然后对原方案做局部修改，再进入调试。

10.1.5 程序的固化

所有开发装置调试通过的程序，最终要脱机运行，即将仿真运行的程序固化到芯片 ROM 中脱机运行。但在开发装置上运行正常的程序，固化后脱机运行并不一定同样正常。若脱机运行有问题，则需分析原因，如是否总线驱动功能不够或是对接口芯片操作的时间不匹配等。经修改的程序需再次写入芯片 ROM，然后再脱机运行，直到正常为止。

10.2 单片机硬件系统的设计

10.2.1 元件的选取

元件的选取应充分考虑如下几个方面。

（1）性能参数和经济性。在选择元器件时，必须按照器件手册所提供的各种参数（如工作条件、电源要求、逻辑特性等）指标综合考虑，但不能单纯追求超出系统性能要求的高速、高精度

及高性能。例如，一般 10 位精度的 A/D 转换器价格远高于同类 8 位精度的 A/D 转换器；陶瓷封装（一般适用于-25～+85℃或-55～+125℃）的芯片价格略高于塑料封装（0～+70℃）的同类型芯片。

（2）通用性。在应用系统中，尽量采用通用的大规模集成电路芯片，这样可大大简化系统的设计、安装和调试，也有助于提高系统的可靠性。

（3）型号和公差。在确定元器件参数之后，还要确定元器件的型号，这主要取决于电路所允许元器件的公差范围，如电解电容器可满足一般的应用，但对于电容公差要求高的电路，电解电容则不宜采用。

（4）与系统速度匹配。单片机时钟频率一般可在一定范围内选择（如 MCS-51 单片机芯片可在 0～20MHz 之间任意选择），在不影响系统性能的前提下，时钟频率选低些为好，这样可降低系统内其他元器件的速度要求，从而降低成本和提高系统的可靠性。在选择比较高的时钟频率时，需挑选和单片机速度相匹配的元器件。另外，较低的时钟频率会降低晶振电路产生的电磁干扰。

（5）电路类型。对于低功耗应用系统，必须采用 CHMOS 或 CMOS 芯片，如 74HC 系列、CD4000 系列，而一般系统可使用 TTL 数字集成电路芯片。

10.2.2 硬件电路的设计原则

一般在设计系统硬件电路时应遵循以下原则：

（1）尽可能选择标准化、模块化的典型电路，且符合单片机应用系统的常规用法；

（2）系统配置及扩展标准必须充分满足系统的功能要求，并留有余地，以利于系统的二次开发；

（3）硬件结构应结合应用程序设计一并考虑，软件能实现的功能尽可能由软件来完成，以简化硬件结构；

（4）系统中相关的器件要尽可能做到性能匹配；

（5）单片机外接电路较多时，必须考虑其驱动能力；

（6）可靠性及抗干扰设计是硬件系统设计不可缺少的一部分；

（7）TTL 电路未用引脚的处理；

（8）工艺设计，包括机架机箱、面板、配线、接插件等，必须考虑安装、调试、维护的方便。

10.2.3 单片机资源的分配

1. I/O 引脚资源分配

单片机芯片各功能不完全相同，如部分引脚具有第二输入/输出功能；各 I/O 引脚输出级电路结构不尽相同，如 8051 的 P0 口采用漏极开路输出方式，P1～P3 采用准双向结构，P3 口为双功能口，作为一般 I/O 使用时首选 P1 口。因此，在分配 I/O 引脚时，需要认真对待。

2. ROM 资源分配

片内 ROM 存储器用于存放程序和数据表格。按照 MCS-51 单片机的复位及中断入口的规定，002FH 以前的地址单元都作为中断、复位入口地址区。在这些单元中，一般都设置了转移指令，转移到相应的中断服务程序或复位启动程序。当程序存储器中存放的功能程序及子程序数量较多时，应尽可能为它们设置入口地址表。一般的常数、表格集中设置表格区。二次开发扩展区应尽可能放在高位地址区。

3. RAM 资源分配

RAM 分为片内 RAM 和片外 RAM。片外 RAM 的容量比较大，通常用来存放批量大的数据，如采样结果数据。片内 RAM 容量较少，尽可能重叠使用，如数据暂存区与显示、打印缓冲区重叠。

对于 MCS-51 单片机来说，片内 RAM 是指 00H～7FH 单元。这 128 个单元的功能并不完全相同，分配时应注意发挥各自的特点，做到物尽其用。

00H～1FH 这 32 个字节可以作为工作寄存器组。在工作寄存器的 8 个单元中，R0 和 R1 具有指针功能，是编程的重要角色，应充分发挥其作用。系统上电复位时，置 PSW=00H，SP=07H，则 RS1（PSW.4）、RS0（PSW.3）位均为 0，CPU 自动选择工作寄存器组 0 作为当前的工作寄存器，而工作寄存器组 1 为堆栈，并向工作寄存器组 2、3 延伸。例如，此时当 CPU 执行诸如"MOV R1,#2FH"的指令时，R1 即是指 01H 单元。在中断服务程序中，如果也要使用 R1 寄存器且不将原来的数据冲掉，则可在主程序中先将堆栈空间设置在其他位置，然后在进入中断服务程序后选择工作寄存器组 1、2 或 3。这时，若再执行如"MOV R1,#00H"指令时，就不会冲掉 R1（01H 单元）中原来的内容了。因为这时 R1 的地址已改变为 09H、11H 或 19H。在中断服务程序结束时，可重新选择工作寄存器组 0。因此，通常可在应用程序中安排主程序及其调用的子程序使用工作寄存器组 0，而安排定时器溢出中断、外部中断、串行口中断使用工作寄存器组 1、2 或 3。

20H～2FH 这 16 个字节具有位寻址功能，可用来存放各种软件标志、逻辑变量、位输入信息、位输出信息副本、状态变量及逻辑运算的中间结果等。当这些项目全部安排好后，保留一两个字节备用，剩下的单元可改做其他用途。

30H～7FH 为一般的通用寄存器，只能存入整字节信息。通常用来存放各种参数、指针及中间结果，或用做数据缓冲区。此外，也常将堆栈安放在片内 RAM 的高端（如 60H～7FH）。设置堆栈区时，应事先估算出子程序和中断嵌套的级数及程序中栈操作指令的使用情况，其大小应留有余量。当系统中扩展了 RAM 时，应把使用频率最高的数据缓冲区安排在片内 RAM 中，以提高处理速度。

10.2.4 印制电路板的设计

单片机应用系统产品在结构上离不开用于固定单片机芯片及其他元器件的印制电路板。通常，这类印制电路板布线密度高、焊点分布密度大，需要双面，甚至多层板才能满足电路要求。

在编辑印制电路板时，需要遵循下列原则：

（1）晶振必须尽可能地靠近 CPU 的晶振引脚，且晶振电路下方不能走线，最好在晶振电路下方放置一个与地线相连的屏蔽层。

（2）电源、地线要求。在双面印制电路板上，电源线和地线应安排在不同的面上，且平行走线，这样寄生电容将起滤波作用。对于功耗较大的数字电路芯片，如 CPU、驱动器等应采用单点接地方式，即这类芯片电源、地线应单独走线，并直接接到印制电路板电源、地线入口处。电源线和地线宽度应尽可能大一些，或采用微带走线方式。

（3）模拟信号和数字信号不能共地，即采用单点接地方式。

（4）在中低频应用系统（晶振频率小于 20MHz）中，走线转角可取 45°；在高频系统中，必要时可选择圆角模式。尽量避免使用 90°的转角。

（5）对于输入信号线，走线应尽可能短，必要时在信号线两侧放置地线屏蔽，防止可能出现的干扰。不同信号线避免平行走线，上、下两面的信号线最好交叉走线，相互干扰可减到最小。

（6）为减低系统功耗，对于未用 TTL 电路的单元必须按下列方式处理：

在设计印制电路板时，最容易忽略未用单元电路输入端的处理（因为原理图中没有给出）。尽管它不影响电路的功能，但却可增加系统的功耗，尤其是当系统靠电池供电时，就更应该注意未用单元引脚的连接。

在小规模 TTL 电路芯片中，同一芯片内常含有多套电路。例如，在 74LS00 芯片中，就含有 4 套"2 输入与非门"，设计时应充分考虑。

10.3 单片机软件系统的设计

软件是单片机应用系统中的一个重要的组成部分。一般计算机应用系统的软件包括系统软件和用户软件,而单片机应用系统中的软件只有用户软件,即应用系统软件。软件设计的关键是确定软件应完成的任务及选择相应的软件结构。

10.3.1 任务的确定

根据系统软、硬件的功能分工,可确定出软件应完成什么功能。作为实现控制功能的软件应明确控制对象、控制信号及控制时序;作为实现处理功能的软件应明确输入是什么、要做什么样的处理(即处理算法)、产生何种输出。

10.3.2 软件结构的设计

软件结构的设计与程序的设计技术密切相关。程序设计技术则提供了程序设计的基本方法。在单片机应用系统中,最常用的程序设计方法是模块程序设计。模块程序设计具有结构清晰、功能明确、设计简便、程序模块可共享、便于功能扩展及便于程序维护等特点。为了编制模块程序,先要将软件功能划分为若干子功能模块,然后确定出各模块的输入、输出及相互间的联系。单片机应用系统软件的一般结构如图 10-2 所示。

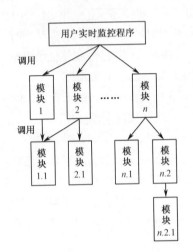

图 10-2 单片机应用系统软件的一般结构

10.4 单片机系统抗干扰技术

可靠性设计是一项系统工程,其中系统抗干扰性能是可靠性的重要指标。工业环境有强烈的电磁干扰,因此必须采取抗干扰措施,否则难以稳定、可靠运行。

工业环境中的干扰一般是以脉冲形式进入单片机系统,渠道主要有三条。

(1) 空间干扰(场干扰):电磁信号通过空间辐射进入系统。

(2) 过程通道干扰:干扰通过与系统相连的前向通道、后向通道及与其他系统的相互通道进入。

(3) 供电系统干扰:电磁信号通过供电线路进入系统。

一般情况下空间干扰在强度上远小于其他两种,故单片机系统中应重点防止过程通道与供电系统的干扰。抗干扰措施有硬件措施和软件措施。硬件措施如果得当,可将绝大部分干扰拒之门外,但仍然会有少数干扰进入单片机系统,故软件措施作为第二道防线必不可少。由于软件抗干扰措施是以 CPU 为代价的,如果没有硬件消除绝大多数干扰,CPU 将疲于奔命,无暇顾及正常工作,严重影响系统的工作效率和实时性。因此,一个成功的抗干扰系统是由硬件和软件相结合构成的。

10.4.1 硬件抗干扰措施

1. 输入/输出通道干扰的抑制措施

输入/输出通道干扰的抑制通常采用隔离和滤波技术。常用的隔离器件有隔离变压器、光电耦合器、继电器及隔离放大器等。其中,光电耦合器应用最为广泛。

输入/输出通道采用光电耦合器将单片机系统与各种传感器、开关、执行机构从电气上隔离开来,可将很大一部分干扰阻挡。在模拟通道中使用光电耦合器隔离时,应保证被传送信号的变化范围始终在光电耦合器的线性区内,否则会产生较大的误差。应尽可能将隔离器件设置在执行部件或传感器附近,通常是将光电隔离器放在 A/D、D/A 附近。

光电隔离前后,两部分电路应分别采用两组独立的电源供电。当数字通道输出的开关量是用于控制大负荷设备时,就不宜用光电耦合器,而采用继电器隔离输出。此时要在单片机输出端的锁存器 74LS273 与继电器间设置一个 OC 门驱动器,用以提供较高的驱动电流(一般 OC 门驱动器的低电平输出电流约有 300mA 左右,足以驱动小型继电器)。硬件滤波电路常采用 RC 低通滤波器,将它接在一些低频信号的传送电路中,可大大削弱各类高频干扰信号。

在输入/输出通道上还应采用过压保护电路,以防引入高电压,伤害单片机系统。过压保护电路由限流电阻和稳压管组成,限流电阻选择要适宜,太大会引起信号衰减,太小起不到保护稳压管的作用。稳压管的选择也要适宜,其稳压值以略高于最高传送信号电压为宜,太低将对有效信号起限幅效果,使信号失真。

2. 供电系统干扰的抑制措施

单片机系统的供电线路和产生干扰的用电设备可分开供电。通常干扰源为各类大功率设备,如电机。对于小的单片机系统,可采用 CMOS 芯片,设计成低功耗系统,用电池供电,干扰可大大减少。

通过低通滤波器和隔离变压器接入电网。低通滤波器可以吸收大部分电网中的"毛刺"。隔离变压器是在初级绕组和次级绕组之间多加一层屏蔽层,并将它和铁芯一起接地,防止干扰通过初、次级之间的电容效应进入单片机供电系统。该屏蔽层也可用加绕的一层线圈来充当(一头接地,另一头空置)。

整流元件上并接滤波电容,可以在很大程度上削弱高频干扰,滤波电容选用容量为 1000pF~0.01μF 的无感瓷片电容为好。

选用高质量的稳压电路可使输出直流电压上的纹波很小,使干扰很难在输出端形成。

数字信号采用负逻辑传输。如果定义低电平为有效电平,高电平为无效电平,就可以减少干扰引起的误动作,提高数字信号传输的可靠性。

3. 电磁场干扰的抑制措施

电磁场的干扰可采用屏蔽和接地措施。用金属外壳或金属屏蔽罩将整机或部分元器件包围起来,再将金属外壳接地,就能起到屏蔽作用。单片机系统中有数字地、模拟地、交流地、信号地及屏蔽地(机壳地),应分开连接不同性质的地。印制电路板中的地线应接成网状,而且其他布线不要形成回路,特别是环绕外周的环路。接地线最好应根据电路通路逐渐加宽,并且不要小于 3mm。在高频情况下,印制电路板多采用大面积地线直接与机壳直接相连,以形成多点接地方式。强信号地线和弱信号地线要分开。

4. 减小 CPU 芯片工作时形成的电磁辐射

如果 CPU 工作产生的电磁辐射干扰了系统内的无线接收电路时,除了对 CPU 芯片采取屏蔽措施外,还必须在满足速度要求的前提下,尽可能降低系统的时钟频率。因为时钟频率越低,晶振电路产生的电磁辐射量越小。

尽量避免扩展外部存储器,即尽可能使用内含 Flash ROM、OTP ROM 存储器的芯片,且禁止 ALE 输出。

10.4.2 软件抗干扰措施

软件系统的可靠性设计的主要方法有开机自检、软件陷阱（进行程序"跑飞"检测）、设置程序运行状态标记、输出端口刷新、输入多次采样、软件"看门狗"等。通过软件系统的可靠性设计，达到最大限度地降低干扰对系统工作的影响，确保单片机及时发现因干扰导致程序出现的错误，并使系统恢复到正常工作状态或及时报警的目的。

1. 开机自检

开机后首先对单片机系统的硬件及软件状态进行检测，一旦发现不正常，就进行相应的处理。开机自检程序通常包括：

（1）检测 RAM。检查 RAM 读/写是否正常，实际操作是向 RAM 单元写"00H"，读出也应为"00H"，再向其写"FFH"，读出也应为"FFH"。如果 RAM 单元读/写出错，应给出 RAM 出错提示（声光或其他形式），等待处理。

（2）检查 ROM 单元的内容。对 ROM 单元的检测主要是检查 ROM 单元的内容的校验和。所谓 ROM 的校验和是将 ROM 的内容逐一相加后得到一个数值，该值便称校验和。ROM 单元存储的是程序、常数和表格。一旦程序编写完成，ROM 中的内容就确定了，其校验和也就是唯一的。若 ROM 校验和出错，应给出 ROM 出错提示（声光或其他形式），等待处理。

（3）检查 I/O 口状态。首先确定系统的 I/O 口在待机状态应处的状态，然后检测单片机的 I/O 口在待机状态下的状态是否正常（如是否有短路或开路现象等）。若不正常，应给出出错提示（声光或其他形式），等待处理。

（4）其他接口电路检测。除了对上述单片机内部资源进行检测外，对系统中的其他接口电路，如扩展的 E^2PROM、A/D 转换电路等，又如数字测温仪中的 555 单稳测温电路，均应通过软件进行检测，确定是否有故障。

2. CPU 抗干扰措施

前面几项抗干扰措施是针对 I/O 通道，干扰还未作用到单片机本身，这时单片机还能正确无误地执行各种抗干扰程序，当干扰作用到单片机本身时（通过干扰三总线等），单片机将不能按正常状态执行程序，从而引起混乱。如何发现单片机受到干扰，如何拦截失去控制的程序流向，如何使系统的损失减小，如何恢复系统的正常运行，这些就是 CPU 抗干扰需要解决的问题。可采用了以下几种方法：

（1）人工复位。对于失控的 CPU，最简单的方法是使其复位，程序自动从 0000H 开始执行。为此只要在单片机的 RESET 端加上一个高电平信号，并持续 10ms 以上即可。

（2）掉电保护。电网瞬间断电或电压突然下降将使微机系统陷入混乱状态，电网电压恢复正常后，微机系统难以恢复正常。对付这一类事故的有效方法就是掉电保护。掉电信号由硬件电路检测后，加到单片机的外部中断输入端（如图 10-3 中的欠压保护，通过 MAX813L 产生中断）。软件中断可将掉电中断设定为高级中断，使系统及时对掉电做出反应。在掉电中断子程序中，首先进行现场保护，保存当时重要的状态参数，当电源恢复正常时，CPU 重新复位，恢复现场，继续未完成的工作。

（3）睡眠抗干扰。CMOS 型的 51 系列单片机具有睡眠状态，此时只有定时/计数系统和中断系统处于工作状态。这时 CPU 对系统三总线上出现的干扰不会做出任何反应，从而大大降低系统对干扰的敏感程度。

通过仔细分析系统软件后发现，CPU 很多情况下是在执行一些等待指令和循环检查程序。由于这时 CPU 虽没有重要工作，但却是清醒的，很容易受干扰。让 CPU 在没有正常工作时休眠，必要时再由中断系统来唤醒它，之后又处于休眠。采用这种安排之后，大多数 CPU 可以有 50%～95% 的时间用于睡眠，从而使 CPU 受到随机干扰的威胁大大降低，同时降低了 CPU 的功耗。

3. 指令冗余

当 CPU 受到干扰后，往往将一些操作数当做指令码来执行，引起程序混乱。这时首先要尽快将程序纳入正轨（执行真正的指令系列）。MCS-51 系统中所有指令都不超过 3 个字节，而且有很多单字节指令。当程序跑飞到某一条单字节指令上时，便自动纳入正轨。当跑飞到某一双字节或三字节指令上时，有可能落到其操作数上，从而继续出错。因此，应多采用单字节指令，并在关键的地方人为地插入一些单字节指令（NOP），或将有效单字节指令重复书写，这便是指令冗余。

在双字节和三字节指令之后插入两条 NOP 指令，可保护其后的指令不被拆散。或者说，某指令前如果插入两条 NOP 指令，则这条指令就不会被前面冲下来的失控程序拆散，并将被完整执行，从而使程序走上正轨。但不能加入太多的冗余指令，以免明显降低程序正常运行的效率。因此，常在一些对程序流向起决定作用的指令之前插入两条 NOP 指令，以保证跑飞的程序迅速纳入正确的控制轨道。此类指令有 RET、RETI、LCALL、SJMP、JZ、CJNE 等。在某些对系统工作状态至关重要的指令（如"SETB　EA"等）前也可插入两条 NOP 指令，以保证被正确执行。上述关键指令中，RET 和 RETI 本身即为单字节指令，可以直接用其本身来代替 NOP 指令，但有可能增加潜在危险，不如 NOP 指令安全。

4. 软件陷阱

指令冗余使跑飞的程序重新回到用户指令是有条件的，首先跑飞的程序必须落到程序区，其次必须执行到冗余指令。当跑飞的程序落到非程序区（如 EPROM 中未使用的空间、程序中的数据表格区）时前一个条件即不满足；当跑飞的程序在没有碰到冗余指令之前，已经自动形成一个死循环，这时第二个条件也不满足。对前一种情况采取的措施就是设立软件陷阱，对后一种情况采取的措施是建立程序运行监视系统（看门狗"WATCHDOG"）。

所谓软件陷阱，就是一条引导指令，强行将捕获的程序引向对程序出错进行处理的程序。如果把这段程序的入口标号称为 ERR，软件陷阱即为一条"LJMP　ERR"指令。为加强其捕捉效果，一般还在它前面加两条 NOP 指令，因此，真正的软件陷阱由三条指令构成。

```
NOP
NOP
LJMP    ERR
```

软件陷阱安排在下列四种区域：

（1）未使用的中断向量区。当干扰使未使用的中断开放，并激活这些中断时，就会进一步引起混乱。如果在这些地方布上陷阱，就能及时捕捉到错误中断。

（2）未使用的大片 ROM 空间。现在使用 EPROM 都很少将其全部用完。对于剩余的大片未编程的 ROM 空间，一般均维持原状 FFH。FFH 对于指令系统，是一条单字节指令（MOV　R7，A），程序跑飞到这一区域后将顺流而下，不再跳跃（除非受到新的干扰），只要每隔一段设置一个陷阱，就一定能捕捉到跑飞的程序。软件陷阱一定要指向出错处理过程 ERR。可以将 ERR 字排在 0030H 开始的地方，程序不管怎样修改，编译后 ERR 的地址总是固定的（因为它前面的中断向量区是固定的）。这样就可以用 00 00 02 00 30 五个字节作为陷阱来填充 ROM 中的未使用空间，或者每隔一段设置一个陷阱（02 00 30），其他单元保持 FFH 不变。

（3）表格。汇编程序中有两类表格：一类是数据表格，供"MOVC A,@A+PC"指令或"MOVC　A,@A+DPTR"指令使用，其内容完全不是指令；另一类是散转表格，供 JMP@A+DPTR 指令使用，其内容为一系列的三字节指令 LJMP 或两字节指令 AJMP。由于表格内容和检索值有一一对应关系,在表格中间安排陷阱将会破坏其连续性和对应关系,只能在表格的最后安排五字节陷阱(NOP NOP LJMP ERR)。

(4) 程序区。程序区是由一串串执行指令构成的,在这些指令串之间常有一些断裂点,正常执行的程序到此便不会继续往下执行了,这类指令有 JMP、RET 等。这时 PC 的值应发生正常跳变。如果还要顺次往下执行,必然就出错了。当然,跑飞来的程序刚好落到断裂点的操作数上或落到前面指令的操作数上(又没有在这条指令之前使用冗余指令),则程序就会越过断裂点,继续执行。在这种地方安排陷阱之后,就能有效地捕捉住它,而又不影响正常执行的程序流程。例如:

```
          ……
          AJMP    ABC
          NOP
          NOP
          LJMP    ERR
          ……
    ABC:  MOV     A,R2
          RET
          NOP
          NOP
          LJMP    ERR
    ERR:  ……
```

由于软件陷阱都安排在程序正常执行不到的地方,故不会影响程序执行效率。

5. 输出端口刷新

由于单片机的 I/O 口很容易受到外部信号的干扰,输出口的状态也可能因此而改变。在程序中周期性地添加输出端口刷新指令,可以降低干扰对输出口状态的影响。在程序中指定 RAM 单元存储输出口当时应处的状态,在程序运行过程中根据这些 RAM 单元的内容去刷新 I/O 口。

6. 输入多次采样

干扰对单片机的输入会造成输入信号瞬间采样的误差或误读。要排除干扰的影响,通常采取重复采样、加权平均的方法。

例如,对于外部电平采样(如按键),采取软件每隔 10ms 读一次键盘或连续读若干次,每次读出的数据都相同或者采取表决的方法确认输入的键值;又如在用单稳电路检测温度的系统中采取对单稳电路的脉冲宽度计数,然后查表求温度值的方法。为排除干扰的影响,可以采取三次采样求平均值,也可以采取两次采样、差值小于设定值为有效,然后求平均值的方法(又称软件滤波)。

7. 重复输出同一个信号

单片机在输出信号时,外部干扰有可能使信号出错。如系统中单片机发出的驱动步进电动机的信号经锁存器锁存后传送给驱动电路,锁存器对干扰非常敏感,当锁存线上出现干扰时,会盲目锁存当前数据,而不管是否有效。因此首先应将锁存器与单片机安装在同一电路板上,使传输线上传送的是已经锁存好的控制信号。同时在软件上,最有效的方法就是重复输出同一个信号,只要重复周期尽可能短,锁存器接收到一个被干扰的错误信号后还来不及做出有效的反应,一个正确的输出信号又到达,就可以及时防止错误动作的产生。

第 11 章

Keil C51 软件的使用

Keil C51 μVision2 是目前最流行的 C51 集成开发环境（IDE），集编辑、编译、仿真于一体，支持 C51 及汇编编程，界面友好，易学易用。下面通过简单的编程、调试，说明 Keil C51 软件的基本使用方法和基本的调试技巧。

进入 Keil C51 后，屏幕如图 11-1 所示。几秒后出现 Keil C51 应用程序界面，如图 11-2 所示。

 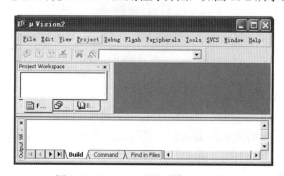

图 11-1　启动 Keil C51 时的屏幕　　　　　图 11-2　Keil C51 的应用程序界面

11.1　工程文件的建立及设置

11.1.1　工程文件的建立和编译、连接

Keil C51 是 Windows 版的软件，不管使用汇编或 C 语言编程，也不管是一个还是多个文件的程序，都先要建立一个工程文件。没有工程文件，将不能进行编译和仿真。图 11-2 左边有一个工程管理窗口，该窗口有 3 个标签，分别是 "Files"、"Regs" 和 "Books"，分别用于显示当前项目的文件结构、CPU 内部的寄存器及部分特殊功能寄存器的值（调试时才出现）和所选 CPU 的附加说明文件。工程文件的建立，可分为以下几步。

（1）新建工程

单击 "Project" 菜单，在弹出的下拉菜单中选中 "New Project" 选项，如图 11-3 所示，输入工程文件的名字（如 ads），选择要保存的路径（如保存到 C51 目录里），然后单击 "保存" 按钮，如图 11-4 所示。

（2）选择单片机的型号

在第（1）步后会弹出一个对话框，要求选择单片机的型号，如图 11-5 所示。Keil C51 几乎支持所有的 51 内核的单片机，如选择 Atmel 的 "AT89C1051"，右边栏是对这个单片机的基本的说明，然后单击 "确定" 按钮。

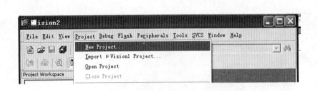
图 11-3 新建工程菜单的选择

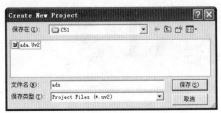
图 11-4 工程文件的存盘

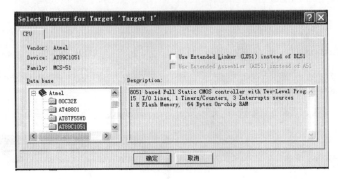
图 11-5 CPU 的选择

（3）为工程添加程序文件

单击"File"菜单，再在下拉菜单中单击"New"选项，新建文件后屏幕如图 11-6 所示。

此时光标在编辑窗口里闪烁，这时可以输入用户的应用程序了，但最好先保存该空白的文件，单击菜单上的"File"，在下拉菜单中选中"Save As"选项单击，屏幕如图 11-7 所示。在"文件名"栏右侧的编辑框中，输入欲使用的文件名（如 Text1）及其扩展名。

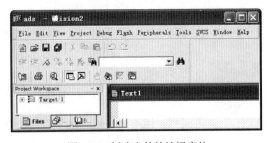
图 11-6 新建文件的编辑窗体

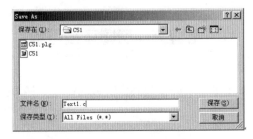
图11-7 新建程序文件的存盘

注意：如果用 C 语言编写程序，则扩展名为（.c）；如果用汇编语言编写程序，则扩展名必须为（.asm）。然后，单击"保存"按钮。

（4）将程序文件添加到工程中

回到项目管理窗口，单击"Target 1"前面的"＋"号，然后在"Source Group 1"文件夹上单击右键，弹出下拉菜单，如图 11-8 所示。

然后单击"Add Files to Group 'Source Group 1'"，找到刚才建立的文件 Test1.c。因为是 c 程序文件，所以文件类型选择"C Source file(*.c)"。如果是汇编文件，就选择"asm source file"；如果是目标文件，就选择"Object file"；如果是库文件，选择"Library file"。最后单击"Add"按钮。

单击"Add"按钮之后，窗口不会消失，如果要添加多个文件，可以不断添加，添加完毕时再单击"Close"按钮关闭该窗口。在图 11-9 中，注意到"Source Group 1"文件夹中多了一个

子项 "Text1.c"，子项的多少与所增加的源程序的多少相同。

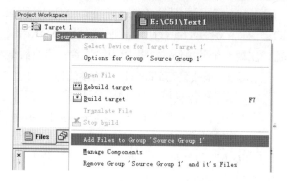

图 11-8　程序文件添加到工程的选择菜单　　　　图 11-9　子项 "Text1.c" 文件

（5）在编辑窗体中输入如下的 C 语言源程序

```
#include <reg52.h>        //包含文件
#include <stdio.h>
void main(void)            //主函数
{ SCON=0x52;
  TMOD=0x20;
  TH1=0xf3;
  TR1=1; //此行及以上 3 行为 PRINTF 函数所必须
  TI=1;
  printf("Hello world.\n"); //打印程序执行的信息
  while(1);}
```

在输入上述程序时，可以看到事先保存待编辑的文件的好处，即 Keil C51 会自动识别关键字，并以不同的颜色提示用户加以注意。这样会使用户少犯错误，有利于提高编程效率。程序输入完毕后，如图 11-10 所示。

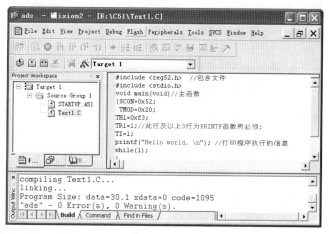

图 11-10　程序文件的建立

（6）代码的编译和连接

在建立好工程文件后，就可对程序文件进行编译和连接，单击 "Project" 菜单，在其下拉菜单中单击 "Built Target" 选项（或者使用快捷键 F7），则会对当前工程进行连接。如果当前文件已修改，软件先对当前文件进行编译，然后再连接以产生目标代码；若没有修改，则不会编译。如果选择 "Rebuild All target"，将会对当前工程中的所有文件重新进行编译后再连接，确保最终产生的目标代码是最新的；而选择"translate……"项则仅对该文件进行编译，不进行连接。编译信息显示在输出窗口"Build"页中，如图 11-10 所示。若编译后报错"IO.C(65): error C141: syntax error near 'while', target not created"，说明"IO.c"程序文件的 65 行在"while"附近有语法错误，目标文件没有建立。用鼠标双击该行，则编辑窗口出现一个蓝色箭头，指出出错位置。修改后重新编译，若成功，最终会得到图 11-10 所示的信息。

以上操作也可以通过图 11-11 所示的工具栏按钮直接进行，工具栏图标从左到右分别是"编译"、"当前工程编译连接"、"全部重建"、"停止编译"、"下载到 Flash"和"对工程属性进行设置"的工具按钮。

图 11-11　编译、连接、工程设置等的工具条

11.1.2　设置工程文件的属性

单击"Project"菜单，在下拉菜单中单击"Options for Target 'Target 1'"，可更改工程属性设置，其中常用的标签页是"Device"、"Target"、"Output"、"Listing"、"C51"和"Debug"。

1．"Target"标签属性

（1）选择"Target"选项，如图 11-12 所示。

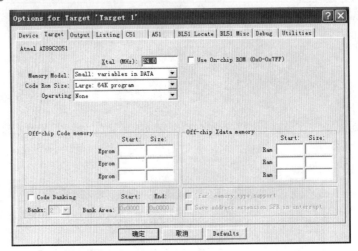

图 11-12　"Target"属性标签

- Xtal(MHz)：设置单片机的工作频率。该数值与最终产生的目标代码无关，这样做的好处是可以在软件仿真时，计算出程序运行时间。将其设置成硬件系统所用的晶振频率，则显示时间与实际所用时间一致。默认值为 24.0MHz。
  - Use On-chip ROM(0x0-0x7FF)：若使用片内 Flash ROM，则选择该项，默认不选这项。
  - Off-chip Code memory：设置外接的 ROM 的开始地址和大小，默认无。
  - Off-chip Xdata memory：设置外部数据存储器的起始地址和大小，默认无。
  - Code Banking：使用 Code Banking 技术 Keil 可以支持程序代码超过 64KB 的情况，最大可以有 2MB 的程序代码，默认不选这项。

（2）"Memory Model"有 3 个选项，如图 11-13 所示。
  - Small：变量存储在内部 RAM 中，默认选 Small。
  - Compact：变量存储在外部 RAM 里，使用 8 位页间寻址。
  - Large：变量存储在外部 RAM 里，使用 16 位间接寻址。

三种存储方式都支持内部 256B 和外部 64KB 的 RAM，区别是变量默认的存储位置。

(3)"Code Rom Size"有 3 个选项，如图 11-14 所示。

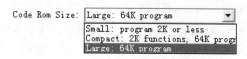

图 11-13　"Memory Model"选项　　　图 11-14　"Code Rom Size"选项

- Small：program 2K or less：整个工程不超过 2KB 的代码，适用于 89C2051 这些芯片。
- Compact：2K functions，64K program：表示每个子函数大小不超过 2KB，整个工程可以有 64KB 的代码。
- Large：64K program：表示程序或子函数都可以大到 64KB，使用 code banking 还可以更大，默认选 Large。在确认每个子函数不会超过 2KB 时，可以选择 Compact。

（4）"Operating"有 3 个选项，如图 11-15 所示。

- None：表示不使用操作系统。
- RTX-51 Tiny：表示使用 Tiny 操作系统。
- RTX-51 Full：表示使用 Full 操作系统。

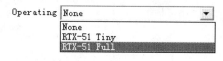

图 11-15　Operating 选项

Keil C51 提供了 Tiny 多任务操作系统，使用定时器 0 来做任务切换，效率很低，无实用价值。Full 需要用户使用外部 RAM，且需要单独购买运行库，不能使用，默认选 None。

2．"Output"标签属性

"Output"标签属性设置窗口如图 11-16 所示。

（1）Select Folder for Objects：选择编译之后的目标文件存储在哪个目录里，默认位置为工程文件的目录里。

（2）Name of Executable：设置生成的目标文件的名字，默认是工程文件的名字。

（3）Create Executable：是生成 OMF 以及 HEX 文件。OMF 文件名同工程文件名但没有带扩展名。

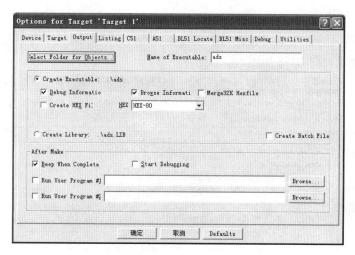

图 11-16　"Output"属性标签

（4）Create Hex File：默认情况下未被选中，如果要写片，就必须选中该项。这一点请务必注意，否则编译后不生成 Hex 文件。

（5）Create Library：生成 lib 库文件，默认不选。

（6）After Make 部分有以下几个设置：
- Beep When Complete：编译完成之后发出咚的声音。
- Start Debugging：编译完成之后，马上启动调试（软件仿真或硬件仿真），默认不选中。
- Run User Program #1，Run User Program #2：根据需要设置编译之后运行的应用程序，比如自己编写的烧写芯片的程序，或调用外部的仿真程序。

3．"Listing"标签属性

"Listing"标签页用于调整生成的列表文件选项，一般常设置成如图 11-17 所示。

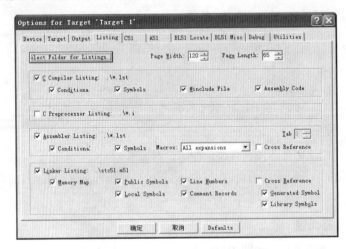

图 11-17 "Listing"属性标签

- Select Folder for Listings：选择列表文件存放的目录，默认为工程文件所在的目录。
- *.lst *.m51 文件对了解程序用到了哪些 idata、data、bit、xdata、code、RAM、ROM、Stack 等有很重要的作用。
- Assembly Code：生成汇编的代码，根据需要决定是否选择。

4．"C51"标签页

"C51"标签页用于对 Keil 的 C51 编译器编译过程进行控制，其中比较常用的是"Code Optimization"组，如图 11-18 所示。

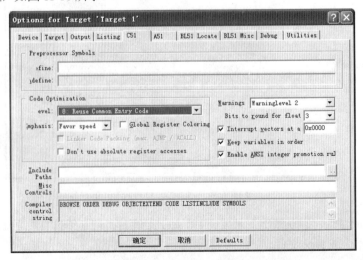

图 11-18 "C51"属性标签

该组中"Level"是优化等级，C51 在对源程序进行编译时可以对代码多至 9 级优化，默认使用第 8 级，一般不必修改。如果在编译中出现一些问题可以降低优化级别试一试。

"Emphasis"是选择编译优先方式，第一项是代码量优化（最终生成的代码量小），第二项是速度优先（最终生成的代码速度快），第三项是默认的，是速度优先，可根据需要更改。

5. "Debug"标签页

"Debug"选项卡用来设置调试器，如图 11-19 所示。可以选择硬件、软件仿真器进行仿真。

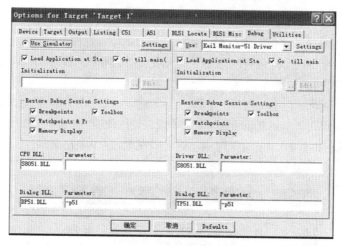

图 11-19 "Debug"属性标签

（1）Use Simulator：选择 Keil 内置的模拟调试器，进行软件仿真。该设置为工程默认设置。

（2）Use：选择硬件仿真，默认的是"Keil Monitor-51 Drive"。如果发现是其他参数，可以单击下拉列表进行重新设置，选择完成后单击"Setting"按钮，选择 PC 所用的串行口、通信的波特率（通常可以使用 38400），其他设置一般不需要更改，完成后单击"OK"按钮，如图 11-20 所示。

（3）Load Application at Start：启动时直接装载程序。

（4）Go till main：装载后直接运行到 main 函数。

11.2 程序调试

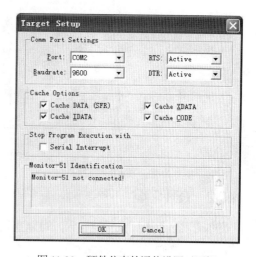

图 11-20 硬件仿真的通信设置对话框

前面所进行的代码的编译和连接，只能确定源程序没有语法错误。至于源程序中是否存在错误，必须通过反复调试才能发现，因此调试是软件开发中的一个重要环节。本节将介绍常用的调试命令，利用在线汇编、设置断点进行程序调试的方法。

11.2.1 常用调试命令

单击"Debug"菜单，在下拉菜单中单击"Start/Stop Debug Session"（或者使用快捷键 Ctrl+F5），即可进入/退出调试状态，模拟执行程序。此时，工具栏会多出一个用于运行和调试的工具条。如图 11-21 所示，"Debug"菜单上的大部分命令可以在此找到对应快捷按钮，从左到右依次是复位、全速运行、暂停、单步、过程单步、执行完当前子程序、运行到当前行、下一状态、打开跟踪、观察跟踪、反汇编窗口、观察窗口、代码作用范围分析、1#串行窗口、内存窗口、性能分析、工具按钮等命令。

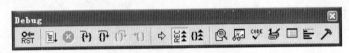

图 11-21　调试工具条

复位按钮可模拟芯片的复位，使程序回到最开头处执行。过程单步就是说将汇编语言或高级语言中的函数作为一个语句全速运行，不逐行执行被调用子函数。打开 1#串行窗口，可以看到从 51 芯片的串行口输入/输出的字符。

单击"Debug"菜单→在下拉菜单中单击"Go"选项（或者使用快捷键 F5）→单击"Debug"菜单→在下拉菜单中单击"Stop Running"选项（或者使用快捷键 Esc）→单击"View"菜单→在下拉菜单中单击"Serial Windows #1"选项，就可以在 Serial Windows #1 看到前面所建的 test1.c 程序运行后的结果，其结果如图 11-22 所示。

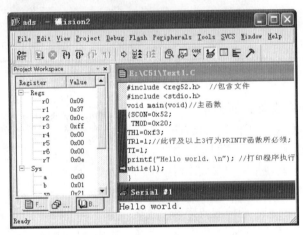

图 11-22　程序运行结果的显示

11.2.2　在线汇编

在调试过程中如果发现错误，可以直接对程序进行修改，但是不能编译，必须退出调试环境才能编译，然后再进入调试，这样使调试过程变得麻烦。为此 Keil 软件提供了在线汇编的功能。

把光标放在需要修改的程序行上，选择菜单"Debug"→"Inline Assembly…"，出现如图 11-23 的对话框。在"Enter New"后面的编辑框内输入新的程序语句，输入完后按回车键将自动指向下一条语句，可以继续修改。如果不再需要修改，单击右上角的关闭按钮关闭窗口。

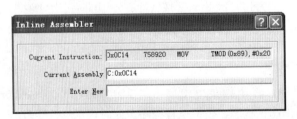

图 11-23　在线汇编对话框

11.2.3 断点设置

程序调试时，一些程序行必须满足一定的条件才能被执行到，这时就要使用到程序调试中一种非常重要的方法——断点设置。

断点设置的方法有多种，常用的是在某一程序行设置断点，设置好断点后可以全速运行程序，一直执行到该程序行即停止，可在此观察有关变量值，以确定问题所在。在程序行设置/移除断点的方法：将光标定位于需要设置断点的程序行，使用菜单"Debug"→"Insert/Remove Breakpoint"设置或移除断点（也可以在该行双击实现）；"Debug"→"Enable/Disable Breakpoint"是开启或暂停光标所在行的断点功能；"Debug"→"Disable All Breakpoint"暂停所有断点；"Debug"→"Kill All Breakpoint"清除所有的断点设置。这些功能也可以用工具条上的快捷按钮进行设置。

除了在程序行设置断点外，Keil 还有多种设置断点的方法，单击"Debug"→"Breakpoint…"弹出一个对话框。通过该对话框可对断点进行详细的设置，如图 11-24 所示。

图 11-24 中"Expression"编辑框内用于输入确定程序停止运行的条件表达式。Keil 内置的表达式的定义功能非常强大，并可在条件表达式 Expression 达到所要求的 Count 次数时设为断点，如假设条件 Expression 为"p1==1、count=2"，则将第二次"p1==1"时设为断点。Command 设置满足 Expression 条件时在信息窗口输出的信息，与 Count 无关，每次满足该条件都会输出信息。

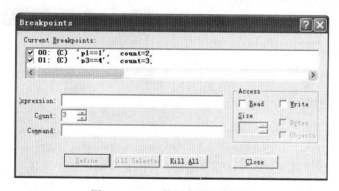

图 11-24 Keil 的断点设置对话框

11.3 Keil 程序调试窗口

Keil 软件在调试程序时提供了多个窗口，主要包括输出窗口（Output Windows）、观察窗口（Watch&Call Statck Windows）、存储器窗口（Memory Windows）、反汇编窗口（Dissambly Windows）和串行窗口（Serial Windows）等。进入调试模式后，可以通过菜单"Views"下的相应命令打开或关闭这些窗口。下面介绍常用的存储器窗口、观察窗口和工程窗口寄存器页。

11.3.1 存储器窗口

存储器窗口中可以显示和修改系统中各种内存中的值，如图 11-25 所示。通过在"Address"编辑框内输入"字母:数字"即可显示相应内存值，其中字母可以是 C、D、I、X，分别代表程序存储空间、直接寻址的片内存储空间、间接寻址的片内存储空间、扩展的外部 RAM 空间，数字代表想要查看的地址。例如：输入"D:0"即可观察到地址 0 开始的片内 RAM 单元值；输入"C:0"即可显示从 0 开始的 ROM 单元中的值，即查看程序的二进制代码。该窗口的显示值可以以各种形式显示：十进制、十六进制、字符型等，改变显示方式的方法是单击鼠标右键，在弹出的快捷菜单中选择。该菜单用隐形线条分隔成上中下三部分（如图 11-25 所示），其中第一部分与

第二部分的三个选项为同一级别。

选中第一部分的任一选项,内容将以整数形式显示,其中"Decimal"项是一个开关,如果选中该项,则窗口中的值以十进制的形式显示,否则按默认的十六进制方式显示。"Unsigned"和"Signed"分别代表无符号、有符号形式,其后均有三个选项,即"Char"、"Int"、"Long",分别代表以用户的设置的单元开始,以单字节、整数型、长整数型数方式显示。以整型为例,如果输入的是"I:0",那么00H和01H单元的内容将会组成一个整型数。有关数据格式与C语言规定相同,请参考C语言相关书籍。默认以无符号单字节方式显示。

第二部分有三项,"Ascii"项是字符型式显示,"Float"项是将相邻4字节组成浮点数形式显示,"Double"是将相邻8字节组成双精度形式显示。

第三部分的"Modify Memory at X:xxx"用于更改鼠标处的内存单元值。选中该项即出现如图11-26所示的对话框,可以在对话框内输入新的值、单个字符加单引号、字符串加双引号,从指定单元开始存放。

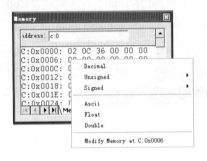

图 11-25　存储器窗口及数据显示方式的下拉菜单

图 11-26　存储单元值的修改

11.3.2　观察窗口

由于工程窗口中仅可以观察到工作寄存器和有限的寄存器,如 A、B、DPTR 等,如果需要观察其他寄存器的值或者在高级语言编程时需要直接观察变量时,就要借助于观察窗口了。单击"View"→"Watch and call stack Windows"即可弹出观察窗口,如图 11-27 所示,按功能键 F2 可输入观察对象的名称。一般情况下,仅在单步执行时才对变量值的变化感兴趣,全速运行时,变量的值是不变的,只有在程序停下来之后,才会将这些值最新的变化反映出来。但是,若选中"View"→"Periodic Windows Updata"(周期更新窗口),则在全速运行时也能观察到变量的变化,但其将使程序模拟执行的速度变慢。

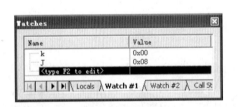

图 11-27　观察窗口

11.3.3　工程窗口寄存器页

图 11-28 所示是工程寄存器页的内容。寄存器页包括了当前的工作寄存器组和系统寄存器组。系统寄存器组有一些是实际存在的寄存器,如 a、b、dptr、sp、psw 等,有一些是实际中并不存在或虽然存在却不能对其操作的,如 PC、states 等。每当程序中执行到对某寄存器的操作时,该寄存器会以反色显示,用鼠标双击可修改该值。

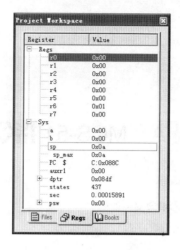

图 11-28 工程窗口寄存器页

11.3.4 外围接口窗口

通过单击"Peripherals"菜单，Keil 提供了单片机中的定时器、中断、并行端口、串行口等常用外设接口对话框。这些对话框只有在调试模式才能使用，且内容与用户建立项目时所选的 CPU 有关。打开这些对话框，列出了外围设备的当前使用情况、各标志位的情况等，可以在这些对话框中直观地观察和更改各外围设备的运行情况。图 11-29、图 11-30、图 11-31、图 11-32 所示的是 89C52 单片机 P1 口、定时器、串行口、中断窗口。在这些窗口中可以观察单片机外围设备的状态，还可对它们的工作模式进行修改。

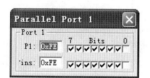

图 11-29 单片机 P1 口窗口　　　　图 11-30 单片机定时器窗口

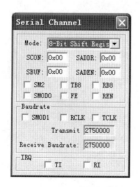

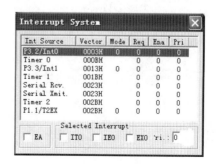

图 11-31 单片机串行口窗口　　　　图 11-32 单片机中断窗口

附录 A MCS-51 指令表

MCS-51 指令系统所用的符号和含义

addr11	页面地址
bit	位地址
rel	相对偏移量，为 8 位有符号数（补码形式）
direct	直接地址单元（RAM、SFR、I/O）
(direct)	直接地址指出的单元内容
#data	立即数
Rn	工作寄存器 R0~R7
(Rn)	工作寄存器的内容
A	累加器
(A)	累加器的内容
Ri	i=0,1，数据指针 R0 或 R1
(Ri)	R0 或 R1 的内容
((Ri))	R0 或 R1 指出的单元内容
X	某一个寄存器
(X)	某一个寄存器的内容
((X))	某一个寄存器指出的单元内容
→	数据传送方向
∧	逻辑与
∨	逻辑或
⊕	逻辑异或
√	对标志产生影响
×	不影响标志
△	$A_{10}A_9A_8 0$
*	$A_{10}A_9A_8 1$

MCS-51 指令表

十六进制代码	助记符	功 能	对标志的影响				字节数	周期数
			P	OV	AC	CY		
算术运算指令								
28~2F	ADD A, Rn	(A)+(Rn)→A	√	√	√	√	1	1
25	ADD A, direct	(A)+(direct)→A	√	√	√	√	2	1
26, 27	ADD A, @Ri	(A)+((Ri))→A	√	√	√	√	1	1
24	ADD A, #data	(A)+data→A	√	√	√	√	2	1
38~3F	ADDC A, Rn	(A)+(Rn)+CY→A	√	√	√	√	1	1
35	ADDC A,direct	(A)+(direct)+CY→A	√	√	√	√	2	1
36, 37	ADDC A, @Ri	(A)+((Ri))+CY→A	√	√	√	√	1	1
34	ADDC A, #data	(A)+data+CY→A	√	√	√	√	2	1
98~9F	SUBB A, Rn	(A)-(Rn)-CY→A	√	√	√	√	1	1
95	SUBB A, direct	(A)-(direct)-CY→A	√	√	√	√	2	1
96, 97	SUBB A, @Ri	(A)-((Ri))-CY→A	√	√	√	√	1	1
94	SUBB A, #data	(A)-data-CY→A	√	√	√	√	2	1
04	INC A	(A)+1→A	√	×	×	×	1	1
08~0F	INC Rn	(Rn)+1→Rn	×	×	×	×	1	1
05	INC direct	(direct)+1→direct	×	×	×	×	2	1
06, 07	INC @Ri	((Ri))+1→(Ri)	×	×	×	×	1	1
A3	INC DPTR	(DPTR)+1→DPTR					1	2
14	DEC A	(A)-1→A	√	×	×	×	1	1
18~1F	DEC Rn	(Rn)-1→Rn	×	×	×	×	1	1
15	DEC direct	(direct)-1→direct	×	×	×	×	2	1
16, 17	DEC @Ri	((Ri))-1→Ri	×	×	×	×	1	1
A4	MUL AB	(A)*(B)→AB	√	√	×	√	1	4
84	DIV AB	(A)/(B)→AB	√	√	×	√	1	4
D4	DA A	对 A 进行十进制加法调整	√	√	√	√	1	1
逻辑运算指令								
58~5F	ANL A, Rn	(A)∧(Rn)→A	√	×	×	×	1	1
55	ANL A, direct	(A)∧(direct)→A	√	×	×	×	2	1
56, 57	ANL A, @Ri	(A)∧((Ri))→A	√	×	×	×	1	1
54	ANL A #data	(A)∧data→A	√	×	×	×	2	1
52	ANL direct,A	(direct)∧(A)→direct	×	×	×	×	2	1
53	ANL direct,#data	(direct)∧data→direct	×	×	×	×	3	2
48~4F	ORL A,Rn	(A)∨(Rn) →A	√	×	×	×	3	2
45	ORL A,direct	(A)∨(direct) →A	√	×	×	×	1	1
46, 47	ORL A,@Ri	(A)∨((Ri)) →A	√	×	×	×	2	1
44	ORL A,#data	(A)∨data→A	√	×	×	×	1	1
42	ORL direct,A	(direct)∨(A) →direct	×	×	×	×	2	1
43	ORL direct,#data	(direct)∨data →direct	×	×	×	×	2	1

续表

十六进制代码	助记符	功能	对标志的影响				字节数	周期数
			P	OV	AC	CY		
68~6F	XRL A,Rn	(A)⊕(Rn)→A	√	×	×	×	3	2
65	XRL A,direct	(A)⊕(direct)→A	√	×	×	×	1	1
66, 67	XRL A,@Ri	(A)⊕((Ri))→A	√	×	×	×	2	1
64	XRL A,#data	(A)⊕data→A	√	×	×	×	1	1
62	XRL direct,A	(direct)⊕(A)→direct	×	×	×	×	2	1
63	XRL direct,#data	(direct)⊕data→direct	×	×	×	×	2	1
E4	CLR A	0→A	√	×	×	×	3	2
F4	CPL A	$\overline{(A)}$→A	×	×	×	×	1	1
23	RL A	A 循环左移一位	×	×	×	×	1	1
33	RLC A	A 带进位循环左移一位	√	×	×	√	1	1
03	RR A	A 循环右移一位	×	×	×	×	1	1
13	RRC A	A 带进位循环右移一位	√	×	×	√	1	1
C4	SWAP A	A 半字节交换	×	×	×	×	1	1
数据传送指令									
E8~EF	MOV A, Rn	(Rn)→A	√	×	×	×	1	1
E5	MOV A, direct	(direct)→A	√	×	×	×	2	1
E6, E7	MOV A, @Ri	((Ri))→A	√	×	×	×	1	1
74	MOV A, #data	Data→A	√	×	×	×	2	1
F8~FF	MOV Rn,A	(A)→Rn	×	×	×	×	1	1
A8~AF	MOV Rn,direct	(direct)→Rn	×	×	×	×	2	2
78~7F	MOV Rn,#data	data→Rn	×	×	×	×	2	1
88~8F	MOV direct,Rn	(Rn)→direct	×	×	×	×	2	1
85	MOV direct1,direct2	(direct2)→direct1	×	×	×	×	2	2
86, 87	MOV direct,@Ri	((Ri))→direct	×	×	×	×	3	2
75	MOV direct,#data	data→direct	×	×	×	×	2	2
F5	MOV direct,A	(A)→direct	×	×	×	×	2	1
F6, F7	MOV @Ri,A	(A)→(Ri)	×	×	×	×	3	2
A6, A7	MOV @Ri,direct	(direct)→(Ri)	×	×	×	×	1	1
76, 77	MOV @Ri,#data	data→(Ri)	×	×	×	×	2	2
90	MOV DPTR,#data16	data16→DPTR	×	×	×	×	2	1
93	MOVC A,@A+DPTR	((A)+(DPTR))→A	√	×	×	×	3	2
83	MOVC A,@A+PC	((A)+(PC))→A	√	×	×	×	1	2
E2, E3	MOVX A,@Ri	((P2)(Ri))→A	√	×	×	×	1	2
E0	MOVX A,@DPTR	((DPTR))→A	√	×	×	×	1	2
F2, F3	MOVX @Ri,A	(A)→(P2)(Ri)	×	×	×	×	1	2
F0	MOVX @DPTR,A	(A)→((DPTR))	×	×	×	×	1	2
C0	PUSH direct	(SP)+1→SP (direct)→(SP)	×	×	×	×	2	2
D0	POP direct	((SP))→direct (SP)-1→SP	×	×	×	×	2	2
C8~CF	XCH A,Rn	(A)⟷(Rn)	√	×	×	×	1	1

续表

十六进制代码	助记符	功 能	对标志的影响				字节数	周期数
			P	OV	AC	CY		
C5	XCH A,direct	(A) ⟷ (direct)	√	×	×	×	2	1
C6, C7	XCH A,@Ri	(A) ⟷ ((Ri))	√	×	×	×	1	1
D6, D7	XCHD A,@Ri	$(A)_{0\sim3}$ ⟷ $((Ri))_{0\sim3}$	√	×	×	×	1	1
位操作指令								
C3	CLR C	0→cy	×	×	×	√	1	1
C2	CLR bit	0→bit	×	×	×		2	1
D3	SETB C	1→cy	×	×	×	√	1	1
D2	SETB bit	1→bit	×	×	×		2	1
B3	CPL C	$\overline{cy}$→cy	×	×	×	√	1	1
B2	CPL bit	$\overline{bit}$→bit	×	×	×		2	1
82	ANL C,bit	(cy)∧(bit)→cy	×	×	×	√	2	2
B0	ANL C,/bit	(cy)∧$\overline{(bit)}$→cy	×	×	×	√	2	2
72	ORL C,bit	(cy)∨(bit)→cy	×	×	×	√	2	2
A0	ORL C,/bit	(cy)∨$\overline{(bit)}$→cy	×	×	×	√	2	2
A2	MOV C,bit	bit→cy	×	×	×	√	2	1
92	MOV bit,C	cy→bit	×	×	×	×	2	2
控制移位指令								
*1	ACALL addr 11	(PC)+2→PC (SP)+1→SP,$(PC)_L$→(SP) (SP)+1→SP,$(PC)_H$→(SP) $addr11→PC_{10\sim0}$	×	×	×	×	2	2
12	LCALL addr 16	(PC)+2→PC,(SP)+1→SP $(PC)_L$→(SP),(SP)+1→SP $(PC)_H$→(SP),addr16→PC	×	×	×	×	3	2
22	RET	$((SP))→PC_H$,(SP)-1→SP $((SP))→PC_L$,(SP)-1→SP	×	×	×	×	1	2
32	RETI	$((SP))→PC_H$,(SP)-1→SP $((SP))→PC_L$,(SP)-1→SP 从中断返回	×	×	×	×	1	2
△1	AJMP addr 11	$Addr11→PC_{10\sim0}$	×	×	×	×	2	2
02	LJMP addr 16	Addr16→PC	×	×	×	×	3	2
80	SJMP rel	(PC)+(rel)→PC	×	×	×	×	2	2
73	JMP @A+DPTR	(A)+(DPTR)→PC	×	×	×	×	1	2
60	JZ rel	(PC)+2→PC 若(A)=0,则(PC)+(rel)→PC	×	×	×	×	2	2
70	JNZ rel	(PC)+2→PC 若(A)≠0,则(PC)+(rel)→PC	×	×	×	×	2	2
40	JC rel	(PC)+2→PC 若cy=1,则(PC)+(rel)→PC	×	×	×	×	2	2

续表

十六进制代码	助记符	功　能	对标志的影响				字节数	周期数
			P	OV	AC	CY		
50	JNC rel	(PC)+2→PC 若 cy=0，则(PC)+(rel)→PC	×	×	×	×	2	2
20	JB bit,rel	(PC)+3→PC 若 bit=1，则(PC)+(rel)→PC	×	×	×	×	3	2
30	JNB bit,rel	(PC)+3→PC 若 bit=0，则(PC)+(rel)→PC	×	×	×	×	3	2
10	JBC bit,rel	(PC)+3→PC 若 bit=1，则 0→bit，(PC)+(rel)→PC	×	×	×	×	3	2
B5	CJNE A,direct,rel	(PC)+3→PC 若(A)≠(direct)，则(PC)+(rel)→PC 若(A)<(direct)，则 1→cy	×	×	×	×	3	2
B4	CJNE A,#data,rel	(PC)+3→PC 若(A)≠data，则(PC)+(rel)→PC 若(A)<data，则 1→cy	×	×	×	×	3	2
B8~BF	CJNE Rn,#data,rel	(PC)+3→PC 若(Rn)≠data，则(PC)+(rel)→PC 若(Rn)<data，则 1→cy	×	×	×	×	3	2
B6, B7	CJNE @Ri,#data,rel	(PC)+3→PC 若((Ri))≠data，则(PC)+(rel)→PC 若((Ri))<data，则 1→cy	×	×	×	×	3	2
D8~DF	DJNZ Rn,rel	(PC)+2→PC，(Rn)-1→Rn 若(Rn)≠0，则(PC)+(rel)→PC	×	×	×	×	2	2
D5	DJNZ direct,rel	(PC)+3→PC，(direct)-1→direct 若(direct)≠0，则(PC)+(rel)→PC	×	×	×	×	3	2
00	NOP	空操作	×	×	×	×	1	1

附录 B ASCII 码表

低位\高位		0H 000	1H 001	2H 010	3H 011	4H 100	5H 101	6H 110	7H 111
0H	0000	NUL	DLE	SP	0	@	P	`	p
1H	0001	SOH	DC1	!	1	A	Q	a	q
2H	0010	STX	DC2	"	2	B	R	b	r
3H	0011	ETX	DC3	#	3	C	S	c	s
4H	0100	EOT	DC4	$	4	D	T	d	t
5H	0101	ENQ	NAK	%	5	E	U	e	u
6H	0110	ACK	SYN	&	6	F	V	f	v
7H	0111	BEL	ETB	'	7	G	W	g	w
8H	1000	BS	CAN	(	8	H	X	h	x
9H	1001	HT	EM	)	9	I	Y	i	y
AH	1010	LF	SUB	*	:	J	Z	j	z
BH	1011	VT	ESC	+	;	K	[	k	{
CH	1100	FF	FS	,	<	L	\	l	|
DH	1101	CR	GS	—	=	M	]	m	}
EH	1110	SO	RS	.	>	N	^	n	~
FH	1111	SI	US	/	?	O	_	o	DEL